井下环空流量电磁测量理论与技术

葛 亮 韦国晖 赖 欣 著

石油工业出版社

内容提要

本书主要内容包括井下环空流量电磁检测技术理论基础、环空流量电磁检测传感器虚电流密度求解、环空流量电磁测量系统优化设计、环空流量电磁测量系统响应特性仿真、环空流量电磁测量系统设计、地面试验平台搭建及地面样机测试。

本书可供从事井下测量的技术人员、科研人员参考使用，也可供高等院校相关专业师生参考阅读。

图书在版编目(CIP)数据

井下环空流量电磁测量理论与技术 / 葛亮，韦国晖，赖欣著. — 北京：石油工业出版社，2020.9

ISBN 978-7-5183-4233-4

Ⅰ. ①井… Ⅱ. ①葛…②韦…③赖… Ⅲ. ①环空流速–电磁测量–研究 Ⅳ. ①O441.5

中国版本图书馆 CIP 数据核字(2020)第 181271 号

出版发行：石油工业出版社
（北京安定门外安华里 2 区 1 号楼　100011）
网　　址：www.petropub.com
编辑部：(010)64523687　图书营销中心：(010)64523633
经　　销：全国新华书店
印　　刷：北京晨旭印刷厂

2020 年 9 月第 1 版　2020 年 9 月第 1 次印刷
787×1092 毫米　开本：1/16　印张：12.25
字数：285 千字

定价：70.00 元
（如出现印装质量问题，我社图书营销中心负责调换）
版权所有，翻印必究

序

　　伴随着油气勘探开发力度加大，复杂地区钻井作业日益增多，尤其是在窄安全密度窗口地区钻井时，极易发生漏失失返并引起井喷事故。井喷是钻井过程中地层流体（石油、天然气及水）的压力大于井内压力而大量涌入井筒，并从井口无控制地喷出的现象。井喷危害极大，它不仅会造成地面环境污染，还会造成油气井报废和人身伤亡等重大事故。井喷的预防与控制已成为世界油气田安全开发亟待解决的重大难题。

　　溢流是井喷的前兆。当前热门的井下溢流检测技术虽然相对于传统地面监测方式提高了时效性，但都是基于间接参数的测量，导致了在监测准确性上具有一定的局限性。直接测量井下流量是解决监测准确性的关键手段。本人作为电磁传感器和电磁无损检测及监测学者，十分高兴见到本书作者总结其博士、留英访问及完成国家基金等项目期间的研究成果，运用电磁计算、仿真及实验研究手段，研讨井下环空流量电磁测量理论、技术及应用。

　　钻井过程中井下环空流量测量对于实现快速反应的微流量控制钻井具有核心作用。近几年，电磁流量测量的相关理论和井下仪器的设计实践研究已经引起了国内外研究学者的广泛关注，但针对钻井过程中的环空流量电磁测量理论及基础技术的研究还远远不够，主要体现在：（1）现有的流量测量研究几乎都是针对常规的圆柱形流道流量的测量，很少有专门针对特殊环形流道的研究；（2）尚未建立起完备的针对钻井过程中的基于电磁流量测量的环空流量电磁测量理论模型；（3）很少有研究考虑钻井过程中井下特殊环境，如流体内的油气泡或者固体颗粒、系统的倾斜及偏心、流体电磁特性发生变化等因素对环空电磁流量测量响应的影响。

　　本书详细讨论了钻井过程中井下环空流量电磁测量基础理论和方法，介绍了井下环空流量电磁测量仿真模型建立，分析了影响井下环空流量电磁测量的影响因素，介绍了环空流量电磁测量的地面样机设计方法和实验测试方案。全书内容是实现井下环空流量电磁测量仪器工程化开发及应用的基础。

　　相信本书的出版对相关领域的工程技术人员、科技工作者和高校师生能提供有价值的借鉴。

英国纽卡斯尔大学教授　田贵云
2020 年 8 月 28 日

前　　言

随着油气田勘探开发力度的增大，工况复杂的钻井作业日益增加，由于仪器设备技术落后，使其已经无法完全满足特殊地区钻井作业要求，容易引发溢流、漏失或其他复杂情况，而采用井下微流量控制钻井技术可以解决这些问题。使用随钻井下环空流量测量技术实时获取井下的环空流量信息是实现井下微流量控制钻井技术的核心部分。近年来快速发展的电磁流量计研究为井下环空流量测量提供了机遇，本书对钻井过程中井下环空流量电磁测量基础理论和方法进行了研究，建立了井下环空流量电磁测量仿真模型，分析了影响井下环空流量电磁测量的因素，设计了环空流量电磁测量的地面样机，并完成了相关的实验测试，为实现井下环空流量电磁测量仪器的工程化应用打下基础，本书主要讨论了以下几个方面的内容。

(1) 整理了前人在环空流量电磁检测相关领域中的相关重要理论研究成果，并在此基础上进行了分析和推导。一方面介绍了关于井下环空流量测量相关的国内外研究现状，并对其中存在的主要问题进行了整理与归纳，并提出了研究方向和技术路线。另一方面对环空流量电磁检测技术所涉及的相关理论进行了分析，为后续的环空流量电磁检测技术的研究提供理论依据和研究基础。

(2) 对环空流量电磁测量系统虚电流求解进行了研究。基于 Bevir 的矢量权重函数理论，搭建环空流量电磁测量系统的偏微分方程，根据不同的边界条件，实现环空流道电磁流量测量系统虚电流电势和虚电流密度求解。通过该研究，有利于掌握虚电流密度分布规律，为矢量权重函数优化和环空流量电磁测量系统中励磁结构设计和优化奠定基础等。

(3) 基于 COMSOL 仿真软件对环空电磁流量测量系统的激励系统结构进行了设计和优化。为了使环空电磁流量测量系统的权重函数更加均匀，基于矢量权重函数标准差等 4 个评价指标对单对线圈励磁结构和双对线圈励磁结构的磁场影响关键结构尺寸因素及电极形状、大小进行 COMSOL 仿真。通过对单对线圈励磁结构和双对线圈励磁结构的 COMSOL 仿真数据进行分析，结合矢量权重函数的评价指标进行综合权衡，得到环空电磁流量测量系统的最优励磁结构参数。

（4）对环空流量电磁系统的响应特性进行了仿真研究。研究建立了三维立体情况下的环空流量电磁系统的仿真模型，考察了非导电介质、铁磁性固体颗粒和井径变化等因素对环空电磁流量电磁测量系统的响应特性的影响。通过对环空电磁流量电磁测量系统相应区域的横截面和纵截面上的虚电流密度、磁感应强度及矢量权重函数的分布情况变化图的分析，结合矢量权重函数灵敏度这一指标，直观和定量判断分析这些因素对系统响应特性的影响。

（5）实现了井下环空流量电磁系统地面实验样机。本书基于前面优化实现的双对线圈励磁结构，从环空流量电磁检测传感器和流量信号采集与处理两个部分详细介绍了环空电磁流量测量地面样机的实现过程。其中，环空流量电磁检测传感器是环空流量电磁测量系统的核心部分，分析了系统机械结构、电极、励磁线圈、铁芯、测量管和衬里等关键机械部件；流量信号采集与处理部分主要包含流量信号放大和滤波单元、线圈激励单元、微处理器单元、电源电路单元和数据传输接口单元，本书对这些关键模块进行了详细分析与阐述。为了满足以后的井下应用需要，本书还进行了井下环空流量电磁测量系统高可靠性设计。

（6）为验证地面样机功能，搭建了地面试验平台，并对样机进行了测试。研究基于环空流量电磁测量系统的检定需要，搭建环空电磁流量测量地面试验平台。为验证试验平台性能的稳定性，从储液罐液位和循环系统流速两个方面进行了试验分析。为了验证设计的可行性，采用标准表比较法对地面样机进行了标定和测试，并进行了气泡和固体颗粒对测量系统影响的试验测试。

本书内容涵盖国家自然基金面上项目"井下双向流量电磁检测机理及其溢流预警模型研究"（编号：51974273）、国家自然基金青年基金项目"井下环空流量电磁检测机理及模型试验研究"（编号：51504211）、西南石油大学创新团队项目资助"井下智能测控青年科研创新团队"（编号：2018CXTD04）、四川省国际科技合作与交流研究项目"基于井下环空流量电磁检测的溢流监测预警技术研究"（编号：18GJHZ0195），以及四川省成都市国际科技合作项目（编号：2020-GH02-00016-HZ）等的相关研究成果，对各项目组成员的支持和帮助表示感谢！另外，西南石油大学陈平教授、胡泽教授、黄万志教授、四川大学廖俊必教授及东南大学王立辉教授审阅了全书并提出了宝贵的修改建议，在此表示衷心感谢。最后，感谢石油工业出版社编辑沈瞳瞳在出版过程中提供的多方面帮助。

书中疏漏或者不当之处，敬请读者批评指正。

2020 年 7 月

目　录

1　绪论 …………………………………………………………………（1）
　1.1　国内外井下环空流量电磁测量研究现状 …………………………（2）
　　1.1.1　微流量控制钻井技术研究现状 …………………………………（2）
　　1.1.2　井下环空流量测量技术研究现状 ………………………………（4）
　　1.1.3　电磁流量测量技术研究现状 ……………………………………（5）
　1.2　本书主要内容 …………………………………………………………（8）
　1.3　创新点及展望 …………………………………………………………（9）

2　井下环空流量电磁检测技术理论基础 …………………………（10）
　2.1　井下环空流量电磁检测机理 ………………………………………（10）
　　2.1.1　流量电磁检测基本原理 …………………………………………（10）
　　2.1.2　环形流道流量电磁检测原理模型 ………………………………（11）
　2.2　电磁流量测量理论 …………………………………………………（12）
　　2.2.1　MAXWELL方程组 ………………………………………………（12）
　　2.2.2　本构关系 …………………………………………………………（13）
　　2.2.3　边界条件 …………………………………………………………（13）
　　2.2.4　电磁流量测量的基本测量方程 …………………………………（14）
　2.3　权重函数相关理论 …………………………………………………（16）
　2.4　环空流道流速分布规律研究 ………………………………………（18）
　　2.4.1　层流和紊流 ………………………………………………………（18）
　　2.4.2　层流情况下环空中的流速研究 …………………………………（19）
　2.5　电磁场分析求解方法 ………………………………………………（21）
　　2.5.1　电磁问题分类 ……………………………………………………（22）
　　2.5.2　常用电磁场解析方法 ……………………………………………（23）
　　2.5.3　常用渐近法及其适用条件 ………………………………………（24）
　　2.5.4　常用电磁场数值计算方法 ………………………………………（24）
　　2.5.5　柱坐标系中拉普拉斯方程的求解 ………………………………（25）
　　2.5.6　基于有限元法的电磁场求解思路 ………………………………（26）

2.6 环空流量电磁检测系统设计基础 …………………………………………（28）
2.6.1 环空流量检测系统磁场激励方式 ……………………………………（28）
2.6.2 环空流量检测系统信号放大技术 ……………………………………（29）
2.6.3 环空流量检测系统检测信号中的噪声 ………………………………（29）
2.6.4 环空流量检测系统的信号提取方法 …………………………………（30）
2.7 影响环空流量电磁检测的因素分析 ……………………………………（32）
2.7.1 温度对环空电磁流量测量的影响 ……………………………………（32）
2.7.2 电导率对流量测量的影响 ……………………………………………（32）
2.7.3 磁场边缘效应对测量的影响 …………………………………………（33）
2.7.4 电极表面效应对电磁流量测量的影响 ………………………………（33）
2.7.5 油气泡对电磁流量测量的影响 ………………………………………（33）
2.7.6 流道变化对测量的影响 ………………………………………………（34）
2.7.7 固体颗粒对电磁流量测量的影响 ……………………………………（34）
2.7.8 流体磁导率对电磁流量测量的影响 …………………………………（34）
2.8 小结 ………………………………………………………………………（34）

3 环空流量电磁检测传感器虚电流密度求解 …………………………………（36）
3.1 井壁材料对环形流道虚电流分布的影响 ………………………………（37）
3.1.1 将井壁看成绝缘体时的求解 …………………………………………（37）
3.1.2 将井壁看成理想导体时的求解 ………………………………………（40）
3.1.3 将井壁看成一般导电媒质时的求解 …………………………………（43）
3.2 电极数目和大小对虚电流密度分布的影响 ……………………………（46）
3.2.1 多电极分布 ……………………………………………………………（46）
3.3.2 线电极的虚电流分布 …………………………………………………（49）
3.3 大电极短筒环流道虚电流分析 …………………………………………（52）
3.3.1 环域虚电流的级数展开法 ……………………………………………（53）
3.3.2 基于交替迭代法的大电极环域虚电流的求解 ………………………（56）
3.3.3 具有大电极的井下环域虚电流的交替迭代法 ………………………（59）
3.3.4 环域大电极权函数分析 ………………………………………………（63）
3.4 小结 ………………………………………………………………………（64）

4 环空流量电磁测量系统优化设计 ……………………………………………（65）
4.1 环空流量电磁测量系统优化评价思路和指标 …………………………（66）
4.1.1 环空流量电磁测量系统矢量权重函数分布优化思路 ………………（66）
4.1.2 优化效果评价指标 ……………………………………………………（67）

4.2 环空流量电磁测量系统励磁线圈的磁场计算 …………………………… (69)
 4.2.1 有限长直线流产生的位和磁场 ……………………………………… (69)
 4.2.2 弧形段电流产生的位和磁场 ………………………………………… (70)
 4.2.3 马鞍形线圈的位和磁场 ……………………………………………… (70)
4.3 环空流量电磁测量系统的仿真模型的建立 …………………………… (72)
 4.3.1 COMSOL 仿真软件 …………………………………………………… (72)
 4.3.2 多耦合场仿真模型的建立 …………………………………………… (72)
 4.3.3 仿真结果 ……………………………………………………………… (74)
4.4 基于单对线圈的励磁结构优化仿真设计 ……………………………… (75)
4.5 基于双对线圈的励磁结构优化仿真设计 ……………………………… (80)
4.6 电极形状和大小对矢量权重函数分布的影响 ………………………… (85)
 4.6.1 半球形电极大小对矢量权重函数分布的影响 ……………………… (85)
 4.6.2 弧面矩形电极形状和大小对矢量权重函数分布的影响 …………… (88)
4.7 小结 ……………………………………………………………………… (92)

5 环空流量电磁测量系统响应特性仿真 …………………………………… (93)
5.1 气体或者油等非导电物质对环空流量电磁测量的影响 ……………… (94)
 5.1.1 轴向位置对测量的影响 ……………………………………………… (94)
 5.1.2 油气泡大小对测量的影响 …………………………………………… (97)
 5.1.3 油气泡个数对测量的影响 …………………………………………… (99)
 5.1.4 油气泡距离轴向中心的位置对测量的影响 ………………………… (101)
 5.1.5 油气泡间距离对测量的影响 ………………………………………… (102)
5.2 固体颗粒对环空流量电磁测量的影响 ………………………………… (105)
 5.2.1 轴向位置对测量的影响 ……………………………………………… (106)
 5.2.2 固体颗粒大小对测量的影响 ………………………………………… (108)
 5.2.3 固体颗粒个数对测量的影响 ………………………………………… (111)
 5.2.4 固体颗粒距离中心的位置对测量的影响 …………………………… (113)
 5.2.5 固体颗粒间距离对测量的影响 ……………………………………… (115)
 5.2.6 颗粒磁导率对测量的影响 …………………………………………… (117)
 5.2.7 颗粒电导率对测量的影响 …………………………………………… (118)
5.3 偏心或者井眼变化对流量电磁测量的影响 …………………………… (122)
 5.3.1 井眼直径变化对测量的影响 ………………………………………… (122)
 5.3.2 井眼偏心对测量的影响 ……………………………………………… (124)
5.4 流体性质对环空流量电磁测量的影响 ………………………………… (127)

  5.4.1 流体电导率对测量的影响 …………………………………………（127）
  5.4.2 流体磁导率对测量的影响 …………………………………………（128）
 5.5 小结 ……………………………………………………………………………（129）

6 井下环空流量电磁测量系统设计 …………………………………………………（131）
 6.1 井下环空流量电磁测量系统框架设计 ………………………………………（131）
 6.2 环空流量电磁检测传感器关键结构部件 ……………………………………（133）
  6.2.1 环空流量电磁检测传感器结构设计 ……………………………（134）
  6.2.2 机械结构设计和受力分析 …………………………………………（134）
  6.2.3 机械结构仿真分析 …………………………………………………（138）
  6.2.4 环空流量电磁检测传感器外壁及衬里 …………………………（142）
  6.2.5 电极 …………………………………………………………………（143）
  6.2.6 线圈和铁芯 …………………………………………………………（144）
 6.3 流量信号采集与处理关键电路设计 …………………………………………（144）
  6.3.1 激励电路 ……………………………………………………………（144）
  6.3.2 信号调理电路 ………………………………………………………（145）
  6.3.3 微处理器和信号采集 ………………………………………………（147）
 6.4 系统程序设计 …………………………………………………………………（149）
  6.4.1 系统主程序设计 ……………………………………………………（149）
  6.4.2 数据采集与处理程序设计 …………………………………………（150）
 6.5 井下环空流量电磁测量系统高可靠性设计 …………………………………（150）
  6.5.1 系统元器件选择 ……………………………………………………（150）
  6.5.2 环空电磁流量检测系统抗干扰方法 ……………………………（151）
  6.5.3 在线自诊断技术 ……………………………………………………（152）
 6.6 小结 ……………………………………………………………………………（152）

7 地面试验平台搭建流程及样机测试内容 …………………………………………（154）
 7.1 地面试验平台功能及技术指标 ………………………………………………（154）
  7.1.1 试验平台功能 ………………………………………………………（154）
  7.1.2 试验平台技术指标 …………………………………………………（154）
 7.2 地面试验平台搭建流程 ………………………………………………………（155）
  7.2.1 试验平台硬件设计 …………………………………………………（156）
  7.2.2 试验平台软件设计 …………………………………………………（158）
 7.3 地面试验平台样机测试内容 …………………………………………………（159）
  7.3.1 基本功能测试 ………………………………………………………（159）

  7.3.2 稳定度测试 …………………………………………………（160）
7.4 流量测试系统基本功能模块测试 ……………………………………（164）
  7.4.1 激励系统测试 …………………………………………………（164）
  7.4.2 流量信号采样和处理电路测试 ………………………………（165）
  7.4.3 特殊工况下功能测试 …………………………………………（167）
7.5 地面原理样机的标定和测试分析 ……………………………………（167）
  7.5.1 原理样机的标定 ………………………………………………（168）
  7.5.2 测量样机瞬时流量测试和分析 ………………………………（169）
  7.5.3 原理样机传感器与仿真模型输出电压信号对比分析 ………（172）
7.6 影响因素测试 …………………………………………………………（173）
  7.6.1 气体对地面原理样机的影响 …………………………………（173）
  7.6.2 固体颗粒对地面原理样机的影响 ……………………………（174）
7.7 小结 ……………………………………………………………………（174）

参考文献 ……………………………………………………………………（176）

1 绪 论

随着能源消耗的不断增加，油气资源供给越来越紧张，石油与天然气勘探开发领域不断扩大，复杂地层、浅气层及老油田由于注水引起的地层高压等问题使石油天然气钻井安全问题更加严重。井喷是一种钻井过程中地层流体(石油、天然气和水等)的压力大于井内压力而大量涌入井筒，并从井口无控制地喷出的现象[1]。井喷的影响和危害极大，它不仅会造成地面环境污染，还会引起人身伤亡的重大安全事故，给社会和油田的正常生产带来危害和重大经济损失。例如，2003年12月23日，重庆市开县高桥镇罗家寨发生了重大井喷事故，事故直接导致243人因硫化氢中毒死亡，造成了极坏的社会影响，经济损失惨重；2014年8月11日，中国石油长庆油田采油六厂在钻井作业时突发井喷事故，造成井架起火倒塌、钻具报废及部分设施损毁，事故主要是由地层油气侵入井筒形成溢流并膨胀上窜引起。

溢流是井喷的前兆，是钻井过程中井底压力不能平衡地层压力时，地层流体侵入井内的现象。在钻井过程中，由于多种原因溢流会侵入井内，如不能够及时发现溢流，将造成钻井液污染及钻具腐蚀，严重时将造成重大的事故和危害。在目前的钻井井控作业中，对溢流的研究以及早期溢流监测是防止井喷、迅速控制地层压力及正确制定压井方案的重要条件[1]。目前我国钻井作业中监测溢流的常规方法是检测地面钻井液池内的钻井液液面高度，根据等量替换的原理，确定出地层流体进入井内的量，即溢流量，据此设计压井施工方案。该方法有两个方面问题：一是在地层流体早期侵入井内时，溢流量小，根据Anadrill/Schlumberger研究结果表明利用钻井液池增量法气侵后数分钟后才可以检测到溢流的发生[2]，存在严重的滞后；二是不能确定溢流的种类。因此现行的常规溢流检测方法对于及时发现溢流存在严重的不足，如果能够通过检测井下的环空流量，及时发现和检测早期的溢流，对于预防井喷事故、减小井喷造成的设备损坏、保护人员和油气资源，以及减少环境污染，确保地下油气资源能安全有效地开发利用具有重要的作用和意义。

国内外学者基于不同的环空流量测试方法，在井下的环空流量检测方面都开展了大量的理论与实验研究工作，并开发出一些井下环空流量检测装置。然而井下环空流量的测量是一个极其复杂的问题，目前已经尝试过的很多测量方法都具有一定的局限性，如超声波井下环空流量测量方式对于钻井液这种含有大量固相颗粒的非牛顿流体流量的测量仍然存在大量理论与实践问题没有得到解决；差压流量测试法应用范围非常广泛，部分混相流体，如气固、气液、液固等也可应用，但是由于包含了阻碍被测介质流动的节流部件，会导致部分压力损失，在节流部位容易发生堵塞问题，给钻井带来严重危害，影响测量精度。近些年来，为了满足各种复杂条件下流量测量和计量的需要，人们对流量测量计量提出更新更高的要求，特别是特殊环境中或特殊工况下电磁流量计的研发成为热点，不断有新的厂家和科研院所的研究人员开始探索并关注特殊环境下电磁流量计相关理论和实践技术[2]。电磁测试法具有结构简单可靠，无可动部分，耐腐蚀能力强的优点，相对于其他流速式流量仪表对流速分布不是很敏感；同时，使用电磁流量测量没有阻碍被测钻井液流动的节流部件，不会发生流道堵塞的问题，也几乎没有任何的压力损失，不会引起安全问题；另外，电磁流量测量系统不仅仅可以测量单相的导电性钻井液的流量，而且也可以测量液固两相钻井液的流量，并且不受所测钻井液介质的黏度、压力、密度以及电导率（一定范围内）等流体参数变化的影响，耐井下钻井液腐蚀的性能也相对较好。因此，开展钻井过程中井下环空流量电磁测量方法和基础理论方面研究工作，建立井下环空流量电磁测量仿真模型，分析影响井下环空流量电磁测量的影响因素，可以为以后实现井下环空流量电磁测量仪器打下基础。该技术的研究对防止和测量井涌和井漏等问题，并实现在深井窄钻井液密度窗口条件下的安全、快速钻井的目的具有重大作用和意义。

1.1　国内外井下环空流量电磁测量研究现状

1.1.1　微流量控制钻井技术研究现状

针对目前常规钻井方法中安全方面的不足，石油钻井行业的科技工作者们提出了控压钻井（MPD）。MPD 是一种用于精确控制井眼内环空压力剖面的基于自适应性原理的钻井技术，其目标为确定井下各压力边界，并以此控制环空液柱压力剖面，达到避免地层流体进入井眼环空之中或钻井液漏失进入地层[3]的目的。MPD 最广泛应用的是恒定井底压力钻井技术（CBHP），该技术是以控制井底压力为主，为实现井底压力的精确控制，通常在近钻头处安装随钻井底环空压力测量短节（APWD）来实时监测井底压力。MPD 虽然能够及时准确地掌握井底压力情况并有效地进行控制，但保证其顺利实施的前提是地层压力必须能够准确判断。如果地层压力不能准确判断，则单纯控制井底压力就略显盲目。很多时候井底压力与实际地层压力可能相差很大，引发溢流或井漏等井下事故，从而导致控压钻井失败。为了解决这一问题，技术人员引入一种能够随钻实时判断井下复杂情况的新的控压钻井方法——微流量控制钻井技术（MFC）。

MFC 是一种在欠平衡钻井技术与传统钻井技术基础上，通过对钻井过程中井口进口流量、出口流量以及其他地面相关工程参数进行全方位实时监控，从而达到井下环空压力精细控制目的的近平衡钻井技术。该技术可以用来解决各种复杂环境地区的钻井问题，特别是一些深水和超深水钻井过程中所遇到的窄安全密度窗口问题[3-5]。要实施微流量控制钻井技术，所需要的装备与欠平衡钻井基本相同，但是需要增加一组配合微流量控制的地面专用节流管汇来实现反馈控制。为了确保在发生井漏或井涌时系统能够及时发现危险并采取相应的控制措施，该技术要求环空中的流体必须是液体。通过对钻井过程中井口进口流量、出口流量以及其他钻井相关工程参数进行全方位实时监控，并对井口进口和出口流量测量值与理论模型预测的期望值进行比较。通过实时比较井口进口和出口流量值，一旦发现井口进口和出口流量值的偏差超过预期设定值，系统会立即调节节流阀开度来实现返出的钻井液流量恢复到期望值。由于钻井过程中井筒可认为是密闭状态，所以当从环空返出流量的监测值与期望值对比时，如果大于或者小于理想值的最小偏差，就意味着井下可能出现了井涌或井漏。

近年来，国内外多家公司和研究单位针对微流量控制钻井技术进行了研究。2003年，Santos等原创性地在美国石油工程师学会上发表关于MFC技术的文章[6,7]，该文章为微流量控制钻井技术最早的研究，并指出了该基本控制理论相对于其他钻井方法所具有的独特优点。紧接着在2004年，Santos等又对MFC技术的一些相关理论做了进一步改进和完善，并结合钻井现场的工况进行了对比分析，从理论上证明了MFC技术的适用范围和优势[8,9]。2005年，Weatherford公司开发出首套以地面微流量控制为基础的控压钻井系统（Secure Drilling），其结构如图1.1所示。该公司在当年完成了在DrillSim 5000型钻机与井控模拟器上的模拟试验，接着在路易斯安那州立大学与PERTT LAB内的试验井上进行了模拟试验测试，完成了在各种不同的欠平衡条件下模拟气体和水的井涌以及部分循环漏失和自动压力控制下的钻井[10]。2006年初，为了评价MFC在特殊温度环境下的可靠性，验证系统电子元器件的耐温性能，掌握节流管汇的特性，并了解钻屑通过节流管汇是否会造成冲蚀或堵塞问题[11,12]，Weatherford公司在两口环境条件较好的陆上井进行了试验测试。2007年，巴西国家石油公司首次对MFC控制钻井系统进行了应用，并在全球进行了全面的推广和使用。2010年，MFC控制钻井系统在中东的一口井中成功地解决了压差卡钻、钻井液漏失和井涌等多个钻井的大难题，在整个控制压力钻井期间完成了非生产时间为零的重要目标，钻井深度相对以前增加了接近50%[13]。2010年至2016年，Chvron、StatoiHydro、Cypress、ENI、Total及我国四川油田和大港油田也相继使用该系统，取得了很多好的效益，并且在此基础上也做了很多优秀的改进[14]。

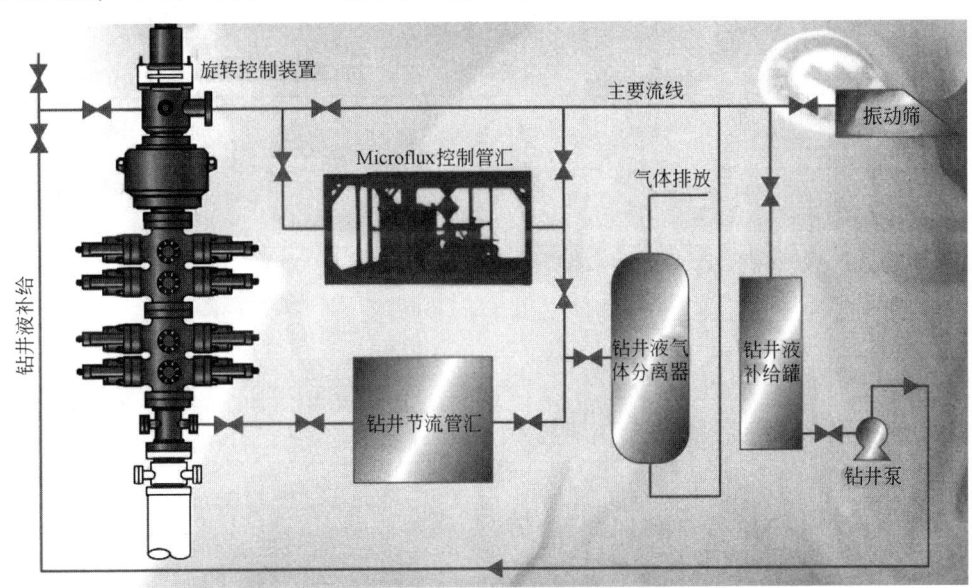

图1.1 Weatherford公司微流量控制钻井系统结构

国内针对微流量控制钻井技术的研究也一直在进行之中。中国石油大学的姜建胜和柳贡慧等对国外微流量控制钻井技术相关的信息进行过相应的研究[15,16]。近年来，中国石油集团工程技术研究院有限公司研制的PCDS-1精细控压钻井系统具备井底恒压和微流量控制双功能，先后在我国华北、冀东、塔里木、西南等油气田成功进行了现场试验和应用[17,18]。2007年至2012年，西南石油大学陈平带领团队在分析研究当前地面微流量控制钻井技术的基础上，首次提出了井下微流量控制钻井技术的概念，并与中国石化西南油气田分公司钻井工程技术研究院共同研发了基于差压检测机理的随钻井下环空流量测量短节，短节在四川省德阳市钻井现场进行了现场测试[19]，验证了差压检测的可行性。在先前陈平团队研究的基础上，2013年至2017年西南石油大学林元华团队及陈平团队建立了微流量控制钻井节流仿真系统[20]。

1.1.2 井下环空流量测量技术研究现状

目前投入商业使用的MFC系统，流量均为其直接监测对象，基于物质守恒原理来实现控制，核心原理是通过在传统的地面钻井液循环线路上安装节流器和微流量传感器来实现对流量、当量循环密度、压力和流速等钻井工程参数的随钻实时监控，并基于监测的产生进行实时反馈控制，实现井筒内流体的流量保持不变，从而实现控压钻井的目标。但是在应用过程中，采用进出口流量比较法会产生明显的滞后问题，特别是在井涌初级阶段，进出口流量变化非常小，很难发现气侵问题；当真正发现进出口流量有大的变化时，气体往往已经到达井口附近，时间上有很大的滞后。对于油气钻井液而言，气体溶解度会受压强和温度的影响，这些会使得滞后现象更加明显。因此，基于进出口流量法来实现井涌的监测具有一定的局限性，为了解决进出口流量法在井涌监测中的滞后问题，国外研究人员提出了通过直接测量井下环空返回流量来实现微流量控制钻井[20]。

要实现随钻井下环空流量测量系统设计，需要对可用的流量测量方法进行调研和分析，需选用合适的测量方法。经过调研，目前常用的流量测量的方法及其特性见表1.1。

表1.1 不同类型流量计对流体状态的适应性

流量计类项	清洁液	脏污染	气体	高黏度	液气混合	腐蚀液	明渠液	非充满管	适应范围
差压孔板	适用	圆缺孔板	适用	有条件使用	适用	适用	不适用	不适用	小范围
差压喷嘴	适用	有条件使用	适用	适用	适用	不适用	不适用	不适用	小范围
差压文氏管	适用	有条件使用	适用	有条件使用	适用	不适用	不适用	不适用	小范围
浮子式	适用	不适用	适用	适用	不适用	玻璃锥管	不适用	不适用	中范围
容积式	适用	不适用	膜式	适用	不适用	特殊材料制造	不适用	不适用	中范围
旋涡式	适用	涡街式	适用	有条件使用	不适用	有条件使用	不适用	不适用	小到大
涡轮式	适用	不适用	适用	不适用	不适用	不适用	不适用	不适用	小到中
电磁式	适用	适用	不适用	不适用	有条件使用	适用	不适用	有条件使用	中到大
超声波式	适用	多普勒式	有条件使用	有条件使用	不适用	多普勒式	有条件使用	不适用	小到大
靶式	适用	不适用	不适用	适用	不适用	适用	不适用	不适用	小范围
热式	不适用	不适用	适用	不适用	不适用	适用	不适用	不适用	中范围
明渠式	适用	适用	不适用	适用	适用	适用	适用	适用	大范围
科氏质量式	适用	适用	高压气体	适用	有条件使用	有条件使用	不适用	不适用	中到大

随着科学技术的不断进步,可以用于井下环空流体流量测量的方法越来越多,但不管哪种方法,都有其优点和缺点。针对油气井钻井作业过程中所处的井下特殊环境,在选择流量测量方法时,需综合考虑井眼的空间对测量系统尺寸的限制,例如井下压力、温度,包含有油气泡和固体颗粒等的多相流体及井下环空流体域的变化对测量和仪器测量精度和响应特性等的影响。国外自 2004 年起已经有人开始针对井下环空流量测量方面进行研究,但没有见到相关的仪器成品信息。如美国哈里伯顿公司的研究人员 Wei Han 等基于声学多普勒原理对井下流量测量进行了研究,并申报了发明专利[21];基于该研究,2011 年 BP 公司研究人员 Mark W. Alberty 提出了基于声学原理的随钻井下环空流量测量技术,并申报该测量方法的发明专利[22]。

2011 年,电子科技大学康波和西南石油大学付建红合作开展了基于时差法和多普勒法的井下超声波环空流量测量方法的研究,并在地面开展了相关实验。考虑到超声波井下环空流量测量方式对于钻井液这种含有大量固相颗粒的非牛顿流体流量的测量仍然存在大量理论与实践问题没有得到解决,西南石油大学陈平团队(葛亮为该团队核心人员)基于差压法实现了随钻井下环空流量测量[19,20],该井下仪器照片如图 1.2 所示。虽然差压测试法应用范围非常广泛,部分混相流体,如气固、气液、液固等也可应用,但是由于包含了阻碍被测介质流动的节流部件,会导致部分压力损失,在节流部位容易发生堵塞问题(该测量系统在 2012 年四川现场下井测试时,节流处出现了滤饼和岩石堵塞,如图 1.3 所示),可能给钻井带来严重安全隐患,并影响仪器测量精度。近些年来,为了满足多种复杂条件下流量测量和计量的需要,对流量测量计量提出更新和更高的要求,特别是在特殊环境中或特殊工况下电磁流量计的研发与制造成热点,不断有新的厂家和科研院所的研究人员开始探索并关注特殊环境下电磁流量计相关理论和实践技术[23]。

图 1.2 基于差压法实现的随钻井下环空流量测量装置

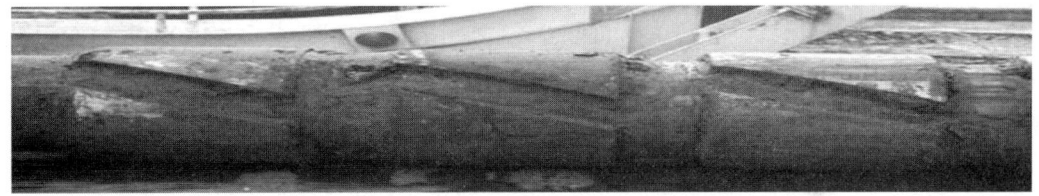

图 1.3 随钻井下环空流量测量装置节流处有大量滤饼和岩石堵塞

1.1.3 电磁流量测量技术研究现状

自英国著名科学家法拉第在 1831 年发现了电磁感应定律以后,并于 1832 年进行了利用地球磁场测量泰晤士河水的潮汐和流量测量的实验,虽然实验失败,但是这是人类历史上第一次真正关于电磁流量测量的实验。接着在1832年前后，世界著名生物学家A.Kolin成功发明和实现了人类第一个圆管流量测量的电磁流量计，并利用该电磁流量计实现了瞬时动脉的血液流量的测量和记录。在接下来的20多年间里，苏联、日本、德国和英国等发达国家也成功生产出自己的电磁流量计，并成功应用到多个不同领域之中[24,25]。我国到1957年才逐渐开始电磁流量计研制工作，经过多年的学习和研究，我国的电磁流量计生产厂家可以生产和研发出面向多种需要的电磁流量计。目前，我国的电磁流量测量技术与发达国家的技术差距在逐步减小[26]。

目前，电磁流量计被广泛应用于工农业生产、对外贸易计量交接、国防、科学研究和日常生活计量等诸多领域。随着各领域应用需求的发展变化，电磁流量计的研究成了大热点。当前，从电磁流量计的研究发展趋势来看，电磁流量计的研究主要存在两个大方向：一个是通用普及型的仪器仪表方向，其研究目标为性能适中、一体化传感器、功耗较低、操作简便和价格低廉；另一个是高端的特殊测试条件下电磁流量测试仪器仪表，其研究目标为实现多功能、智能化、测量精度好、可靠性高、面向特殊介质测量等，可适用于对流量测量具有较高要求的场合。目前，电磁流量计研究的热点主要集中在以下几个大的方面。

（1）非满管电磁流量测量技术研究。普通电磁流量计通常只能对满管液体的流量进行准确测量，但对于非满管电磁流量计，如果仍以法拉第电磁感应定律为基础测量流速，再通过某种方法得到流道横截面积的液位高度，就可以得到流体流通面积，两者相乘仍然可以获得非满管的流量信息，该方法可极大降低传统非满管流或明渠流的流量误差。20世纪90年代，非满管电磁流量测量技术由Fischer和Porter首先提出并研制出来[27]，使电磁流量计突破了不能测量流体未充满管道的弊端，该技术的出现开启非满管电磁流量测量技术的研究热潮。要想实现非满管电磁流量的测量，首要任务就是对电磁流量传感器上的流速检测电极进行改进，使被测流体液位高度在电极能够检测到的范围之内，可以通过增加信号检测电极的数目和改变检测电极形状的方法；其次还要确保对管道内的液位高度进行准确测量[28]。为了实现液位高度的准确测量，目前国外主要采用以下3种方法：第一种方法为液位计法，即在电磁流量计流速测量传感器的基础上外加液位测量传感器[29,30]；第二种方法为信号相关法，该方法的核心机理是过液位与检测电极上测得的感应电势的数学理论模型，基于相关原理得到被测导电液体的液位高度[31,32]；第三种方法为电容法，该方法主要在流体管壁与测量管的衬里之间设置一对竖直方向的金属电极板，基于流体流过时在极板上的电容电压与液位高度有数值关系来实现流体液位高度测量[33]。我国对非满管电磁流量计的研究起步较晚，最近十年才开始这方面的研究，目前哈尔滨理工大学和上海大学等科研院所在非满管电磁流量领域已经取得了一定的研究成果[34]，但是距离拥有我国自主知识产权的非满管电磁流量计产品还有一定的距离。

（2）针对特殊流体介质流量测量技术研究。传统的电磁流量计大多使用的是低频矩形波励磁，没有静电噪声，主要用于测量导电性流体。但是，该激励方式的电磁流量计不能测量具有湍流特性和低电导率流体或者带有静电噪声的绝缘性流体。近年来，国内外学者做了广泛的研究，通过大面积电极来测量电导率较低的介质流量，还有通过增大转换器的输入阻抗来降低传感器的内阻，从而测量电导率更低的流体介质，如甘油、乙二醇等介质的测量。研究人员基于高频励磁方式修正了静电噪声影响，但这种方式信号容易出现零点漂移，针对这个问题研究人员 VCushing 采用一种基于零点漂移电压方程的时间独立性来实现零点漂移剔除的特殊信号处理方法，该方法可以很好地实现零点漂移的校正，使得电磁流量计可以完成包括绝缘流体在内的各种特殊流体流量的测量[37]。

（3）基于多电极完成非对称流速测量和流场重建。通过资料调研发现，对于两电极的电磁流量计而言，在进行轴对称或稍微偏离轴对称流体流量的测量精度能基本满足要求，但是当流体流速分布严重不对称时，电磁流量计测量误差较大，影响测量的质量。如果采用多对电极或两对线圈的多电极电磁流量计可以明显改善这一缺陷，其测量精度可以得到很大提高。目前，多电极电磁流量计用于求解流场速度分布和优化权重函数分布，国内外这两个方面的研究很多[36,37]。1996 年，清华大学的张小章提出了基于流动电磁测量理论的流场重建，该研究基于多电极电磁流量计测量管道截面流速分布，并进行了数值模拟，成功地验证了采用流动的电磁测量方法求解流场速度分布的可行性[38,39]。接着，北京航空航天大学徐立军和浙江大学张宏建等在多电极流量测量方法上做了多方面的研究，取得了大量成果，并成功实现多电极的电磁流量计[40,41]。

（4）提高零点稳定性及拓展流速测量下限。对于电磁流量计来说，其测量准确度和测量下限由零点稳定性决定，要降低测量下限，必须提高零点稳定性。目前许多厂家电磁流量计流速下限为 0.2m/s，只有极少数几个厂家可以达到 0.1m/s。为拓展流速测量下限，国内外研究人员进行了大量研究，研究的方向主要集中在采用预测零点电平变化的插入法等软件处理方法、应用电路反馈消除零点漂移等方法和设计高信噪比的硬件电路等方法，主要还是采用电路消除或软件消除。针对前面方法中的不足，浙江大学张宏建团队于 2003 年提出了相关性检测原理，基于相位相关原理进行电磁流量信号处理，降低了电磁流量计的零点噪声，提高了流量测量的零点稳定性和低流速下测量的准确性，拓展了电磁流量计测量下限[42]。

（5）基于磁场优化的电磁流量计设计技术。在基于磁场优化的电磁流量计设计技术发展过程中，针对励磁系统的研究主要表现在改变励磁方式和磁场分布优化研究两个方面。

励磁方式始终是一个热门的研究方向，励磁方式决定了电磁流量计工作磁场的特性、零点的稳定性及抗干扰能力的大小。电磁流量计的励磁方式经历了永磁体励磁、直流励磁、交流工频励磁、低频矩形波励磁、高频和双频励磁等阶段[43]。与早期的交流正弦波工频励磁相比，后面的励磁方式，降低了传感器产生的干扰和噪声，使仪表的零点更加稳定。20 世纪 70 年代以前，国内外研制生产的绝大多数电磁流量计是基于磁场均匀性原理。为了确保测量精度，均匀性电磁流量计励磁线圈的轴向尺寸较长，使得流量计的体积庞大，带来了很多不便。

近几年来，电磁流量计的内部的磁场分布、建模和优化仿真方面的研究备受关注，通过减小和优化励磁线圈的尺寸设计，使得电磁流量计有了更加广泛的应用，得到较多研究成果[24,25]。在国外，Andrzej D. A. 在 1999 年起就开始了电磁流量计线圈优化方面的研究，并通过三维模型进行磁场的优化设计[44-46]，G. Vieira 等人通过优化设计对椭圆形空间的磁场进行增强[47]，H. Mirahki 的研究团队通过对磁场进行建模和优化算法实现了内置式永磁同步电动机的最优化设计[48]。近年来，随着以 COMSOL 为代表的多耦合场仿真软件的出现，出现了许多以权重函数优化理论为依据的仿真分析与优化设计技术，如金宁德等对外流式的电磁流量计的磁场分布情况进行仿真研究并得到了四电极电磁流量计响应输出特性[49]；赵琛等对流量计鞍形励磁线圈磁场分布的计算方法进行了深入的研究[50]；王经卓提出了新颖的求解电磁流量权函数的有限元方法[51]；张娟和胡红利等对电磁流量测量方法进行仿真分析与建模研究[52]。近年来在石油领域，除用于普通地面流量测量外[53]，电磁流量计在油田的注水及注聚流量的测量中发挥着越来越重要的作用，如刘兴斌和金宁德等还对注聚剖面测井中电磁流量计测量特性进行了深入的研究，通过有限元仿真分析存储式电磁流量计的特性，为设计和现场应用提供理论指导，同时基于磁场仿真结合权重函数对井下集流式电磁流量计进行优化方面的研究[50,65-74]。

综上所述，实现钻井过程中井下环空流量的测量对于实现快速反应的微流量控制钻井具有核心作用，尽管近几年电磁流量测量相关的理论和井下仪器设计实践研究工作已经引起了国内外研究学者的广泛关注，但针对钻井过程中的环空流量电磁测量理论的研究还远远不够，主要体现在：（1）现有的流量测量研究几乎都针对的是圆柱形流道流量的测量，很少有研究专门针对特殊的环形流道；（2）目前没有查到任何研究针对钻井过程中的环空的基于电磁流量测量建立相关测量理论和仿真模型；（3）由于钻井过程中井下环境十分复杂，没有系统性针对井下环空流量测量。没有考虑到非导电介质、铁磁性固体颗粒和井径变化等因素对环空电磁流量传感器的响应特性的影响的研究。

1.2 本书主要内容

本书共分为7章，内容包括：

第1章绪论。本章对微流量控制钻井技术、井下环空流量测量技术和电磁流量测量技术研究现状进行了分析，对课题来源、技术路线和研究内容进行了简要说明。

第2章环空流量电磁检测技术理论基础。本章通过对环空流量电磁检测的实现所涉及的相关理论进行了介绍和研究。

第3章环空流量电磁检测传感器虚电流求解研究。本章主要对环空流道电磁流量测量系统虚电流进行求解，同时针对不同的井壁材料及电极数目和大小对虚电流分布的影响因素进行研究，为环空电磁流量测量系统磁场优化设计工作打下基础。

第4章环空流量电磁测量系统优化设计。为了使环空流量电磁测量系统的测量效果最优化，本章提出了优化效果的评价指标体系，并基于该评价体系对2种励磁结构的COMSOL仿真结果进行分析比较。通过对2种励磁结构的COMSOL仿真数据进行分析，结合权重函数的评价指标进行综合权衡，得到最优励磁结构参数。

第5章环空流量电磁测量系统响应特性仿真研究。本章主要在三维立体情况下，考察了非导电介质、铁磁性固体颗粒和井径变化等因素对环空流量电磁测量系统响应特性的影响。通过对环空流量电磁测量系统相应区域的横截面和纵截面上的虚电流密度、磁感应强度及矢量权重函数的分布情况变化图的分析，并结合矢量权重函数灵敏度这一指标，直观和定量判断分析这些因素对系统响应特性的影响。

第6章环空流量电磁测量系统设计。本章主要基于第4章确定的最优结构，从环空电磁流量检测传感器和流量信号采集与处理两个方面详细研究了环空电磁流量测量地面样机的实现过程。为了满足以后的井下应用需要，本章还进行了井下环空流量电磁测量系统高可靠性设计。

第7章地面试验平台搭建及地面样机测试。本章主要搭建环空电磁流量测量地面试验平台，并对第6章中实现的环空电磁流量测量地面样机进行验证，确定方法模型的可行性。

1.3 创新点及展望

随钻井下环空流量测量技术是实现井下微流量控制钻井技术核心部分，目前国内外关于井下环空流量测量还处于起步阶段，特别是针对环空流量测量技术方面的研究极少，而基于电磁检测机理的井下流量测量方法研究更是稀少。本书的特色与创新之处主要表现为：

（1）以钻井过程中井下环空流量测量的需要为背景，提出了井下环空流量电磁测量理论和仿真模型。

（2）基于理论研究和仿真，实现环空流量电磁测量系统机构最优化设计，并针对多种复杂因素下的环空电磁流量系统响应问题进行了仿真研究。

（3）参考井筒型电磁流量计，实现了井下环空流量测量系统地面原理样机设计。并按照国家检定标准，对井下环空流量测量系统地面原理样机进行测试，为进一步验证环空流量电磁测量系统进行井下可行性测试提供依据。

钻井过程中的井下环空流量电磁测量技术是一项涉及多个学科的复杂系统工程研究，其实现对于安全钻井具有巨大的指导意义，本书只是针对井下环空流量测量技术的设计理念及其基础的方法和理论进行了一些探讨，但就实际情况而言，还有很多工作要开展，主要有以下几个方面的问题：

（1）本书最终实现的地面环空电磁流量测量原理样机，没有考虑井下特殊环境的影响（如进行高温高压及钻具旋转等极点因素的影响），在以后研究过程中，可以继续进行改进探索。

（2）本书对环空电磁流量测量系统的权重函数和电磁场分布研究进一步量化进行理论分析，为环空电磁流量测量系统励磁结构的设计提供更多的理论依据。

（3）目前仿真针对的流体为层流，可以考虑井下湍流等情况对测量的影响。

（4）未来将实现下井样机的研制和实验。

2 井下环空流量电磁检测技术理论基础

本书对井下环空流量电磁检测技术理论基础的研究是建立在已有井筒型电磁流量计的理论基础上的。本章将重点介绍与本书研究相关的部分基础理论并对相关的研究结果进行归纳总结,主要包括环空流量电磁检测机理研究、流量电磁测量基本原理、权重函数相关理论、电磁场分析求解理论、环空流量电磁检测系统设计基础及影响因素等。

2.1 井下环空流量电磁检测机理

2.1.1 流量电磁检测基本原理

法拉第电磁感应定律是法拉第在1831年所做实验,基于观察得出的一条实验定律[53],该实验定律表明了闭合回路中的通电导体在磁场中切割磁感线运动,磁通量在单位时间内产生变化,这样在回路中导体两端便会产生感生电动势和感生电流。紧接着在1834年,德国著名科学家楞次提出了著名的楞次定律,该定律表明感生电流和感生电动势产生的磁场总是会阻碍引起感生电流和感生电动势的磁通量变化[53],其感生电动势 ε_{in} 的大小方向可由式(2.1)得出:

$$\varepsilon_{in} = -\frac{d\Phi}{dt} = -\frac{d}{dt}\int_A \boldsymbol{B} \cdot d\boldsymbol{A} \tag{2.1}$$

式中:ε_{in} 为感应电动势,V;$\boldsymbol{B}$ 为磁感应强度(磁通量密度),T;A 为磁场通过的面积,m²。

假设磁场均匀垂直穿过面域 A,面域 A 的一边由长度为 D 的运动直导体构成,运动平均速度为 $\bar{v}$;磁场以角频率 $\omega = 2\pi f$ 随时间呈正弦变化,最大值为 B_m,则感应电动势如式(2.2):

$$\begin{aligned}\varepsilon_{in} &= -\frac{d\Phi}{dt} = -\left(\frac{BdA}{dt} + \frac{AdB}{dt}\right) \\ &= -\left(B\frac{Ddl}{dt} + A\frac{B_m d\sin\omega t}{dt}\right) \\ &= -(BD\bar{v} + 2\pi fAB_m\cos\omega t)\end{aligned} \tag{2.2}$$

其中,可以通过弗莱明右手定则来确定感生电动势、磁场和流体流动方向之间的关系,弗莱明右手定则示意图如图2.1所示。

式(2.2)右边第一项是动生电动势,动生电动势的大小和导体运动时的平均速度 $\bar{v}$、运

动导体长度 D 及磁感应强度 B 成正比；第二项是感生电动势，大小由频率、面积和磁场大小决定，感生电动势和动生电动势有 $90°$ 相差。

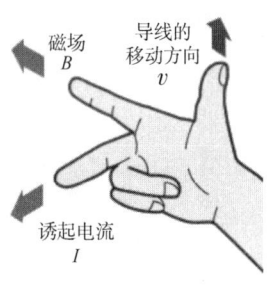

对于圆形流道的普通测量管道来说，其体积流量如式(2.3)：

$$q_v = \frac{\pi}{4}D^2\bar{v} \quad (2.3)$$

D 是管道内直径。代入式(2.2)并忽略感生电动势可得式(2.4)：

$$\varepsilon_{in} = -\frac{4B}{\pi D}q_v \quad (2.4)$$

图 2.1 弗莱明右手定则示意图

由式(2.4)可知，当磁感应强度 B 和管径 D 一定时，感应电动势 ε_{in} 的大小和流体的体积流量 q_v 线性相关，流量电磁检测的基本原理图如图 2.2 所示。

2.1.2 环形流道流量电磁检测原理模型

流量信号电磁检测部分作为井下环空流量电磁测量系统结构的核心，其设计尤为重要。目前，流量电磁检测技术针对圆形管道的检测虽然比较成熟，但对于类似井下环空的环形流道流量的电磁检测技术却很少，该环形流道流量的电磁检测技术的实现需要消化现有的电磁流量测量理论，结合环空管道结构的特殊性及钻井过程中井下的特殊环境进行分析和设计。如图 2.2 所示，传统电磁流量测量系统的线圈励磁系统在圆形测量管的外面，电极朝内安装在测量管道的两侧，能够满足传统圆形管道内流量测量的需要，励磁部分和信号提取部分的实现相对比较简单。而对于类似井下环空流道流量的电磁检测，需要实现两个条件，首先能够在环域流道上面产生相应的磁场，其次需要在环域的内环上安装电极实现环域内电磁感应信号的提取。

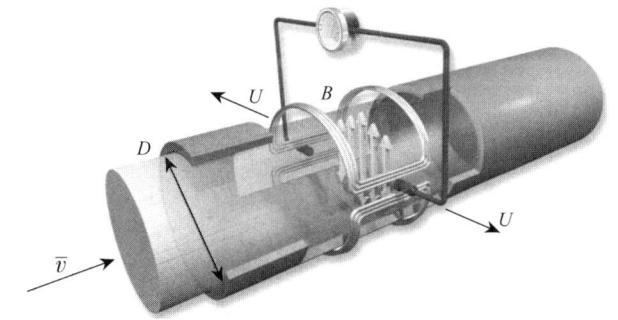

图 2.2 流量电磁检测基本原理图

为了满足前面提出的两个条件，针对井下环空的环形流道流体流量的检测提出了一种环形流道流量电磁检测模型，两对线圈时的原理模型的结构如图 2.3 所示。该模型设计两对(或一对)线圈励磁结构，用来产生相应方向的磁场，在环形流道的内管朝外安装两对(或一对)电极，由于线圈产生的磁场，流体流过磁场会切割磁力线，会在信号电极间上产生感应电动势，通过电极提取流量的电压信号，通过对该电压信号的进一步处理，可获得对应的流量信号。

通过 3D 设计软件,可以设计出如图 2.4 所示的环空流量电磁检测系统结构 3D 图,其中钻井中注入的钻井液从内圆部分进入,从外圆和井壁之间构成的环形流道中返回,内圆和外圆之间为环形流量信号检测域。

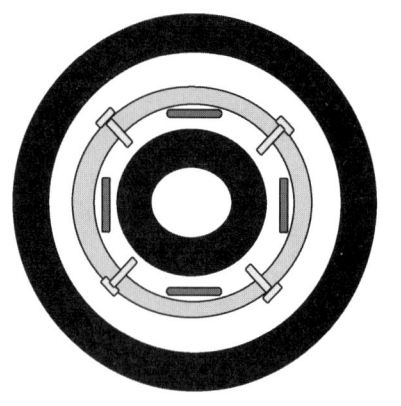 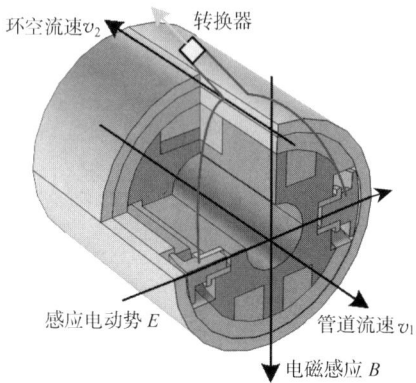

图 2.3 两对线圈时环空流量电磁检测原理模型　　图 2.4 环空流量电磁检测系统结构 3D 图

2.2 电磁流量测量理论

2.2.1 MAXWELL 方程组

1855—1865 年,英国著名物理学家 MAXWELL 在全面地分析和研究了 Coulomb's Law、Biot-Savart Law 和 Faraday's Law of Induction 等 3 个定律的基础上,创造性地在电磁学的研究领域中引入了数学分析方法,将几大定律有机统一和关联在一起,诞生了著名的 MAXWELL 电磁理论,即 MAXWELL 方程组。MAXWELL 方程组是由描述电场与磁场的四个基本方程组成的,其不仅分别描述了电场和磁场的行为,也描述了它们之间的关系。方程组主要包含三部分:场源关系、本构关系和边界条件[53]。

对于场连续性区域,场源关系指出了电磁场的通量源和漩涡源,如式(2.5)至式(2.8)。在该方程组中,电场和磁场互相为源,已经成为一个不可分割的整体。该方程组系统而完整地概括了电磁场的基本规律,并预言了电磁波的存在。

$$\nabla \cdot \boldsymbol{D} = \rho \tag{2.5}$$

$$\nabla \cdot \boldsymbol{B} = 0 \tag{2.6}$$

$$\nabla \times \boldsymbol{E} = -\frac{\partial \boldsymbol{B}}{\partial t} \tag{2.7}$$

$$\nabla \times \boldsymbol{H} = \boldsymbol{J} + \frac{\partial \boldsymbol{D}}{\partial t} \tag{2.8}$$

式(2.5)至式(2.8)中:哈密顿算符 $\nabla = \boldsymbol{e}_x \frac{\partial}{\partial x} + \boldsymbol{e}_y \frac{\partial}{\partial y} + \boldsymbol{e}_z \frac{\partial}{\partial z}$ 为既具有矢量特性又具有微分特性的线性算符;$\boldsymbol{D}$ 为电位移矢量,C/m^2;$\boldsymbol{B}$ 为磁感应强度,T;$\boldsymbol{E}$ 为电场强度,V/m;$\boldsymbol{J}$ 为电流密度,A/m^2;$\boldsymbol{H}$ 为磁场强度,A/m;ρ 为自由电荷密度,C/m^3。

式(2.5)表明了空间中某点的电位移矢量 D 的通量源是自由电荷密度 ρ。空间任意点若存在正自由电荷体密度，则该点发出电位移线；若存在负自由电荷体密度，则电位移线汇聚于该点。

式(2.6)表明磁感应强度(也叫磁通量密度) B 没有通量源(不存在磁单极子)，磁通永远是连续的，说明磁场是无散度场。

式(2.7)说明有旋电场强度 E 是由时变磁场产生的。

式(2.8)说明磁场强度 H 不仅是由带电粒子的运动(包括传导电流、徙动电流及由因极化所引起的束缚电荷运动的一部分位移电流)而产生，并且也由位移电流而产生。

MAXWELL 场源方程组的四个关系式并不独立，如果对式(2.8)两边求散度，并利用 $\nabla \cdot (\nabla \times H) = 0$ 和式(2.5)可得式(2.9)：

$$\nabla \cdot J + \frac{\partial \rho}{\partial t} = 0 \tag{2.9}$$

这个方程称为电流连续性方程，反映了电荷守恒定律。

2.2.2 本构关系

当有媒质存在时，场与媒质之间会发生相互作用，电场与束缚电荷之间的作用叫极化现象、磁场与束缚分子之间的相互作用叫磁化现象、场作用到自由电荷上会形成传导电流，此时 MAXWELL 场源方程不够完备，需要补充描述媒质特性的方程。对于线性和各向同性的静止媒质，其本构关系如式(2.10)：

$$D = \varepsilon E \quad B = \mu H \quad J = \sigma E \tag{2.10}$$

对于运动媒质的本构关系(假定运动媒质的速度远小于光速)如式(2.11)至式(2.13)：

$$D = \varepsilon E + K v \times H \tag{2.11}$$

$$B = \mu H - K v \times E \tag{2.12}$$

$$J = \sigma(E + v \times B) + \rho v \tag{2.13}$$

式中：$K = \varepsilon \mu - \varepsilon_0 \mu_0$。

引入极化强度 P 和磁化强度 M，可得式(2.14)：

$$\begin{cases} P = D - \varepsilon_0 E \\ M = (1/\mu_0) B - H \end{cases} \tag{2.14}$$

将(2.14)代入(2.11)可得式(2.15)：

$$\begin{cases} P = (\varepsilon - \varepsilon_0) E + \dfrac{K}{\mu} v \times H \\ M = \left(\dfrac{1}{\mu} - \dfrac{1}{\mu_0}\right) H - \dfrac{K}{\mu} v \times E \end{cases} \tag{2.15}$$

2.2.3 边界条件

不同媒质的分界面上，媒质的本征参数 ε、μ、σ 发生突变，某些场分量随之也发生突变，这使得场源微分关系式失去适用条件，但是场源积分关系式依然适用，见式(2.16)至式(2.19)：

$$\oint_S \boldsymbol{D} \cdot \mathrm{d}\boldsymbol{S} = \iiint_V \rho \mathrm{d}V \tag{2.16}$$

$$\oint_S \boldsymbol{B} \cdot \mathrm{d}\boldsymbol{S} = 0 \tag{2.17}$$

$$\oint_C \boldsymbol{E} \cdot \mathrm{d}\boldsymbol{l} = -\frac{\partial}{\partial t}\iint_S \boldsymbol{B} \cdot \mathrm{d}\boldsymbol{S} \tag{2.18}$$

$$\oint_C \boldsymbol{H} \cdot \mathrm{d}\boldsymbol{l} = \iint_S \boldsymbol{J} \cdot \mathrm{d}\boldsymbol{S} + \frac{\partial}{\partial t}\iint_S \boldsymbol{D} \cdot \mathrm{d}\boldsymbol{S} \tag{2.19}$$

利用积分关系式可以导出如式(2.20)所示的边界条件：

$$\left. \begin{array}{l} \boldsymbol{e}_n \cdot (\boldsymbol{D}_1 - \boldsymbol{D}_2) = \rho_s \\ \boldsymbol{e}_n \cdot (\boldsymbol{B}_1 - \boldsymbol{B}_2) = 0 \\ \boldsymbol{e}_n \times (\boldsymbol{E}_1 - \boldsymbol{E}_2) = 0 \\ \boldsymbol{e}_n \times (\boldsymbol{H}_1 - \boldsymbol{H}_2) = \boldsymbol{J}_s \end{array} \right\} \tag{2.20}$$

其中 $\boldsymbol{e}_n$ 是从媒质2指向媒质1的单位法矢量。当包围区域 V 的边界 S 以速度 v 运动时，则式(2.20)需要修正为式(2.21)：

$$\left. \begin{array}{l} \boldsymbol{e}'_n \cdot (\boldsymbol{D}_1 - \boldsymbol{D}_2) = \rho_s \\ \boldsymbol{e}'_n \cdot (\boldsymbol{B}_1 - \boldsymbol{B}_2) = 0 \\ \boldsymbol{e}'_n \times (\boldsymbol{E}_1 - \boldsymbol{E}_2) + (\boldsymbol{v} \cdot \boldsymbol{e}'_n)(\boldsymbol{B}_1 - \boldsymbol{B}_2) = 0 \\ \boldsymbol{e}'_n \times (\boldsymbol{H}_1 - \boldsymbol{H}_2) + (\boldsymbol{v} \cdot \boldsymbol{e}'_n)(\boldsymbol{D}_1 - \boldsymbol{D}_2) = \boldsymbol{J}_s \end{array} \right\} \tag{2.21}$$

需要注意的是，运动边界的 $\boldsymbol{e}'_n$ 和静止边界的单位法矢量并不相同。

2.2.4 电磁流量测量的基本测量方程

对于电磁流量计，式(2.5)至式(2.8)和本构关系式(2.11)至式(2.13)在管道中的流体区域成立；由于管道壁是静止的，边界条件式(2.20)成立。由于洛伦兹力可以使得流体中的自由电荷运动形成电极间的电流，该电流在电极上累计电荷产生库仑电场，这是电磁流量计反应流量的信号源，而由时变磁场产生的感应电场就是干扰信号了，首先忽略干扰信号(可以通过励磁系统的设计消除或减弱)，也就是假设电场没有漩涡源；再考虑流体流动对流体的磁化影响很小，则流量计中的场源关系和本构关系可写成如式(2.22)至式(2.27)：

$$\nabla \cdot \boldsymbol{D} = \rho \tag{2.22}$$

$$\nabla \cdot \boldsymbol{B} = 0 \tag{2.23}$$

$$\nabla \times \boldsymbol{E} = 0 \tag{2.24}$$

$$\nabla \times \boldsymbol{H} = \boldsymbol{J} + \frac{\partial \boldsymbol{D}}{\partial t} \tag{2.25}$$

$$\boldsymbol{D} = \varepsilon \boldsymbol{E} + K\boldsymbol{v} \times \boldsymbol{B}/\mu \tag{2.26}$$

$$\boldsymbol{J} = \sigma(\boldsymbol{E} + \boldsymbol{v} \times \boldsymbol{B}) + \rho \boldsymbol{v} \tag{2.27}$$

根据(2.24)可以引入标量电位 φ 得式(2.28)：

$$E = -\nabla\varphi \tag{2.28}$$

将本构关系(2.27)代入电流连续性方程(2.9)，并引入电位，可得式(2.29)：

$$\frac{1}{\sigma}\frac{D}{Dt}\rho = \nabla^2\varphi - \nabla\cdot(v\times B) \tag{2.29}$$

式中：$D/Dt = \partial/\partial t + v\cdot\nabla$。推导过程假定$\nabla\cdot v = 0$(实际传输管道中流体质量守恒，不会存在某一点发出或汇聚流体的情况)，为了简化分析，假定媒质的本征参数ε、μ、σ是常数；如果自由电荷密度不好计算，则考虑到自由电荷密度是电位移矢量的散度源，把这一关系代入(2.29)，并代入(2.26)可得式(2.30)：

$$\left(1+\frac{\varepsilon}{\sigma}\frac{D}{Dt}\right)\nabla^2\varphi = \left(1+\frac{K}{\mu\sigma}\frac{D}{Dt}\right)\nabla\cdot(v\times B) \tag{2.30}$$

如果是时谐场，场、源和位都有如式(2.31)的关系：

$$F(r,t) = \mathrm{Re}\{F(r)e^{j\omega t}\} \tag{2.31}$$

式中：$F(r)$为复数场；$F(r,t)$为瞬态场，瞬态场的时间微分$\partial/\partial t$对复数场而言相当于乘了一个$j\omega$。即使不是时谐场，时域场和频域场之间也存在这种关系，复数场相当于单色频域场。时域场和频域场之间的变换关系如式(2.32)和式(2.33)：

$$F(r,t) = \frac{1}{2\pi}\int_{-\infty}^{\infty} F(r,\omega)e^{j\omega t}\mathrm{d}\omega \tag{2.32}$$

$$F(r,\omega) = \int_{-\infty}^{+\infty} F(r,t)e^{-j\omega t}\mathrm{d}t \tag{2.33}$$

频域场源关系微分方程如式(2.34)至式(2.37)：

$$\nabla\cdot D(r,\omega) = \rho(r,\omega) \tag{2.34}$$

$$\nabla\cdot B(r,\omega) = 0 \tag{2.35}$$

$$\nabla\times E(r,\omega) = -j\omega B(r,\omega) \tag{2.36}$$

$$\nabla\times H(r,\omega) = J(r,\omega) + j\omega D(r,\omega) \tag{2.37}$$

电磁流量计时域基本方程(2.29)在频域的形式，如式(2.38)：

$$\nabla^2\varphi = Z\nabla\cdot(v\times B) + \frac{v\cdot\nabla\rho}{\sigma+j\omega\varepsilon} \tag{2.38}$$

其中

$$Z = \frac{\sigma + j\omega K/\mu}{\sigma + j\omega\varepsilon} \tag{2.39}$$

对于非磁性材料，式(2.39)可以简化成：

$$Z = \frac{\sigma + j\omega(\varepsilon-\varepsilon_0)}{\sigma + j\omega\varepsilon} \tag{2.40}$$

式(2.38)类似于泊松方程，右边两项相当于两种源分布，这两种源之间的比值为式(2.41)：

$$\left|\frac{v\cdot\nabla\rho}{Z\nabla\cdot(v\times B)(\sigma+j\omega\varepsilon)}\right| \approx \frac{\varepsilon v}{[\sigma+\omega(\varepsilon-\varepsilon_0)]d} \approx \begin{cases}\dfrac{\varepsilon v}{\sigma d} & \text{电解质}\\[6pt] \dfrac{v}{\omega d}\dfrac{\varepsilon}{\varepsilon-\varepsilon_0} & \text{电介质}\end{cases} \tag{2.41}$$

式中：d 为管道内直径。取一个常见的管道流体参数 $v = 1\text{m/s}$、$d = 0.1\text{m}$、$f = 1\text{kHz}$，代入式(2.41) 可以得到：

对于自来水：$\dfrac{\varepsilon v}{\sigma d} \approx 7.08 \times 10^{-7}$；

对于 BP100(血管血压为 100mmHg)：$\dfrac{v}{\omega d}\dfrac{\varepsilon}{\varepsilon - \varepsilon_0} \approx 3.18 \times 10^{-3}$。

由此可见，对于常见的管道流体，其基本方程可以近似简化为式(2.42)：

$$\nabla^2 \varphi = Z \nabla \cdot (\boldsymbol{v} \times \boldsymbol{B}) \tag{2.42}$$

如果磁场是稳恒磁场，则可以进一步简化为式(2.43)：

$$\nabla^2 \varphi = \nabla \cdot (\boldsymbol{v} \times \boldsymbol{B}) \tag{2.43}$$

2.3 权重函数相关理论

在求解上节所述电磁流量传感器基本测量方程过程中，为了便于信号的分析，英国知名学者 Shercliff. J. A 教授在 1954 年首次提出了权重函数[54]，并指出其代表工作磁场有效区域中内各个流体微元切割磁力线时对电极间的感应电压信号的贡献大小。由于各个流体微元具有不同的位置坐标，因此流体微元所在的位置及对应的流速大小都会对测量信号产生影响。也就是说，即便磁场和流速场在测量圆管道内处处都相等，测量管道不同位置的流体微元在均匀磁场中切割磁力线时虽然产生相同的感应电动势，都会在信号电极贡献电势差，但贡献是不同的。因此可以说权重函数的实质是测量区域内各微元产生的电动势不能全部贡献给电极之间的信号而由几何位置所造成的衰减系数，它是位置坐标的函数。值得关注的是，权重函数的大小是与被测流道的尺寸和几何形状（包括电极的形状）有关的空间函数，反映的是被测流道内电场的电位分布关系，与磁场、流速场的分布状态无关。权重函数对电磁流量测量系统有很大的影响[55]，若要想研究电磁流量测量系统的结构及其测量特性，优化电磁流量测量系统的性能，必须对电磁流量系统的权重函数分布情况进行研究。流量计模型如图 2.5 所示，S_1 和 S_2 是良导体制成的电极表面，τ 是面 S_3 包围的空间体积，为了简化问题提出如下假设：

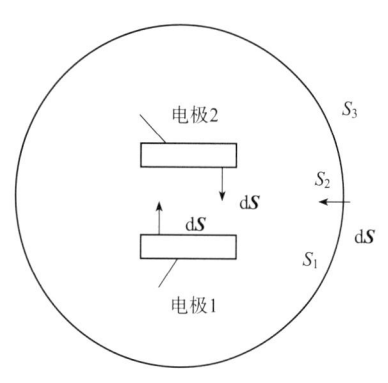

图 2.5 流量计横截面示意图

(1) 流体磁导率均匀，且等于真空中的磁导率(非磁性流体)。

(2) 有旋电场忽略不计，即满足 $\boldsymbol{E} = -\nabla \varphi$。

(3) 排除其他如霍尔(Hall)效应、热电效应等。

现在假设流体静止时有单位电流从正电极 1 流向负电极 2，则此时的虚电场 $\boldsymbol{E}_v$ 和虚电流密度 $\boldsymbol{j}_v$ 满足的方程和边界条件可近似表示为式(2.44)至式(2.47)：

$$\nabla \cdot \boldsymbol{E}_v = 0 \tag{2.44}$$

$$\nabla \times \boldsymbol{E}_v = 0 \tag{2.45}$$

$$\int_{S_1} \boldsymbol{j}_v \cdot d\boldsymbol{S} = -\int_{S_2} \boldsymbol{j}_v \cdot d\boldsymbol{S} = 1 \tag{2.46}$$

$$\boldsymbol{j}_v = (\sigma + i\omega\varepsilon)\boldsymbol{E}_v \tag{2.47}$$

其中，虚电场 $\boldsymbol{E}_v$ 和虚电流密度 $\boldsymbol{j}_v$ 的法向分量在边界上是连续的。

当流量计中的流体流动时，从正极流向负极的假想单位电流是不存在的，因此有式(2.48)：

$$\int_{S_1} \boldsymbol{j} \cdot d\boldsymbol{S} = \int_{S_2} \boldsymbol{j} \cdot d\boldsymbol{S} = 0 \tag{2.48}$$

其中

$$\boldsymbol{j} = \boldsymbol{J} + i\omega\boldsymbol{D} \tag{2.49}$$

S_1 和 S_2 电极的表面，根据式(2.45)可知虚电场无旋，可引入虚电位 φ_v 满足式(2.50)：

$$\boldsymbol{E}_v = -\nabla\varphi_v \tag{2.50}$$

S_3 是包围流量计的参考面，场和位在趋向参考面时快速地衰减为零，于是有式(2.51)：

$$\int_{S_3} \varphi \boldsymbol{j}_v \cdot d\boldsymbol{S} = \int_{S_3} \varphi_v \boldsymbol{j} \cdot d\boldsymbol{S} = 0 \tag{2.51}$$

电极是良导体构成的，可以看成是等位体；设电极 1 的电位是 φ_1，电极 2 的电位是 φ_2，则由式(2.46)和式(2.51)可得式(2.52)：

$$\int_{S_1+S_2+S_3} \varphi \boldsymbol{j}_v \cdot d\boldsymbol{S} = \varphi_1 - \varphi_2 \tag{2.52}$$

$$\int_{S_1+S_2+S_3} \varphi_v \boldsymbol{j} \cdot d\boldsymbol{S} = 0 \tag{2.53}$$

根据高斯定理，图 2.5 区域场和边界场之间满足式(2.54)：

$$\int_\tau \nabla \cdot (\varphi \boldsymbol{j}_v) dV = \int_\tau (\varphi \nabla \cdot \boldsymbol{j}_v + \nabla\varphi \cdot \boldsymbol{j}_v) dV = -\int_{S_1+S_2+S_3} \varphi \boldsymbol{j}_v \cdot d\boldsymbol{S} \tag{2.54}$$

虚电场和虚电流都是无散场，即 $\nabla \cdot \boldsymbol{j}_v = 0$，代入式(2.54)并结合式(2.52)可得式(2.55)：

$$-\int_\tau \nabla\varphi \cdot \boldsymbol{j}_v dV = \varphi_1 - \varphi_2 \tag{2.55}$$

同理可得式(2.56)：

$$-\int_\tau \nabla\varphi_v \cdot \boldsymbol{j} dV = 0 \tag{2.56}$$

将式(2.55)减去式(2.56)，再代入式(2.47)和式(2.49)，结合运动流体的本构关系可得式(2.57)：

$$U = \varphi_2 - \varphi_1 = \int_\tau \boldsymbol{W} \cdot \boldsymbol{v} dV + \int_\tau \boldsymbol{j}_v \cdot \rho \boldsymbol{v} dV/(\sigma+i\omega\varepsilon) \tag{2.57}$$

如果流体中电荷随流体运动产生的影响忽略不计，则式(2.57)可简化为式(2.58)：

$$U = \int_\tau \boldsymbol{W} \cdot \boldsymbol{v} dV \tag{2.58}$$

$$\boldsymbol{W} = \boldsymbol{B} \times \boldsymbol{j}_v \frac{\sigma+i\omega K/\mu}{\sigma+i\omega\varepsilon} \tag{2.59}$$

式中：U 为流体运动在电极上产生的电压信号；$\boldsymbol{W}$ 为矢量权函数，由磁场和虚电流决定；$\boldsymbol{v}$ 为管道中流体的流速矢量。

由于流体中虚电流的源都在流体边界面的电极上,所以流体内虚电流场是调和场,可以引入标量虚电流势函数 G,且满足拉普拉斯方程(2.60):

$$\begin{cases} j_v = -\nabla G \\ \nabla^2 G = 0 \end{cases} \quad (2.60)$$

如果流体是有势流体(或无旋流体),则将式(2.61)代入式(2.60)可得式(2.62):

$$\boldsymbol{V} = -\nabla \phi \quad (2.61)$$

$$U = \int_\tau \boldsymbol{W} \cdot \boldsymbol{v} \mathrm{d}V = -\int_\tau \boldsymbol{W} \cdot \nabla \phi \mathrm{d}V = -\int_\tau \nabla \cdot (\boldsymbol{W}\phi) \mathrm{d}V = -\oint_S \phi \boldsymbol{W} \cdot \boldsymbol{e}_n \mathrm{d}S \quad (2.62)$$

式中:$\boldsymbol{e}_n$ 是指向外的边界法向单位矢量。

如果流体是直线流(只有轴向分量),权函数只需要考虑轴向分量:

$$U = \int_0^{2\pi} \int_0^a W(r,\phi) V(r,\phi) r \mathrm{d}r \mathrm{d}\phi \quad (2.63)$$

其中,$\boldsymbol{W}$ 取值如式(2.64):

$$W(r,\phi) = \int_{-\infty}^{\infty} W_z \mathrm{d}z \quad (2.64)$$

2.4 环空流道流速分布规律研究

在电磁流量测量过程中,如果流速分布符合中心轴对称流动条件,则流量计传感器信号电极上产生的感应电势大小将与流速分布没有关系,只与平均流速成正比[56]。但是,当流道内的流速分布不满足轴对称分布时,权重函数将会对电磁流量传感器输出的信号大小产生影响,产生一定的测量误差。对井下环空流速的分布情况进行研究,基于前面的权重函数理论可以设计出尽可能小的受流速分布影响或者不受流速分布影响的环空流量电磁检测系统,有利于提高系统的测量准确性。

环空流量电磁测量得到的流量感应信号与井下环空流速分布情况密切相关,在相同环空流量下,环空流速分布不同得到的测量信号也可能不同。本书先不考虑钻柱偏心和井壁变化引起环域空间变化等不稳定因素,基于较理想状态对井下环空流道的流动状态和分布规律进行分析。

2.4.1 层流和紊流

通常钻井液都具有一定的黏性,当钻井液在环空内流动时,可能出现层流和紊流等流动状态。当流态为层流时,环空内钻井液分层流动,各个流层之间互不混杂,平行于环空流道的轴线方向,且没有钻井液质点的互换。当流态为紊流时,环空流道内流体不再分层流动,钻井液质点不仅沿环空流道轴线运动,还会朝着井眼直径方向运动。基于雷诺数 Re_a 的大小可以判别钻井液在环空内的流态是层流还是紊流[57,58]。其中,判别宾汉流体雷诺数的公式如式(2.65):

$$Re_a = 928 V_a (D_h - D_p) MW C_{23} / \mu_{ca} [(2n_a + 1)/3n_a]^{n_a} \quad (2.65)$$

式(2.65)中:V_a 为环空的液流的流速,m/s(ft/s);D_h 为井眼直径,mm(in);D_p 为钻具外径,mm(in);MW 为钻井液密度,g/cm³(ppg);μ_{ca} 为环空的有效视黏度,mPa·s(cps);

n_a为环空的流性指数,无量纲;C_{23}为与单位有关的系数。采用法定计量单位时,C_{23}=1.0779;当采用英制单位时,C_{23}=1。

对于环空中钻井液的流态可以基于以下条件进行判断:

(1)层流:$Re_c<3470-1370n_a$;
(2)过渡流:$3470-1370n_a \leqslant Re_c \leqslant 4270-1370n_a$;
(3)紊流:$Re_c>4270-1370n_a$。

除了上面的方法判断环空流态,还用如式(2.66)的环空流态稳定参数 Z 来判别环空流态:

$$Z = 808(v_a/v_c)^{2-n_a} \quad (2.66)$$

式(2.66)中:Z 为环空流态稳定参数,无量纲;n_a 为环空的流性指数,无量纲;v_a 为环空流速,m/s(ft/s);v_c 为环空临界流速,m/s(ft/s)。

对于环空中钻井液的流态可以基于以下条件进行判断:若 $Z>808$,环空流态为紊流;若 $Z \leqslant 808$,环空流态为层流。

2.4.2 层流情况下环空中的流速研究

通过文献[59]可知,在常规钻井过程中,环空流量电磁测量系统和井壁之间环形空间内流体的流态主要为层流,下面将推导[60-63]在层流情况下牛顿流体和非牛顿流体的流速表达式,根据井下的空间条件可以绘制出环形空间的柱面坐标图如图2.6所示。

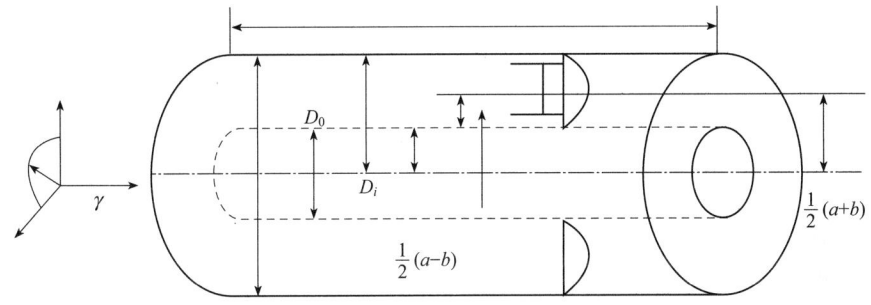

图2.6 环形空间的柱面坐标图

流体流速分量为:平面极坐标(r,θ)上速度为0,只有 Z 方向上有速度,则如式(2.67)至式(2.68):

$$v_\theta = v_r = 0 \quad (2.67)$$

$$v_s = v_s(r) \quad (2.68)$$

当环空流道中的流动为中心轴对称流动时,此时所有变量与 θ 无关,柱面坐标的运动方程可以简化为如式(2.69):

$$\begin{cases} -\dfrac{\partial p}{\partial r}+\dfrac{1}{r}\dfrac{\partial}{\partial r}(r\tau_{rr})-\dfrac{\tau_{\theta\theta}}{r}+\rho g_r = 0 \\ -\dfrac{1}{r}\dfrac{\partial p}{\partial \theta}+\rho g_\theta = 0 \\ -\dfrac{\partial p}{\partial z}+\dfrac{1}{r}\dfrac{\partial}{\partial r}(r\tau_{rs})+\rho g_s = 0 \end{cases} \quad (2.69)$$

整理可得式(2.70)至式(2.72):

$$\frac{\partial p}{\partial r} - \rho g_r = \frac{\mathrm{d}\tau_{rr}}{\mathrm{d}r} - \frac{\tau_{rr}-\tau_{\theta\theta}}{r} \qquad (2.70)$$

$$\frac{1}{r}\frac{\partial p}{\partial \theta} - \rho g_\theta = 0 \qquad (2.71)$$

$$\frac{1}{r}\frac{\mathrm{d}}{\mathrm{d}r}(r\tau_{ss}) + \rho g_s = \frac{\partial p}{\partial z} \qquad (2.72)$$

基于均匀流中力的平衡关系可以推出环形空间中均匀方程式。环形空间的长度为 L,以外径为 $\frac{1}{2}(a+b)+r$、内径为 $\frac{1}{2}(a+b)-r$ 的环形流体来分析。

根据压力和切力的平衡关系,得式(2.73):

$$\Delta p \pi \left\{ \left[\frac{1}{2}(a+b)+r\right]^2 + \left[\frac{1}{2}(a+b)-r\right]^2 \right\} = 2\pi \left\{ \left[\frac{1}{2}(a+b)+r\right] + \left[\frac{1}{2}(a+b)-r\right] \right\} L\tau \qquad (2.73)$$

即可得式(2.74)、式(2.75):

$$\Delta p \left\{ \left[\frac{1}{2}(a+b)+r\right] + \left[\frac{1}{2}(a+b)-r\right] \right\} = 2L\tau \qquad (2.74)$$

$$2\Delta pr = 2L\tau \qquad (2.75)$$

所以有式(2.76):

$$\tau = \frac{\Delta pr}{L} \qquad (2.76)$$

式(2.76)即为环形空间中均匀流方程式。在环形空间的内、外管壁处的表达式为式(2.77):

$$\tau_w = \frac{\Delta p(b-a)}{2L} \qquad (2.77)$$

(1) 环形空间中为牛顿流体的层流。

不可压缩流体的牛顿内摩擦定律可表示成式(2.78):

$$\tau = \mu \dot{\gamma} \qquad (2.78)$$

式(2.78)中:$\dot{\gamma}$ 为流体的应变速度;μ 为牛顿流体的动力黏度;τ 为切应力。

由式(2.76)和式(2.78)可得式(2.79):

$$-\mu \frac{\mathrm{d}v}{\mathrm{d}r} = \frac{\Delta pr}{L} \qquad (2.79)$$

对式(2.79)积分,边界条件为 $r = \frac{1}{2}(a-b)$,$v = 0$,则流速分布为式(2.80):

$$v = \frac{\Delta p}{2\mu L}\left\{ \left[\frac{1}{2}(b-a)\right]^2 - r^2 \right\} \qquad (2.80)$$

(2) 当环形流道中为非牛顿流体的层流。

非牛顿流体其本构方程的一般形式为式(2.81):

$$\dot{\gamma} = f(\tau) \quad \text{或} \quad -\frac{\mathrm{d}v}{\mathrm{d}r} = f(\tau) \qquad (2.81)$$

对于钻井液可以看作幂律流体，可得式(2.82)：

$$\dot{\gamma} = \left(\frac{\tau}{k}\right)^{\frac{1}{n}} \tag{2.82}$$

由式(2.82)得式(2.83)：

$$v = \int_0^r f(\tau)\mathrm{d}r + C \tag{2.83}$$

利用边界条件 $r = \frac{1}{2}(a+b)$，$v=0$，可得积分常数为 $C = \int_0^{\frac{b-a}{2}} f(\tau)\mathrm{d}r$。

所以有式(2.84)：

$$v = \int_r^{\frac{b-a}{2}} f(\tau)\mathrm{d}r \tag{2.84}$$

由环形空间的均匀流方程式(2.77)和式(2.79)可得式(2.85)：

$$\tau = \tau_w \frac{2r}{b-a} \quad \text{或} \quad r = \frac{b-a}{2}\frac{\tau}{\tau_w} \tag{2.85}$$

积分变量代换后，式(2.84)变为式(2.86)：

$$v = \frac{b-a}{2\tau_w}\int_\tau^{\tau_w} f(\tau)\mathrm{d}\tau \tag{2.86}$$

式(2.83)代入式(2.86)，则可得式(2.87)：

$$v = \frac{b-a}{2\tau_w}\int_\tau^{\tau_w}\left(\frac{\tau}{k}\right)^{\frac{1}{n}}\mathrm{d}\tau = \frac{b-a}{2\tau_w}\left(\frac{1}{k}\right)^n \frac{n}{n+1}(\tau_w^{\frac{n+1}{n}} - \tau^{\frac{n+1}{n}}) \tag{2.87}$$

把式(2.76)和式(2.77)代入上式，经整理可得式(2.88)：

$$v = \frac{n}{n+1}\left(\frac{\Delta p}{kL}\right)^{\frac{1}{n}}\left\{\left[\frac{1}{2}(b-a)\right]^{\frac{n+1}{n}} - r^{\frac{n+1}{n}}\right\} \tag{2.88}$$

此式(2.88)即为幂律流体在环形空间中的层流速度分布公式。

2.5 电磁场分析求解方法

求解连续问题或场解问题中经常使用的技术可以分为实验、解析和数值等三大类。实验类方法通常昂贵、费时甚至具有一定的危险性，且通常不允许参数变化、灵活性低。而对每一种数值方法，其可以将解析方法进行简化，使之易于数值应用，下面一些方法是电磁学中经常应用的技术。

(1) 解析计算法，即精确解方法，主要有分离变量法、级数展开法、保角变换法、积分求解法(拉普拉斯和傅里叶变换求解法)及扰动法。

(2) 数值方法，主要有有限差分法、加权余数法、矩量法、有限元法、传输线模型法、蒙特卡罗法和线方法。

解析计算法或数值分析法是电磁流量测量基本测量方程的求解常用方法。其中解析解可描述为一个函数，给出一个自变量就可以求出因变量[64]；但是在边界条件非常复杂时，变量参数之间存在非线性耦合关系时，想通过计算得到解析解难度很大。这种情况下，如果用数值分析法求解，可得近似解，结果是一系列离散数值，结果不能表达为一个明确的函数形式。在计算机计算技术高度发展的今天，有限元数值方法是一种常用的数值分析方法，可以应用于拉普拉斯方程所描述的各类数学物理问题的求解过程中，特别适用于各种复杂边界条件以及不规则复杂区域情况下的电磁场问题求解。

2.5.1 电磁问题分类

电磁问题分类的方式主要有以下几种：问题的解区域、描述问题的方程的特性及相关的边界条件。

（1）解区域分类。

考虑边界为 S 的区域 V 上的解，如图 2.7 所示。如果 S 的部分或全部在无穷远，则 V 称为外部（开放）问题，否则 V 称为内部（封闭）问题。例如波导中的波的传播为内部问题。而波在自由空间的传播，如雨滴对波的散射，波从偶极子天线上的辐射，都属于外部问题。

电磁问题也可以依据解区域媒质（ε、μ、σ）的本构特性来分类，可以分为线性的（或非线性）、均匀的（或非均匀的）和各向同性的（或各向异性的）。

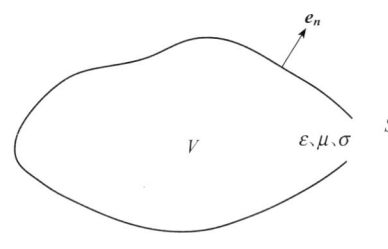

图 2.7　边界为 S 的解区域 V

在本书中，大多数情况下，涉及的是线性、均匀、各向同性的媒质。

（2）微分方程分类。

电磁问题可用描述它们的方程来分类。这些方程可以是微分方程，也可以是积分方程，也可以是两者，大多数电磁问题，可以用如式（2.89）的算子方程来表述：

$$L\Phi = g \tag{2.89}$$

式（2.89）中：L 为算子（它可以是微分算子，也可以是积分算子或者是积分—微分算子）；g 为激励源；Φ 为待求的未知函数。

例如，针对静电场满足的泊松方程，此时微分方程式（2.89）变为式（2.90）：

$$\nabla^2 \varphi = -\frac{\rho}{\varepsilon} \tag{2.90}$$

对应算子 $L = \nabla^2$ 为拉普拉斯算子，$g = -\rho/\varepsilon$ 为激励源，$\Phi = \varphi$ 为电势。对式（2.90）应用格林定理，可以得到无界空间中泊松方程的积分方程形式为式（2.91）：

$$\varphi = \int_V \frac{\rho \mathrm{d}V}{4\pi\varepsilon R} \tag{2.91}$$

此时的算子、激励源和待求函数分别为：

$$L = \int_V \frac{\mathrm{d}V}{4\pi R} \qquad g = \varphi \qquad \Phi = \frac{\rho}{\varepsilon}$$

一般的电磁问题是线性二阶微分方程的解，二阶偏微分方程由式（2.92）给出：

$$a\frac{\partial^2 \Phi}{\partial x^2} + b\frac{\partial^2 \Phi}{\partial x \partial y} + c\frac{\partial^2 \Phi}{\partial y^2} + d\frac{\partial \Phi}{\partial x} + e\frac{\partial \Phi}{\partial y} + f\Phi = g \tag{2.92}$$

简化为式(2.93):

$$a\Phi_{xx}+b\Phi_{xy}+c\Phi_{yy}+d\Phi_x+e\Phi_y+f\Phi=g \quad (2.93)$$

式(2.93)中:系数 a、b 和 c 一般为 x,y 的函数;如果系数与 Φ 相关,此时偏微分方程是非线性的。当 $g=0$ 时,方程称为齐次的,反之偏微分方程为非齐次的,注意方程式(2.92)要写成式(2.89)的形式,只要微分算子取式(2.94):

$$L=a\frac{\partial^2}{\partial x^2}+b\frac{\partial^2}{\partial x \partial y}+c\frac{\partial^2}{\partial y^2}+d\frac{\partial}{\partial x}+e\frac{\partial}{\partial y}+f \quad (2.94)$$

一个偏微分方程可以同时是边值问题和初始值问题。如果偏微分方程的边界条件是给定的,这样的问题称为稳定性问题。如果仅有初始值给定这样的问题称为瞬态方程。任何二阶偏微分方程可以分类为椭圆形,双曲线形和抛物线形微分方程(表2.1)。

表 2.1 偏微分方程的分类

类型	判据	举例
椭圆形	$b^2-4ac<0$	拉普拉斯方程:$\Phi_{xx}+\Phi_{yy}=0$
双曲线形	$b^2-4ac>0$	波方程:$u\Phi_{xx}=\Phi_{tt}$
抛物线形	$b^2-4ac=0$	传导方程:$\Phi_{xx}=k\Phi_t$

方程所代表的是确定性问题,另一类问题其变量不是直接得到的,称为非确定性问题或称为本征值问题。标准的本征值问题有式(2.95):

$$L\Phi=\lambda\Phi \quad (2.95)$$

更一般的本征值问题为广义本征值问题,有式(2.96):

$$L\Phi=\lambda M\Phi \quad (2.96)$$

式中:M 与 L 相同,也是电磁问题中的算子。

(3) 边界条件分类。

求偏微分方程未知函数的定解,除了在给定区域 V 中满足方程(2.89)以外,还需满足 V 的边界 S 上的边界条件,通常的边界条件为 Dirichlet 和 Neumann 边界条件。如果两种边界都存在,则称为混合边界条件。

① Dirichlet 边界条件为式(2.97):

$$\Phi(\boldsymbol{r})=0, \boldsymbol{r}\in S \quad (2.97)$$

② Neumann 边界条件为式(2.98):

$$\frac{\partial \Phi(\boldsymbol{r})}{\partial n}=0, \boldsymbol{r}\in S \quad (2.98)$$

③ 混合边界条件为式(2.99):

$$\frac{\partial \Phi(\boldsymbol{r})}{\partial n}+h(\boldsymbol{r})\Phi(\boldsymbol{r})=0, \boldsymbol{r}\in S \quad (2.99)$$

2.5.2 常用电磁场解析方法

解析法包括建立和求解偏微分方程或积分方程。精确求解偏微分方程的经典方法是分离变量法,精确求解积分方程的经典方法是变换数学法。

该方法的优点：解是已知函数的显示表达式，可得出精确数值；作为近似解和数值解的检验标准；容易做物理解释，容易找到各参数对结果的影响；改变参数不需要重新推导。

该方法存在只能解决边界线(面)与坐标轴(面)重合或平行的问题的缺点。

(1) 分离变量法(精确解法)。

只能在已知的11种正交曲线坐标系中，当求解区域的边界全部(或部分，有些情况可以)与坐标系重合或平行，才能使用该方法。因此应用受到很大限制。

(2) 格林函数法(精确、半解析、数值解法)。

如果偏微分方程是非齐次方程，即有源，可用格林函数法：先找到相应方程点源的解，即基本解，或格林函数，再将原方程的解用积分方程表示出来。若能积分出来，得到解析表达式，就是精确解；若用数值积分解出，则为数值解；若用级数展开式近似积分方程，则为半解析解。

(3) 保角变换法(精确解法)。

通过一定的变换，将实际场域和激励源变换到可以用解析函数理论(镜像法、点、线、面对称等)求解拉普拉斯方程区域，得到解析解后，通过反变换，得到实际精确解。该方法只能用于静态场问题或似稳场的近似解。

(4) 积分变换法。如分部积分、变量转换等。

2.5.3 常用渐近法及其适用条件

电磁频谱划分三个区域：低频区($l \ll \lambda$)、谐振区($l \approx \lambda$)、高频区($l \gg \lambda$)。其中 l 是研究物体线度，λ 是与物体作用的电磁波波长。

(1) 低频区渐近方法：准静态法、电路理论。

(2) 高频区渐近方法：几何光学法、几何绕射理论。

2.5.4 常用电磁场数值计算方法

(1) 有限元法 FEM(Finite Element Method)，这是目前应用最广泛、最成熟、最方便、适用性强的一种数值法。它还可以较为方便的与其他方法耦合，构成新的数值法。FEM 是目前计算分析软件(商用版)中的主要采用的数值法[74-84]。

原理1：基于变分原理将微分方程变为等价的变分方程(对泛函求极值的方程)，经过改进的里茨(Ritz)法，转化为代数方程组。又称为 Ritz 有限元法。

原理2：基于加权余量法原理，将微分方程定解问题转化为积分方程，利用伽辽金法，即取基函数作为权函数，转化为代数方程。

两种方法得到的方程组相同。

优点：单元形状任意性好，可以更精确地模拟各种复杂几何结构；方程的系数阵是对称、正定、稀疏的，有利于存储和计算；不同媒质分界面不需要特殊处理，方程自动满足分界面衔接条件。

缺点：用标量求解时有时会出现伪解，处理边缘(棱边)、尖角等情况时会出现奇异。

改进方法：棱边有限元法 FEEM(Finite Edge Element Method)，将边界积分方程和有限元离散方式结合的边界元法。

（2）矩量法 MOM(Moment Method)是一种求解泛函方程的普遍方法，可用于微分方程和积分方程，由于用于微分方程 FEM 更加优越(矩量法用于微分方程得到的代数方程组系数矩阵往往是"病态"的)，现在 MOM 更多地用于积分方程。

原理：将积分方程通过加权余量法得到一个泛函表达式，然后未知函数用一组线性无关的基函数(级数)展开，通过选择不同的权函数(点匹配法、伽辽金法、最小二乘法等)构成相应的矩阵方程。

优点：由于积分方程自动满足辐射边界条件，因而矩量法尤为适合求解开域问题，如散射和辐射问题。

缺点：针对问题要导出积分方程；矩量法线性方程组的系数矩阵是满秩矩阵，内存需要 $o(N^2)$，运算量需要 $o(N^3)$，其中 N 是未知量数目。

改进方法：(多层)快速多极子算法，在矩量法中应用小波正交基。

（3）时域有限差分法 FDTD(Finite Difference Time Domain)，它采用特殊的剖分单元——Yee 单元，直接求解电磁场的 E 和 H，提高计算精度。

基本原理：用空间离散方式(Yee 网格)，将时域 Maxwell 方程旋度方程(第一方程、第二方程)转化为差分格式的代数方程。

优点：适用性强。可以方便地应用于非线性、各向异性、色散性和非均匀性媒质；节约存储空间和计算时间。直接进行时域计算，每一时间步计算网格空间各点的电场和磁场分量，随着时间步的推进，可以直接模拟电磁波的传播及其与物体的相互作用过程。

缺点：低频问题不宜用此方法，否则不易选择时间步长和空间步长。

改进方法：时域多分辨分析法。

2.5.5 柱坐标系中拉普拉斯方程的求解

在圆柱坐标系中，电位的拉普拉斯方程为式(2.100)：

$$\frac{1}{\rho}\frac{\partial}{\partial \rho}\left(\rho\frac{\partial \varphi}{\partial \rho}\right)+\frac{1}{\rho^2}\frac{\partial^2 \varphi}{\partial \phi^2}+\frac{\partial^2 \varphi}{\partial z^2}=0 \quad (2.100)$$

（1）利用分离变量法，同时可以得到三个独立的常微分方程。考虑流量计中虚电流势在长筒近似理论中是二维场，与坐标变量 z 无关，方程简化为式(2.101)：

$$\frac{1}{\rho}\frac{\partial}{\partial \rho}\left(\rho\frac{\partial \varphi}{\partial \rho}\right)+\frac{1}{\rho^2}\frac{\partial^2 \varphi}{\partial \phi^2}=0 \quad (2.101)$$

设 $\varphi=R(\rho)\Phi(\phi)$，分离变量可得式(2.102)：

$$\rho^2\frac{R''}{R}+\rho\frac{R'}{R}=-\frac{\Phi''}{\Phi}=const \quad (2.102)$$

① $const=0$，得到：$\varphi(\rho,\phi)=(A_0\ln\rho+B_0)(C_0+\phi D_0)$。

② $const=-v^2$，得到：$\varphi(\rho,\phi)=(A_v\rho^v+B_v\rho^{-v})(C_v\cos v\phi+D_v\sin v\phi)$。

故位函数的基本解如式(2.103)：

$$\varphi(\rho,\phi)=(A_0\ln\rho+B_0)(C_0+\phi D_0)+(A_v\rho^v+B_v\rho^{-v})(C_v\cos v\phi+D_v\sin v\phi) \quad (2.103)$$

当要求 $\varphi(v\phi)=\varphi(2\pi v+v\phi)$ 时，应取 $v=n(n=1,2,3\cdots)$，此时的通解如式(2.104)：

$$\varphi(\rho,\phi) = (A_0\ln\rho + B_0)(C_0 + \phi D_0) + \sum_{n=1}^{\infty}(A_n\rho^n + B_n\rho^{-n})(C_n\cos n\phi + D_n\sin n\phi) \quad (2.104)$$

（2）如果 $\varphi(\phi)=\varphi(2\pi m+\phi)$，$\varphi(z)=\varphi(-z)$ 且沿 z 的增大快速衰减，则可采用式(2.105)和式(2.106)的双傅里叶解的形式：

$$\varphi = \sum_{m=-\infty}^{+\infty}\sum_{n=-\infty}^{+\infty} a_{mn}(r)e^{im\phi}e^{inz} \quad (2.105)$$

$$a_{mn}(r) = a_{I(mn)}I_{|m|}(|n|r) + a_{K(mn)}K_{|m|}(|n|r) \quad (2.106)$$

式中：$I_{|m|}(|n|r)$ 是第一类修正的 Bessel 函数；$K_{|m|}(|n|r)$ 是第二类修正的 Bessel 函数。

2.5.6 基于有限元法的电磁场求解思路

第一步：建立微分方程。

对于非均匀、各向异性材料的静态、稳态和简谐电磁场问题，其二维问题可以用式(2.107)微分方程描述：

$$-\frac{\partial}{\partial x}\left(\alpha_x\frac{\partial u}{\partial x}\right) - \frac{\partial}{\partial y}\left(\alpha_y\frac{\partial u}{\partial y}\right) + \beta u = f \quad (2.107)$$

其满足的边界条件主要可以写成两种：

第一类：$u|_{\Gamma_1} = u_0$；

第二类：$\left(\alpha_x\frac{\partial u}{\partial y}\boldsymbol{e}_x - \alpha_y\frac{\partial u}{\partial x}\boldsymbol{e}_y\right)\times\boldsymbol{e}_n + \gamma u\bigg|_{\Gamma_2} = q$；

第二步：转化为变分问题。

该微分方程的问题可以转换为式(2.108)泛函的变分问题：

$$I(u) = \frac{1}{2}\iint_S\left[\alpha_x\left(\frac{\partial u}{\partial x}\right)^2 + \alpha_y\left(\frac{\partial u}{\partial y}\right)^2 + \beta u^2\right]dS + \int_{\Gamma_2}\left(\frac{\gamma}{2}u^2 - qu\right)d\Gamma - \iint_S(fu)dS \quad (2.108)$$

变分问题式(2.109)为：

$$\delta I(u) = 0 \quad (2.109)$$

若存在第一类边界条件，需要专门处理；若存在媒质分界面，变分 $\delta I(u)=0$ 中将自动满足。

第三步：离散化，编码。

如图 2.8 所示，对所求区域离散化。

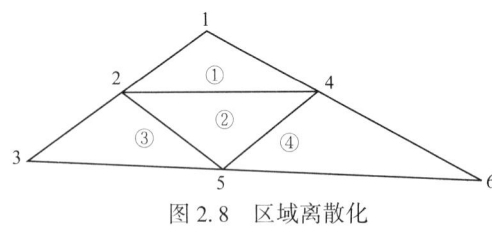

图 2.8 区域离散化

每个单元有三个节点，局部标为 1、2、3，和全局的标识之间可以按表 2.2 进行编码。

表 2.2 编码方法表

e	$n(1,e)$	$n(2,e)$	$n(3,e)$
①	2	4	1
②	5	4	2
③	3	5	2
④	5	6	4

二维数组 $n(i,e)$：第 e 个单元中的第 i 个节点（局部编码要逆时针进行），其值是全局编码，表示该节点在全域中的位置。

第四步：选取近似解函数。

采用线性插值函数逼近 e 单元内的未知函数式(2.110)：

$$u^e(x,y) = a^e + b^e x + c^e y \tag{2.110}$$

三个节点上的 u 式(2.111)：

$$\begin{aligned}u_1^e(x_1,y_1) &= a^e + b^e x_1 + c^e y_1 \\ u_2^e(x_2,y_2) &= a^e + b^e x_2 + c^e y_2 \\ u_3^e(x_3,y_3) &= a^e + b^e x_3 + c^e y_3\end{aligned} \tag{2.111}$$

解得式(2.112)：

$$a^e = \sum_{j=1}^{3} \frac{a_j^e u_j^e}{2\Theta^e} \quad b^e = \sum_{j=1}^{3} \frac{b_j^e u_j^e}{2\Theta^e} \quad c^e = \sum_{j=1}^{3} \frac{c_j^e u_j^e}{2\Theta^e} \tag{2.112}$$

其中：

$$\begin{aligned}a_1^e &= x_2 y_3 - x_3 y_2 & b_1^e &= y_2 - y_3 & c_1^e &= x_3 - x_2 \\ a_2^e &= x_3 y_1 - x_1 y_3 & b_2^e &= y_3 - y_1 & c_2^e &= x_1 - x_3 \\ a_3^e &= x_1 y_2 - x_2 y_1 & b_3^e &= y_1 - y_2 & c_3^e &= x_2 - x_1\end{aligned} \tag{2.113}$$

单元面积式(2.114)：

$$\Theta^e = \frac{1}{2}\begin{vmatrix} 1 & x_1 & y_1 \\ 1 & x_2 & y_2 \\ 1 & x_3 & y_3 \end{vmatrix} = \frac{1}{2}(b_1^e c_2^e - b_2^e c_1^e) \tag{2.114}$$

e 单元内的未知函数可表示为式(2.115)：

$$u^e(x,y) = \sum_{j=1}^{3} N_j^e(x,y) u_j^e \tag{2.115}$$

其中：

$$N_j^e = \frac{1}{2\Theta^e}(a_j^e + b_j^e x + c_j^e y) \tag{2.116}$$

第五步：建立单元求解方程。

满足齐次诺曼边界条件的泛函为式(2.117)：

$$I^e(u^e) = \frac{1}{2}\iint_S \left[\alpha_x \left(\frac{\partial u^e}{\partial x}\right)^2 + \alpha_y \left(\frac{\partial u^e}{\partial y}\right)^2 + \beta(u^e)^2\right] \mathrm{d}S - \iint_S (fu^e)\mathrm{d}S \tag{2.117}$$

对于如式(2.118)的变分问题：

$$\begin{aligned}\frac{\partial I^e}{\partial u_j^e} = \sum_{j=1}^{3} u_j^e \iint_{S^e} (\alpha_x \frac{\partial N_i^e}{\partial x}\frac{\partial N_j^e}{\partial x} + \alpha_y \frac{\partial N_i^e}{\partial y}\frac{\partial N_j^e}{\partial y} + \beta N_i^e N_j^e)\mathrm{d}S \\ - \iint_{S^e} (fN_i^e)\mathrm{d}S\end{aligned} \tag{2.118}$$

整理可得式(2.119)至式(2.121)：

$$K^e U^e = F^e \tag{2.119}$$

$$K_{ij}^e = \iint_{S^e} \left(\alpha_x \frac{\partial N_i^e}{\partial x} \frac{\partial N_j^e}{\partial x} + \alpha_y \frac{\partial N_i^e}{\partial y} \frac{\partial N_j^e}{\partial y} + \beta N_i^e N_j^e \right) \mathrm{d}x \mathrm{d}y \tag{2.120}$$

$$F_i^e = \iint_{S^e} (f N_i^e) \mathrm{d}x \mathrm{d}y \tag{2.121}$$

第六步：建立全局求解方程。

通过局部标识和全局标识的关系，将上述方程化为全局方程如式(2.122)所示：

$$KU = F \tag{2.122}$$

2.6 环空流量电磁检测系统设计基础

2.6.1 环空流量检测系统磁场激励方式

电磁流量测量系统零点稳定性和抗干扰能力大小一定程度上由励磁方式决定，每次励磁技术的革新意味着电磁流量计的发展。电磁流量计常见的磁场激励方式和特点见表2.3[85-88]。

表2.3 电磁流量计常见的磁场激励方式和特点

励磁方式	励磁波形	产生年代及特点
直流励磁	$U=U_0$ 常数	从法拉第时代开始，以后多用于液态金属测量，如原子能产业，无涡流电流和极化现象
交流励磁	正弦波	始于1920年前后，极化电压低，存在电磁感应干扰，零点容易变动
低频矩形波	矩形波	产生于1975年前后，一般励磁频率为电源频率的1/2～1/16，其零点稳定性好，但对浆液测量会出现抖动
低频三值矩形波	三值矩形波	产生在1978年前后，无励磁电流期间采样零点信号，校准零点，周期的一半时间无电流流过，功耗低
双频矩形波激励	双频矩形波	用高频调制1/8工频，可降低浆液测量的尖状干扰，输出稳定，反应速度快，但调节麻烦

虽然低频三值矩形波和双频矩形波激励是一种融合了上面几种励磁方式优点的先进励磁技术，但是这种方式的励磁装置的实现技术难度大，工艺复杂且价格昂贵，本研究中针对井下环空的特殊性，考虑技术的可行性和实际情况，且矩形波激励可获得稳定流量测量值、零点稳定性和快速响应能力，因此环空流道流量测量系统采用低频矩形波作为激励。

2.6.2 环空流量检测系统信号放大技术

对于环空流量电磁测量系统来说，通常传感器信号电极上产生的感应电动势只有几微伏到几百微伏，且干扰严重[89-91]。如此小的感应电动势能否被测量重点取决于环空流量测量系统采样频率高低以及信号放大技术的好坏。基于图 2.9 中环空流量电磁测量传感器内阻与环空流量信号检测模块输入阻抗之间的关系如式（2.123），环空流量信号转换模块所测得电压 E_r，并非传感器信号电极输出的电势差 E_i，而 $E_r = E_i - IR_i$。

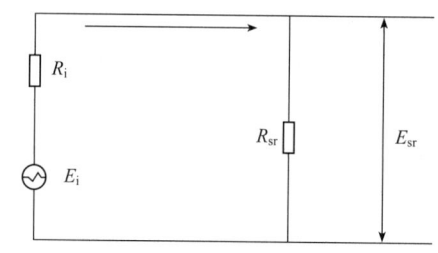

图 2.9 环空流道测量系统传感器内阻等效图

$$E_{sr} = \frac{R_{sr}}{R_{sr}+R_i} \cdot E_i \quad (2.123)$$

式中：R_{sr} 为环空流量电磁检测系统信号转换模块的输入阻抗，R_i 为环空流量电磁检测系统传感器内阻。由式（2.123）可知：只有当 R_{sr} 和 R_i 之间满足 $R_{sr} \gg R_i$ 关系时才能使 E_i 近似 E_{sr}。值得注意的是，在环空流量信号的检测过程中，当被测环空中钻井液的电导率发生变化时会引起环空流量测量系统传感器内阻值 R_i 发生改变。为了减小环空流量测量系统传感器内阻变化引起的测量误差，使系统的测量精度不受被测流体电导率变化的影响，在设计信号检测电路的时候一定要确保环空流量信号检测模块的输入阻抗 R_{sr} 和环空流量测量系统传感器内阻 R_i 相比必须满足 $R_{sr} \gg R_i$ 关系，以使被测流体电导率变化所引起的测量误差可以忽略不计。

基于上面的考虑和分析，本研究使用的流量信号检测采用仪用放大电路作为环空流量信号的检测电路，仪用放大电路通常可以用于在共模噪声环境下的微小信号的放大，且电路的输入阻抗非常大，通常可到达 GΩ 数量级。

2.6.3 环空流量检测系统检测信号中的噪声

根据 Faraday 的电磁感应定律，当流体流过环空流量电磁检测系统传感器时，流体就可以看作导电金属棒切割磁力线，此时在环空流量电磁检测系统信号电极上就会获得感应电动势，这个电动势称为环空上的电磁流量感应信号。受电磁耦合、电化学电势以及电源波动等干扰因素的影响[92,93]，电极上得到的环空上的电磁流量感应信号不仅仅是与流体流速成正比例的电势差，还包含各种干扰成分。通常环空流量电磁检测系统传感器测量电极上得到的电压信号用式（2.124）的数学模型来表示，环空流量电磁检测系统将从传感器上得到的电压信号传递给转换器进行信号处理[94,95]：

$$E = BVD + k_1\frac{dB}{dt} + k_2\frac{d^2B}{dt^2} + e_c + e_d + e_z \quad (2.124)$$

式中：BVD 称为环空流量电磁测量传感器上的流量信号，它是环空电磁流量测量系统所真正需要得到的测量值；$k_1 \dfrac{\mathrm{d}B}{\mathrm{d}t}$ 为正交干扰，又称微分干扰，由于矩形波激励信号跳变的过程中必然会引入微分干扰，而且跳变沿越陡峭微分干扰成分就越大，随着磁场的稳定这个微分干扰会很快消失；$k_2 \dfrac{\mathrm{d}^2 B}{\mathrm{d}t^2}$ 为同相干扰，是微分干扰的二次微分引起，当微分干扰增加时，同相干扰也就增大，另外同相干扰会引起零点漂移；e_c 为共模干扰，是由于电磁屏蔽缺陷，接地不良和杂散电容等因素所引起返回电流不平衡而产生的，它是造成电磁流量计零点漂移的重要原因之一；e_d 为串模干扰，是由于静电干扰和电磁干扰引起的。其中，电磁干扰主要是由于电磁流量测量系统附近有功率磁场设备的漏磁，使得电磁流量测量系统周围产生较强的交变磁场并在回路中产生感应电动势。e_z 为电化学干扰，是由于电极感应电动势在两个信号电极上的极性不相同，使得电解质会在电极表面上出现极化现象，采用矩形波励磁能有效减小极化电压，但无法完全消除[96]。

通过使用双绞线、静电屏蔽和良好的接地可以有效抑制串模干扰；电化学干扰较小[97]，可以不考虑；正交干扰和同相干扰作为电磁流量计的主要干扰，基于合理信号处理方法可以消除或减小它们在流量信号测量中对有用信号的影响[98]。因此，式(2.124)可化简成式(2.125)：

$$E = BVD + k_1 \dfrac{\mathrm{d}B}{\mathrm{d}t} + k_2 \dfrac{\mathrm{d}^2 B}{\mathrm{d}t^2} \qquad (2.125)$$

2.6.4 环空流量检测系统的信号提取方法

环空流量信号处理研究的主要对象是环空电磁流量测量中的正交干扰和同相干扰[99,100]。同相干扰是微分干扰的二次微分得到的，降低微分干扰，同相干扰也会跟着降低。因此，对于环空流量检测系统研究而言，经过一系列的硬件电路消去干扰措施之后，最终送入数据采集系统进行信号采集和提取的流量信号里面包含的主要干扰成分为微分干扰。要想很好滤除同向干扰对测量结果产生的影响，需要对该干扰产生的机理进行深入研究。

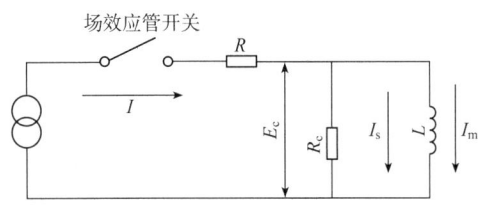

图 2.10 系统励磁电路的简化等效电路

对于采用的二值矩形波激励方式的环空电磁流量测量系统来说，其激励电路的等效电路如图 2.10 所示[101,102]，图 2.10 中 R_c、L、R 分别为励磁系统铁芯的铁损电阻、线圈的电感和线圈的铜损电阻。实际上环空电磁流量测量系统线圈的铜损电阻 R 通常远小于铁损电阻 R_c，如图 2.10 所示两个电阻之间是串联的关系，因此铜损电阻 R_c 对测量结果产生的影响可忽略。

当电路场效应管开关接通时，由于线圈电感的存在，电路电压会出现突变过程。这个突变过程需要一定的时间 $\tau(\tau=\dfrac{L}{R}$ 决定时间长短),利用全电路定律可得到此时间段电感和线圈的电流及电压方程如式(2.126)至式(2.128)。

$$U_L = RI_0 e^{-\frac{t}{\tau}}, \tau = \frac{L}{R} \tag{2.126}$$

$$I = I_0(1 - e^{-\frac{t}{\tau}}) \tag{2.127}$$

$$U_R = RI_0(1 - e^{-\frac{t}{\tau}}) \tag{2.128}$$

电感上的电压值是突变的,然后会按照式(2.126)逐渐削减为零,之后电感相当于短接。相反,根据式(2.127)可知电路的电流则从零逐渐上升为峰值并进入紊流状态。这个时间段就是所谓的微分干扰时间段,电感电压 U_L 为微分干扰的主要原因。

当环空电磁流量测量系统采用矩形波激励电压变化时,由于这个电感电压 U_L 的作用,使得加载在线圈上的实际电流 I 出现如图2.10所示的规律变化。

基于线圈上面的电流呈现如图2.11所示的变化,由于正值和负值励磁电流的切换跳变,造成在切换点的磁场变化率 dB/dt 趋于无穷大(感应电压波形上表现为一个尖峰),造成很大的微分干扰。假设在流

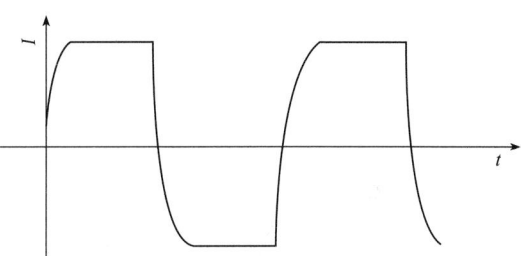

图2.11 矩形波激励时励磁线圈上的实际工作电流曲线

体均匀切割磁力线的情况下,电极上得到的感应电压就会呈现如图2.12所示的变化。

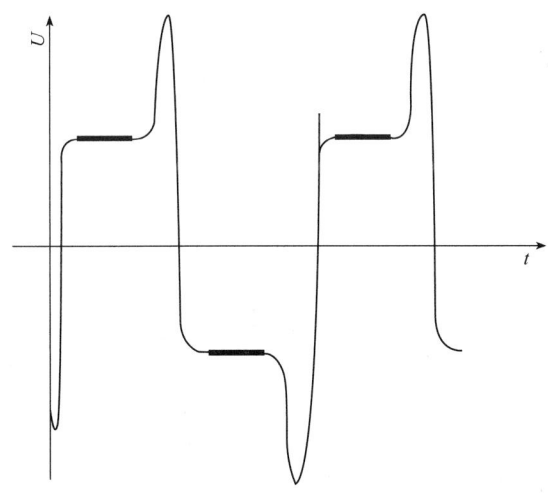

图2.12 电极输出的感应电压曲线

显然,没有办法在这个电极输出的感应电压突变的时间段进行测量,因此需要在电极感应电压稳定之后的一段平稳时间段内由单片机进行采样,取图2.12中的加粗区域为采样区域。在实际的信号采样和提取中可采用零点校正的方法对信号进行采样和提取。即利用之前记录存储好的零流速时环空中满流体状态下,矩形波交替中的零流速段的感应电动

势 U_{o1} 和 U_{o2} 信号作为信号的零点参考,方便对正和负电压励磁下的信号进行补偿和消除零点漂动。在本研究中采用如式(2.129)的零点补偿采样和提取原理:

$$U = \frac{(U_1 - U_{o1}) - (U_2 - U_{o2})}{2} = \frac{(U_1 - U_2) - (U_{o1} - U_{o2})}{2} \quad (2.129)$$

式中:U_1 为正向励磁产生的电压;U_2 为反向励磁产生的电压;U_{o1},U_{o2} 分别为零流速时产生的对应电压。

采用该流量信号提取方法既可以消除零点漂移,又有效消除共模干扰,对提高环空流量电磁测量的准确度和零点稳定性有很好效果。

2.7 影响环空流量电磁检测的因素分析

2.7.1 温度对环空电磁流量测量的影响

对于井下环空流量测量而言,井下的温度会伴随着地层深度的增加而增加。通常而言,当流体的温度发生变化时,首先造成的影响就是流量系数,而究其原因主要是由于流体密度在温度的影响下发生了改变,从而使测量存在误差,目前解决这种问题,最好的办法就是通过对密度的补偿来实现;其次,一旦流体温度有改变,还会导致测量系统的电路零点,并出现温度漂移,所以发现这种情况,要及时对温度进行补偿。针对温度引起的环空流体体积的变化,考虑到本研究本来实现的就是体积流量测量系统,因此不做研究分析。但是对应于温度引起的测量电路性能的影响,需要引起重视,在进行器件选材的时候就需要选用低温漂的器件。

国际仪表使用者协会在 2003 年邀请多家知名的电磁流量计厂家提供电磁流量计,并委托荷兰国家矿业公司研究所和荷兰应用科学研究组织进行了液体的黏度、温度和环境温度对电磁流量计测量影响的研究[103]。从实验数据可以得知,对于精度较高的仪表,测量液体黏度、温度和环境温度的影响不可忽略,对应测量精度要求不高的仪表可以忽略测量液体黏度、温度和环境温度的影响。针对井下环空流量的测量,对测量的精度要求不是很高,因此可以忽略钻井液黏度、温度和井下环境温度对测量系统的影响。

2.7.2 电导率对流量测量的影响

对于井下环空流量测量而言,其钻井液的电导率会随着钻井液配方及工况需要的变化而变化。电导率作为目前电磁流量计在测量时一个重要的前提指标,伴随着电磁流量测量系统的信号检测电路输入阻抗的提高,测量时钻井液的电导率的变化对测量结果的影响很小。但是当信号检测电路的输入阻抗确定时,电导率过低的钻井液在经过磁场时无电动势产生,则无法完成测量;同理,太高电导率的钻井液将在磁场边缘区产生大的涡电流,产生二次磁通,会引起工作磁场边缘区域两侧的磁场分别被削弱和增强,使得测得的流量值小于实际流量值。

2.7.3 磁场边缘效应对测量的影响

考虑到环空流量电磁测量系统的磁场覆盖区域长度有限，需要分析有限长度下的磁场产生边缘效应对电磁流量系统测量结果产生的影响[104]。为了分析边缘效应对测量结果的影响，可以分为两种情况：(1)假定环空流量电磁测量系统的环形流道测量区域的内外环都是绝缘的，系统信号电极附近磁感应强度均匀，磁感应强度在上下两端逐渐减弱至零，形成不均匀的边缘。这种情况下，会使得流体内部电场强度也不均匀，进而产生涡电流。而涡电流所产生的二次磁通又会改变磁场边缘部分的工作磁通使磁场的均匀性进一步变差。这样，会使得信号电极上测得的感应电动势与无限长磁场下的感应电动势大小不同，产生测量误差。(2)环空流量电磁测量系统的环形流道测量区域的内外环都导电时，由于导电管壁的短路作用，磁场边缘效应就会更加明显，特别是伴随管壁壁厚和导电率的变化，这种影响也将更见明显。

在环空流量电磁测量系统的研究过程中，边缘效应无法完全避免，只能尽力减小。为了尽可能减小边缘效应对测量结果产生的影响，首先应保证环空流道的测量位置的绝缘性，其次尽量在钻井液配方中不使用导磁性物质，最后在设计中使环空流量电磁测量系统的磁场长度尽量长。

2.7.4 电极表面效应对电磁流量测量的影响

对于电磁流量测量的电极而言，电极表面效应是影响测量的因素之一。电极表面化学反应及电极的电化学和极化现象是电极表面效应的两个主要方面[42,105]。其中，化学反应效应是电极表面与被测介质接触后在电极表面形成氧化层，可以起到很好的耐腐蚀保护作用，但会增加接触电阻，影响测量结果。电极的电化学电势变化和极化现象是一种在系统内部产生的噪声干扰，最典型的就是浆液噪声和流动噪声。对于井下环空流量测量而言，将出现较大浆液噪声，即当钻井液中大固体颗粒流过电极表面时，电极表面接触电化学电势会发生突然变化，这时环空电磁流量输出信号中可能会出现尖峰脉冲状噪声。

2.7.5 油气泡对电磁流量测量的影响

对于电磁流量测量而言，其基本理论是建立在单相流上的基础上的，在钻井的过程中，当环空返回的钻井液中出现如气泡或油等非导电体时，虚电流的势会受到影响，虚电流的势的分布会发生变化，从而会使得虚电流和感应电动势的分布发生明显变化。当含有油气泡的流体在环空流道内部流动时，油或者气泡的个数或者相对环空电磁测量系统的位置都是不断变化的。当气泡或油的位置及个数不同其对电磁流量测量系统内部虚电流的分布的影响是不相同的。因此气泡或油对测量影响的研究十分重要，在本书的第5章进行详细仿真分析。

2.7.6　流道变化对测量的影响

在环空流量电磁测量系统使用过程中，由于各种环境因素的影响（如旋转、井壁直径不均匀等），有时环空流量电磁系统并不一定处于井眼的轴向正中位置，通常测量系统会偏离轴向中心一定的位置，有时环形流道大小会发生变化。

当环空流量电磁测量系统发生倾斜时，测量系统顶部及测量段流场分布有很大变化，环空流量电磁测量系统的权重函数会发生较大的非对称分布，测量系统倾斜带来的流速非对称分布会给测量系统的测量精度带来较大影响。因此在设计测试时，应尽可能确保测量系统在居中位置。对于井下环空流量测量系统而言，可以在系统的两端加装扶正器以确保测量系统处于井眼的中心位置。当环空流道大小发生变化，也会影响流速分布和大小变化，从而影响测量精度，因此在测量过程中要尽量确保环空流道大小不变。对于井下环空流量测量系统而言，如果井壁不稳定导致井眼直径经常发生变化，可以考虑将测量系统在已经安装了套管的位置处使用以确保环空流量的相对准确测量。基于流道变化对测量影响的研究十分重要，在本书的第 5 章进行详细仿真分析。

2.7.7　固体颗粒对电磁流量测量的影响

在钻井过程中，环空中返回的钻井液中通常会包含有黏土、钻屑和重晶石等固体颗粒，这些固体颗粒可能具有导磁作用，且不同位置、不同大小和不同数量等将对系统磁场的分布产生影响，进而对环空流量电磁测量系统的测量结果也可能造成影响。所以，有必要对不同磁导率，不同位置、不同大小和不同数量固体颗粒等情况下进行分析。基于固体颗粒对电磁流量测量的影响研究十分重要，在本书的第 5 章进行详细仿真分析。

2.7.8　流体磁导率对电磁流量测量的影响

磁导率是表征物质磁化能力的物理量。清水与钻井液物质具有不同的分子结构，所以，在环空电磁流量系统激发磁场条件下，这两种物质产生的磁化效果是不相同的。考虑到钻井液的磁导率会随钻井液的配方的变化而变化，因此需要进行流体磁导率对电磁流量测量的影响研究，在本书的第 5 章进行详细仿真分析。

2.8　小结

本章对环空流量电磁检测的实现所涉及的相关理论进行了分析和研究，为后续的环空流量电磁检测技术的研究提供理论依据和基础，主要包括以下几点：

（1）基于普通的流量电磁检测原理，提出和设计了环形流道流量电磁检测的结构模型和 3D 模型。

（2）通过介绍 MAXWELL 方程组，进而推导电磁流量测量的基本测量方程，并给出场量之间的本构关系。

（3）通过求解电磁传感器基本测量方程的过程，引出权重函数，说明权重函数的物理意义，介绍目前二维权重函数理论和三维权重向量理论。

（4）分析了钻井液在环空中的层流和紊流两种流态，推导环形流域的流速的表达式。

（5）介绍电磁流量测量基本测量方程的求解方法，重点介绍有限元法的基本原理、初值和边值条件及求解步骤。

（6）分析环空流量电磁检测系统设计的核心技术，重点分析了环空流量电磁检测系统的励磁系统、信号检测、噪声分析及信号提取方法。

（7）对环空流量电磁检测的重要影响因素，如气泡、固体颗粒和电磁测量系统偏心或者井眼变化等对测量的影响进行分析。

3　环空流量电磁检测传感器虚电流密度求解

目前，关于环空流量电磁检测传感器的虚电流密度理论的研究报道极少，且存在三个方面的问题，即现有理论没有系统地归纳总结环空流量电磁检测传感器虚电流的分布规律，缺少对虚电流密度函数的研究，没有考虑井壁材料（如绝缘体、导体和一般导电媒介）、电极数目和大小对虚电流分布的影响，这些问题将阻碍环空流量电磁检测传感器在井下测量领域的应用。

环空流量电磁检测传感器在工程应用中需要满足一定的测量精度需求，但其研究一般不涉及传感器特性的精确定量分析。本章从简单实用的思路出发，在前人的基础上，从环空流量电磁检测传感器虚电流密度定义出发，建立环空流量电磁测量系统的偏微分方程，全方面地根据不同的边界条件实现环空流道电磁流量测量系统虚电流电势和虚电流密度求解。接着讨论了井壁材料（如绝缘体、导体和一般导电媒介）、电极数目和大小对虚电流分布的影响，为环空流量电磁检测传感器的优化设计研究做进一步的铺垫。

根据Bevir的理论[55]，可知环空流量电磁测量系统的信号输出由其矢量权重函数和流速共同决定，其中流速为被测对象，矢量权重函数由环空中磁感应强度和虚电流密度决定。虚电流密度作为其关键因素，为了研究环空流量电磁测量系统信号输出和流速之间的关系，需要运用数学建模方法建立其模型，结合边界条件对拉普拉斯方程进行求解，从而得到虚电流密度的分布信息。当流量计满足下列假设：

（1）流体磁导率均匀，且等于真空中的磁导率（非磁性流体）。
（2）流体电导率均匀，并满足欧姆定律：$J=\sigma(E+v\times B)$。
（3）流体中位移电流可忽略。
（4）稳恒磁场。
（5）排除霍尔（Hall）效应、热电效应等。

则电极所产生的电压信号满足式（3.1）：

$$U = \int_\tau \mathbf{W} \cdot \mathbf{v}\,\mathrm{d}\tau \tag{3.1}$$

式中：v为钻井液流速；τ为导电溶液所在空间。

其中权函数W满足式（3.2）：

$$\mathbf{W} = \mathbf{B} \times \mathbf{j} \tag{3.2}$$

虚电流密度矢量由电极形状尺寸、流量计管道形状尺寸和导电域流体材料电磁性质决定。假设被测流体流速为0，当有单位电流从正电极上流入，经过被测流体从负电极上流出，可称该流体中的虚电流密度矢量为j。外加磁场B和虚电流密度j在流体区域都是调和场，假定所有量值沿管轴方向（z轴）不变，则为二维情况，那么τ就是平面域，此时可得式（3.3）：

3 环空流量电磁检测传感器虚电流密度求解

$$W = e_z W_z = e_z (B_r j_\phi - B_\phi j_r) \tag{3.3}$$

设环空内的流体只是直线流,当权重函数的取值 $W_z = const$ 时,环空流量电磁测量系统的信号取决于环空中的流体流量而不受直线流分布的影响[106],有利于提高测量精度。虚电流密度作为影响环空流量测量系统的权重函数的两个主要参数之一,一个固定(电极个数、大小、导电域性质及形状等固定)的流量测试系统其虚电流的分布也基本相对固定。因此,可以通过研究虚电流密度分布来推导磁场分布,从而便于设计环空流量电磁测量系统的励磁系统。

3.1 井壁材料对环形流道虚电流分布的影响

单对电极(单对线圈)的环空流量测量系统横截面图如图3.1所示,导电的钻井液从环空流量测量系统的外表面和井壁间的环形区域由下往上流出(沿 z 轴正方向),将一段井下钻柱短接改造成环空流量电磁测量系统,单对电极放置在环空流量测量系统外表面(环形域内圆外表面),则根据弗莱明右手定则,可知电极 A 正 B 负。虚电流密度矢量可表示为 $j = -\nabla G$,G 是虚电流密度矢量 j 的势,且满足拉普拉斯方程式(3.4):

$$\nabla^2 G = 0 \tag{3.4}$$

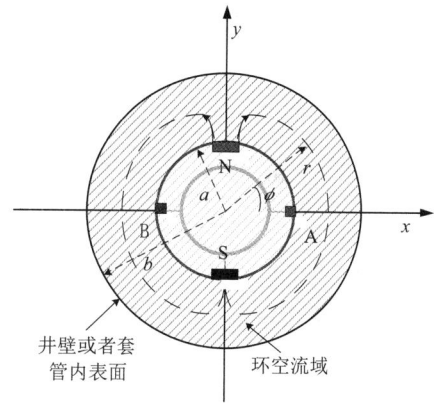

图 3.1 单对电极的环空流量测量系统横截面图

对于环空流量电磁测量系统来说,导电域性质及形状通常固定,因此会影响虚电流密度分布的主要就是井壁的边界条件及电极形状和大小,因此本章针对不同井壁材料导电特性及不同的电极形状和大小进行求解分析。针对井壁材料,对于绝缘材料,$j_n = \dfrac{\partial G}{\partial n} = 0$;对于理想导体,$G = \text{constant}$;对于电极,$\int_{S_{pole}} \boldsymbol{j} \cdot d\boldsymbol{S} = \pm 1$,其中点电极可表示为式(3.5):

$$\left. \frac{\partial G}{\partial n} \right|_{\substack{\text{pole}\\\text{position}}} = \delta(x)\delta(y)\delta(z) = \delta(r)\delta(\phi)\delta(z)/r \tag{3.5}$$

3.1.1 将井壁看成绝缘体时的求解

如图3.1所示,设井壁的电导率远小于钻井液的电导率,这时可以把井壁看成绝缘体,因此满足式(3.6):

$$\begin{cases} \dfrac{\partial^2 G}{\partial r^2} + \dfrac{1}{r}\dfrac{\partial G}{\partial r} + \dfrac{1}{r^2}\dfrac{\partial^2 G}{\partial \phi^2} = 0 \\[6pt] \left.\dfrac{\partial G}{\partial r}\right|_{r=b} = 0 \\[6pt] \left.\dfrac{\partial G}{\partial r}\right|_{r=a} = \begin{cases} \delta(\phi - \phi_A)/a \\ -\delta(\phi - \phi_B)/a \end{cases} \end{cases} \tag{3.6}$$

$\phi_A = 0$ 和 $\phi_B = \pi$ 是点电极 A 和 B 所在角位置。采用分离变量法[107,108],令 $G(r,\phi) = R(r)\Phi(\phi)$,代入式(3.6)可得:

$$\begin{cases} r^2 \dfrac{d^2 R}{dr^2} + r \dfrac{dR}{dr} - KR = 0 \\ \dfrac{d^2 \Phi}{d\phi^2} + K\phi = 0 \end{cases} \tag{3.7}$$

令常数 $K = n^2$,解上述微分方程可得式(3.8):

$$\begin{cases} R = C_0 + D_0 \ln r + \sum_{n=1}^{\infty}(C_n r^n + D_n r^{-n}) \\ \Phi = \sum_{n=1}^{\infty}(A_n \sin n\phi + B_n \cos n\phi) \end{cases} \tag{3.8}$$

所以有式(3.9)和式(3.10):

$$G = C_0 + D_0 \ln r + \sum_{n=1}^{\infty}(C_n r^n + D_n r^{-n})(A_n \sin n\phi + B_n \cos n\phi) \tag{3.9}$$

$$\frac{\partial G}{\partial r} = D_0 \frac{1}{r} + \sum_{n=1}^{\infty} n r^{-n-1}(C_n r^{2n} - D_n)(A_n \sin n\phi + B_n \cos n\phi) \tag{3.10}$$

由边界条件 $\partial G/\partial r|_{r=b} = 0$ 可得式(3.11):

$$D_0 = 0 \quad D_n = C_n b^{2n} \tag{3.11}$$

因此有式(3.12)和式(3.13):

$$G = C_0 + \sum_{n=1}^{\infty} C_n (r^n + b^{2n} r^{-n})(A_n \sin n\phi + B_n \cos n\phi) \tag{3.12}$$

$$\frac{\partial G}{\partial r} = \sum_{n=1}^{\infty} n r^{-n-1} C_n (r^{2n} - b^{2n})(A_n \sin n\phi + B_n \cos n\phi) \tag{3.13}$$

取电极的角位置在 $\phi_A = 0$ 和 $\phi_B = \pi$。由边界条件 $\partial G/\partial r|_{r=a} = \delta(\phi)/a$ 可得式(3.14):

$$A_n = 0 \quad B_n = \frac{a^n}{n\pi C_n (a^{2n} - b^{2n})} \tag{3.14}$$

代入式(3.12)可得式(3.15):

$$G_1(r,\phi) = C_0 + \frac{1}{\pi} \sum_{n=1}^{\infty} \frac{(a/b)^n (r/b)^n + (a/r)^n}{n[(a/b)^{2n} - 1]} \cos n\phi \tag{3.15}$$

同理,利用边界条件 $\partial G/\partial r|_{r=a} = -\delta(\phi-\pi)/a$ 可得式(3.16):

$$A_n = 0 \quad B_n = \frac{-a^n \cos n\pi}{n\pi C_n (a^{2n} - b^{2n})} \tag{3.16}$$

代入式(3.15)可得式(3.17):

$$G_2(r,\phi) = C_0 - \frac{1}{\pi} \sum_{n=1}^{\infty} \frac{(a/b)^n (r/b)^n + (a/r)^n}{n[(a/b)^{2n} - 1]} \cos n\phi \cos n\pi \tag{3.17}$$

将两个表达式中的任意常数 C_0 取零(即使不取零,求导也会是零),所以有式

(3.18):

$$G = G_1 + G_2 = \frac{2}{\pi} \sum_{n=1,3,5}^{\infty} \frac{(a/b)^n (r/b)^n + (a/r)^n}{n[(a/b)^{2n} - 1]} \cos n\phi \quad (3.18)$$

令 $\tau = a/b$、$R = r/b$，整理式(3.18)可得式(3.19)：

$$G = \frac{2}{\pi} \sum_{n=1,3,5}^{\infty} \frac{R^n + R^{-n}}{n(\tau^n - \tau^{-n})} \cos n\phi \quad (3.19)$$

取 $\tau = 0.3$，根据式(3.19)绘制虚电流势等值图 3.2(a)，图 3.2(b) 是根据式(3.19)和式(3.20)绘制出的虚电流势等值线(黑色)和矢量流线(红色)图。

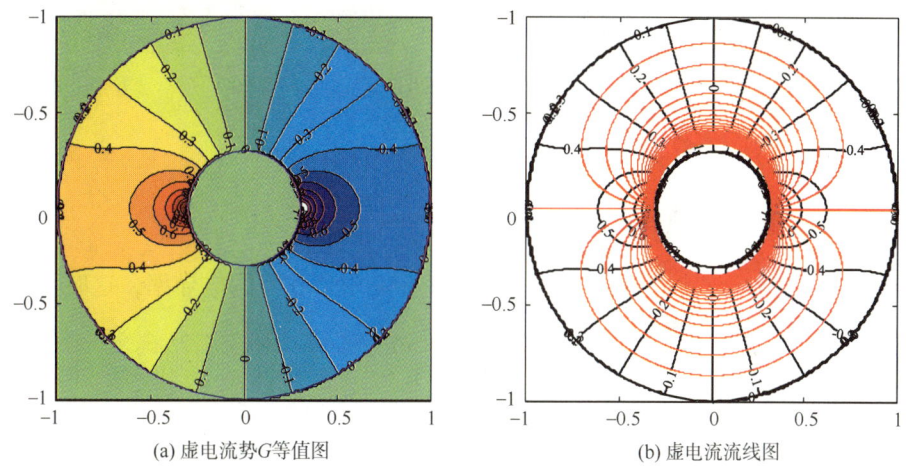

(a) 虚电流势 G 等值图   (b) 虚电流流线图

图 3.2 $\tau = 0.3$ 时绘制的虚电流势等值图和虚电流流线图

对虚电流势求梯度得到虚电流密度的表达式如式(3.20)所示：

$$\boldsymbol{j} = -\nabla G = -\left(\boldsymbol{e}_r \frac{\partial G}{\partial r} + \boldsymbol{e}_\phi \frac{1}{r} \frac{\partial G}{\partial \phi}\right) \quad (3.20)$$

其中：

$$j_r = -\frac{\partial G}{\partial r} = -\frac{2}{\pi a} \sum_{n=1,3,5}^{\infty} \frac{(a/b)^{n+1} (r/b)^{n-1} - (a/r)^{n+1}}{(a/b)^{2n} - 1} \cos n\phi \quad (3.21)$$

$$j_\phi = -\frac{1}{r} \frac{\partial G}{\partial \phi} = \frac{2}{\pi a} \sum_{n=1,3,5}^{\infty} \frac{(a/b)^{n+1} (r/b)^{n-1} + (a/r)^{n+1}}{(a/b)^{2n} - 1} \sin n\phi \quad (3.22)$$

令 $\tau = a/b$、$R = r/b$，整理式(3.22)可得式(3.23)和式(3.24)：

$$j_r = -\frac{2}{\pi b} \sum_{n=1,3,5}^{\infty} \frac{R^{n-1} - R^{-(n+1)}}{\tau^n - \tau^{-n}} \cos n\phi \quad (3.23)$$

$$j_\phi = \frac{2}{\pi b} \sum_{n=1,3,5}^{\infty} \frac{R^{n-1} + R^{-(n+1)}}{\tau^n - \tau^{-n}} \sin n\phi \quad (3.24)$$

取 $\tau = 0.3$、$b = 1$ 时，根据式(3.23)绘制虚电流分量 j_r 等值图 3.3(a)，根据式(3.24)绘制虚电流分量 j_ϕ 等值图 3.3(b)。如图 3.3 所示，信号检测电极周围的虚电流值较大并且在边界处分布发生显著的变化，并且成对称分布。

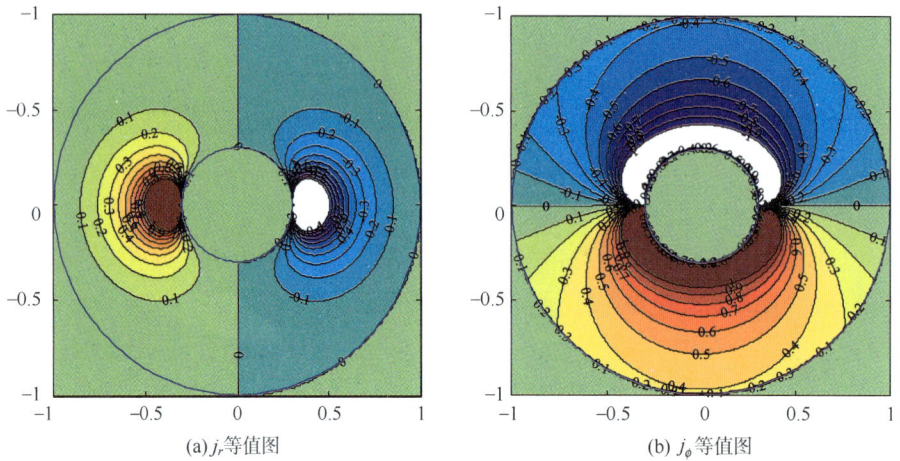

(a) j_r 等值图 (b) j_ϕ 等值图

图 3.3　$\tau=0.3$ 及 $b=1$ 时虚电流等值图

3.1.2　将井壁看成理想导体时的求解

根据图 3.1 可知，假设井壁的电导率远大于环空中钻井液的电导率，这时可以把井壁看成接地理想导体，因此满足式(3.25)：

$$\begin{cases} \dfrac{\partial^2 G}{\partial r^2}+\dfrac{1}{r}\dfrac{\partial G}{\partial r}+\dfrac{1}{r^2}\dfrac{\partial^2 G}{\partial \phi^2}=0 \\ G|_{r=b}=0 \\ \dfrac{\partial G}{\partial r}\bigg|_{r=a}=\begin{cases}\delta(\phi-\phi_A)/a \\ -\delta(\phi-\phi_B)/a\end{cases} \end{cases} \quad (3.25)$$

采用分离变量法，解上述微分方程可得式(3.26)：

$$G = C_0 + D_0 \ln r + \sum_{n=1}^{\infty}(C_n r^n + D_n r^{-n})(A_n \sin n\phi + B_n \cos n\phi) \quad (3.26)$$

因此有式(3.27)：

$$\frac{\partial G}{\partial r} = D_0 \frac{1}{r} + \sum_{n=1}^{\infty} n r^{-n-1}(C_n r^{2n} - D_n)(A_n \sin n\phi + B_n \cos n\phi) \quad (3.27)$$

由边界条件 $G_{r=b}=0$ 可得式(3.28)：

$$C_0 = 0 \quad D_0 = 0 \quad D_n = -C_n b^{2n} \quad (3.28)$$

因此可得式(3.29)和式(3.30)：

$$G = \sum_{n=1}^{\infty} C_n (r^n - b^{2n} r^{-n})(A_n \sin n\phi + B_n \cos n\phi) \quad (3.29)$$

$$\frac{\partial G}{\partial r} = \sum_{n=1}^{\infty} n r^{-n-1} C_n (r^{2n} + b^{2n})(A_n \sin n\phi + B_n \cos n\phi) \quad (3.30)$$

令电极的角位置满足式(3.31)：

$$\begin{cases}\phi_A = \theta + \pi/2 \\ \phi_B = \theta - \pi/2\end{cases} \quad (3.31)$$

式中：θ 是电极连线偏离 y 轴的夹角，顺时针偏离为负，逆时针偏离为正。

由边界条件 $\partial G/\partial r|_{r=a}=\delta(\phi-\phi_A)/a$ 可得式(3.32)至式(3.34)：

$$A_n = \frac{a^n \sin\left(n\theta+n\dfrac{\pi}{2}\right)}{n\pi C_n(a^{2n}+b^{2n})} \tag{3.32}$$

$$B_n = \frac{a^n \cos\left(n\theta+n\dfrac{\pi}{2}\right)}{n\pi C_n(a^{2n}+b^{2n})} \tag{3.33}$$

$$G_1(r,\phi) = \frac{1}{\pi}\sum_{n=1}^{\infty}\frac{(a/b)^n(r/b)^n-(a/r)^n}{n[(a/b)^{2n}+1]}\cos n\left(\phi-\theta-\frac{\pi}{2}\right) \tag{3.34}$$

同理可得，由边界条件 $\partial G/\partial r|_{r=a}=-\delta(\phi-\phi_B)/a$ 可得式(3.35)至式(3.37)：

$$A_n = -\frac{a^n \sin\left(n\theta-n\dfrac{\pi}{2}\right)}{n\pi C_n(a^{2n}+b^{2n})} \tag{3.35}$$

$$B_n = -\frac{a^n \cos\left(n\theta-n\dfrac{\pi}{2}\right)}{n\pi C_n(a^{2n}+b^{2n})} \tag{3.36}$$

$$G_2(r,\phi) = -\frac{1}{\pi}\sum_{n=1}^{\infty}\frac{(a/b)^n(r/b)^n-(a/r)^n}{n[(a/b)^{2n}+1]}\cos n\left(\phi-\theta+\frac{\pi}{2}\right) \tag{3.37}$$

两式的线性叠加构成满足边界条件的解，所以可得式(3.38)：

$$G = G_1 + G_2 = \frac{1}{\pi}\sum_{n=1}^{\infty}\frac{(a/b)^n(r/b)^n-(a/r)^n}{n[(a/b)^{2n}+1]}\left[\cos n\left(\phi-\theta-\frac{\pi}{2}\right)-\cos n\left(\phi-\theta+\frac{\pi}{2}\right)\right] \tag{3.38}$$

化简得式(3.39)：

$$G(r,\phi) = \frac{2}{\pi}\sum_{n=1,3,5}^{\infty}\frac{(a/b)^n(r/b)^n-(a/r)^n}{n[(a/b)^{2n}+1]}\cos n\left(\phi-\theta-\frac{\pi}{2}\right) \tag{3.39}$$

令 τ 和 R 满足式(3.40)：

$$\begin{cases}\tau=a/b\\ R=r/b\end{cases} \tag{3.40}$$

整理式(3.40)可得式(3.41)：

$$G = \frac{2}{\pi}\sum_{n=1,3,5}^{\infty}\frac{R^n-R^{-n}}{n(\tau^n+\tau^{-n})}\cos n\left(\phi-\theta-\frac{\pi}{2}\right) \tag{3.41}$$

取 $\tau=0.3$、$\theta=0$ 时，根据式(3.41)绘制虚电流势等值图 3.4(a)，图 3.4(b)是根据式(3.41)和式(3.42)绘制出的虚电流势等值线和虚电流矢量流线图。

虚电流密度矢量如式(3.42)：

$$\boldsymbol{j} = -\nabla G = -\left(\boldsymbol{e}_r\frac{\partial G}{\partial r}+\boldsymbol{e}_\phi\frac{1}{r}\frac{\partial G}{\partial \phi}\right) \tag{3.42}$$

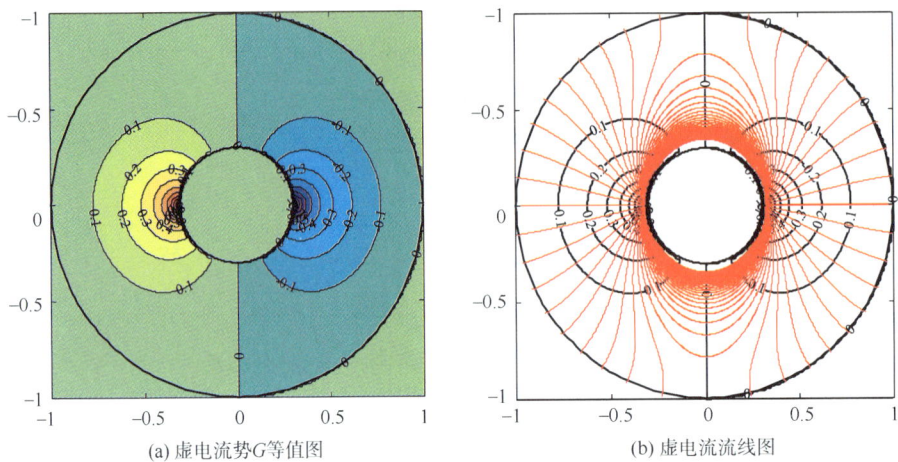

(a) 虚电流势G等值图 (b) 虚电流流线图

图 3.4 $\tau=0.3$ 及 $\theta=0$ 时绘制的虚电流势等值图和虚电流流线图

其中：

$$j_r = -\frac{\partial G}{\partial r} = -\frac{2}{\pi}\sum_{n=1,3,5}^{\infty}\frac{(a/b)^{n+1}(r/b)^{n-1}+(a/r)^{n+1}}{a[(a/b)^{2n}+1]}\cos n\left(\phi-\theta-\frac{\pi}{2}\right) \quad (3.43)$$

$$j_\phi = -\frac{1}{r}\frac{\partial G}{\partial \phi} = \frac{2}{\pi}\sum_{n=1,3,5}^{\infty}\frac{(a/b)^{n+1}(r/b)^{n-1}-(a/r)^{n+1}}{a[(a/b)^{2n}+1]}\sin n\left(\phi-\theta-\frac{\pi}{2}\right) \quad (3.44)$$

令 $\tau=a/b$、$R=r/b$，整理式(3.43)和式(3.44)可得式(3.45)和式(3.46)：

$$j_r = -\frac{2}{\pi b}\sum_{n=1,3,5}^{\infty}\frac{R^{n-1}+R^{-n-1}}{\tau^n+\tau^{-n}}\cos n\left(\phi-\theta-\frac{\pi}{2}\right) \quad (3.45)$$

$$j_\phi = \frac{2}{\pi b}\sum_{n=1,3,5}^{\infty}\frac{R^{n-1}-R^{-n-1}}{\tau^n+\tau^{-n}}\sin n\left(\phi-\theta-\frac{\pi}{2}\right) \quad (3.46)$$

取 $\tau=0.3$、$b=1$、$\theta=0$ 时，根据式(3.45)绘制虚电流分量 j_r 等值图 3.5(a)，根据式(3.46)绘制虚电流分量 j_ϕ 等值图 3.5(b)。由图 3.5 可知，信号检测电极周围的虚电流值

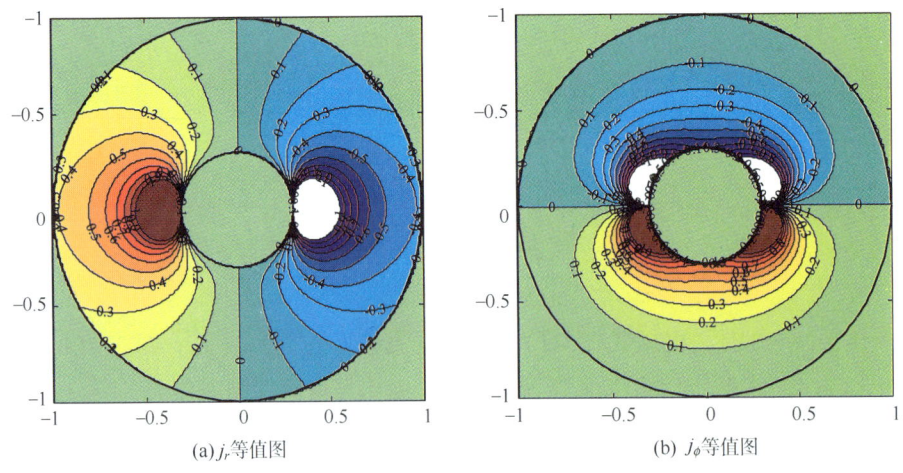

(a) j_r 等值图 (b) j_ϕ 等值图

图 3.5 $\tau=0.3$、$b=1$ 及 $\theta=0$ 时虚电流等值图

较大并且在边界处分布发生显著的变化,并且成对称分布。

3.1.3 将井壁看成一般导电媒质时的求解

如果井壁的电导率和钻井液的电导率相差不大,这时可以分区讨论,钻井液所在环形区域用下标 1 表示,大地看成均匀的导电媒质,用下标 2 表示,则两个区域的虚电流势分别满足式(3.47)和式(3.48):

$$\begin{cases} \nabla^2 G_1 = 0 \\ \left.\dfrac{\partial G_1}{\partial r}\right|_{r=a} = \begin{cases} \delta(\phi-\phi_A)/r \\ -\delta(\phi-\phi_B)/r \end{cases} \end{cases} \tag{3.47}$$

$$\begin{cases} \nabla^2 G_2 = 0 \\ G_2|_{r\to\infty} = 0 \end{cases} \tag{3.48}$$

两个区域的通解(区域 2 的通解考虑了自然边界条件)见式(3.49)和式(3.50):

$$G_1 = C_0 + D_0 \ln r + \sum_{n=1}^{\infty} (C_n r^n + D_n r^{-n})(A_n \sin n\phi + B_n \cos n\phi) \tag{3.49}$$

$$G_2 = \sum_{n=1}^{\infty} D'_n r^{-n}(A'_n \sin n\phi + B'_n \cos n\phi) \tag{3.50}$$

两个区域分界面上满足的边界条件式(3.51):

$$\begin{cases} \left.\dfrac{G_1}{\sigma_1}\right|_{r=b} = \left.\dfrac{G_2}{\sigma_2}\right|_{r=b} \\ \left.\dfrac{\partial G_1}{\partial r}\right|_{r=b} = \left.\dfrac{\partial G_2}{\partial r}\right|_{r=b} \end{cases} \tag{3.51}$$

代入可得 1 区通解中系数满足式(3.52):

$$C_0 = 0 \quad D_0 = 0 \quad D_n = \frac{\sigma_1+\sigma_2}{\sigma_1-\sigma_2} C_n b^{2n} = \sigma C_n b^{2n} \tag{3.52}$$

代回 1 区通解可得式(3.53):

$$G_1 = \sum_{n=1}^{\infty} C_n(r^n + \sigma b^{2n} r^{-n})(A_n \sin n\phi + B_n \cos n\phi) \tag{3.53}$$

对式(3.53)求导数有:

$$\frac{\partial G_1}{\partial r} = \sum_{n=1}^{\infty} nC_n(r^{n-1} - \sigma b^{2n} r^{-n-1})(A_n \sin n\phi + B_n \cos n\phi) \tag{3.54}$$

再代入 1 区边界条件可得式(3.55):

$$A_n = \frac{a^n[\sin(n\phi_A) - \sin(n\phi_B)]}{n\pi C_n(a^{2n} - \sigma b^{2n})} \quad B_n = \frac{a^n[\cos(n\phi_A) - \cos(n\phi_B)]}{n\pi C_n(a^{2n} - \sigma b^{2n})} \tag{3.55}$$

整理可得定解式(3.56):

$$G_1(r,\phi) = \frac{1}{\pi} \sum_{n=1}^{\infty} \frac{a^n(r^n + \sigma b^{2n} r^{-n})}{n(a^{2n} - \sigma b^{2n})} [\cos n(\phi-\phi_A) - \cos n(\phi-\phi_B)] \tag{3.56}$$

或令 $R = r/b$、$\tau = a/b$,式(3.56)可写成式(3.57):

$$G_1(r,\phi) = \frac{1}{\pi}\sum_{n=1}^{\infty}\frac{(R^n + \sigma R^{-n})}{n(\tau^n - \sigma\tau^{-n})}[\cos n(\phi - \phi_A) - \cos n(\phi - \phi_B)] \qquad (3.57)$$

考虑电极对称，即 $\phi_B = \pi + \phi_A$，式(3.57)又可简化为式(3.58)：

$$G_1(r,\phi) = -\frac{2}{\pi}\sum_{n=1}^{\infty}\frac{(R^n + \sigma R^{-n})}{n(\tau^n - \sigma\tau^{-n})}\sin n\frac{\pi}{2}\sin n\left(\phi - \phi_A - \frac{\pi}{2}\right) \qquad (3.58)$$

或得到式(3.59)至式(3.61)：

$$G_1(r,\phi) = \frac{2}{\pi}\sum_{n=1,3,5}^{\infty}\frac{(R^n + \sigma R^{-n})}{n(\tau^n - \sigma\tau^{-n})}\cos n(\phi - \phi_A) \qquad (3.59)$$

$$j_{r1} = -\frac{\partial G_1}{\partial r} = -\frac{2}{\pi b}\sum_{n=1,3,5}^{\infty}\frac{(R^{n+1} - \sigma R^{-n-1})}{(\tau^n - \sigma\tau^{-n})}\cos n(\phi - \phi_A) \qquad (3.60)$$

$$j_{\phi 1} = -\frac{1}{r}\frac{\partial G_1}{\partial \phi} = \frac{2}{\pi b}\sum_{n=1,3,5}^{\infty}\frac{(R^{n-1} + \sigma R^{-n-1})}{(\tau^n - \sigma\tau^{-n})}\sin n(\phi - \phi_A) \qquad (3.61)$$

由 $\sigma = \dfrac{\sigma_1 + \sigma_2}{\sigma_1 - \sigma_2}$ 可知：

(1) 当外壳为绝缘体时($\sigma_2 = 0$)，$\sigma = 1$，如本书中3.1.1所论述的情况。

(2) 当外壳(井壁)看成理想导体时，$\sigma = -1$，如本书中3.1.2所论述的情况。

(3) 当外壳(井壁)和流体导电性能一样时，$\sigma = \infty$，对应圆域外流型流量计有：

$$G(r,\phi) = -\frac{2}{\pi}\sum_{n=1,3,5}^{\infty}\frac{1}{n}\left(\frac{\tau}{R}\right)^n\cos n(\phi - \phi_A) = -\frac{2}{\pi}\sum_{n=1,3,5}^{\infty}\frac{1}{n}\left(\frac{a}{r}\right)^n\cos n(\phi - \phi_A) \qquad (3.62)$$

$$j_r = -\frac{\partial G}{\partial r} = -\frac{2}{\pi a}\sum_{n=1,3,5}^{\infty}\left(\frac{a}{r}\right)^{n+1}\cos n(\phi - \phi_A) \qquad (3.63)$$

$$j_\phi = -\frac{1}{r}\frac{\partial G}{\partial \phi} = -\frac{2}{\pi a}\sum_{n=1,3,5}^{\infty}\left(\frac{a}{r}\right)^{n+1}\sin n(\phi - \phi_A) \qquad (3.64)$$

取 $a = 0.3$ 及 $b = 1$，根据式(3.62)至式(3.64)绘制的虚电流势等值图，如图3.6(a)所

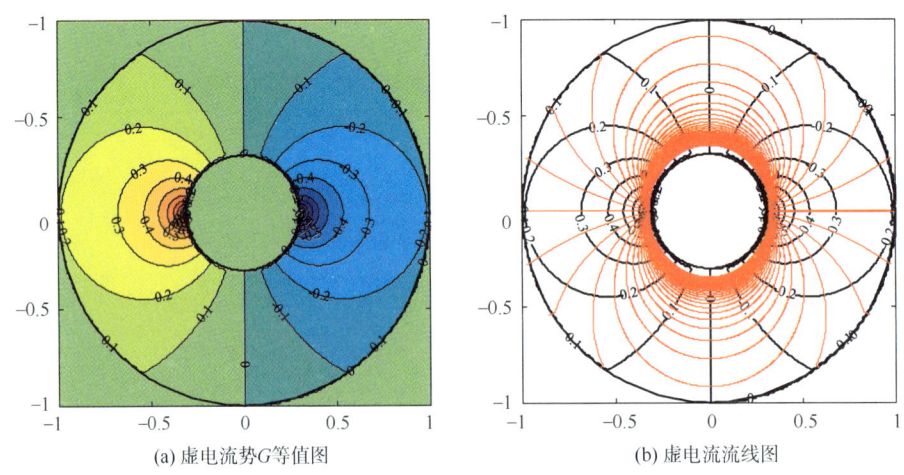

(a) 虚电流势G等值图   (b) 虚电流流线图

图3.6 $\sigma = \infty$ 时虚电流势等值图和虚电流流线图

示和虚电流流线如图3.6(b)所示。

(4) 当流体导电性能优于外壳导电性能时，$\sigma \in (1, \infty)$。

取 $\tau = 0.3$、$b = 1$，当环域电导率大于外壳电导率时，根据式(3.59)至式(3.61)绘制的虚电流流线图(红色)如图3.7所示，图3.7(a)至图3.7(d)中，σ 分别取1、2、5和500。

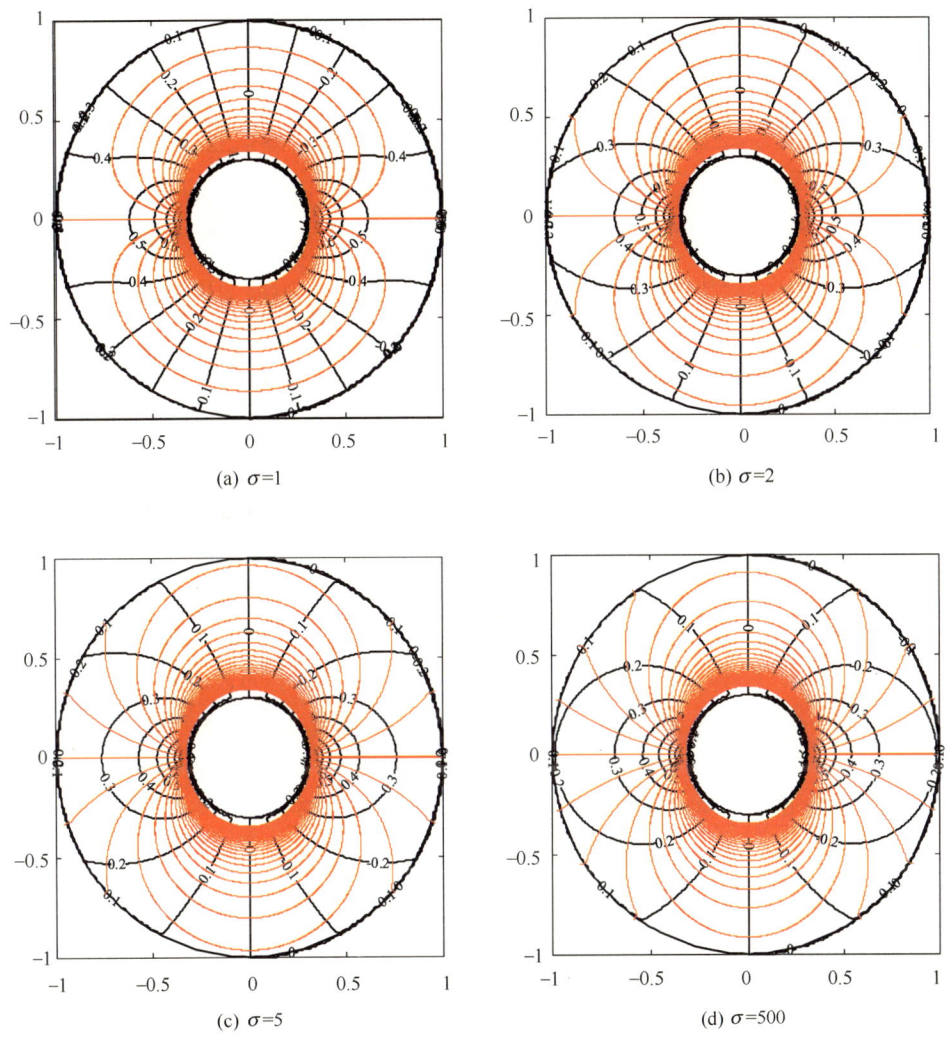

图3.7　$\tau = 0.3$、$b = 1$ 时虚电流流线图 $[\sigma \in (1, \infty)]$

(5) 当流体导电性能差于外壳导电性能时，$\sigma \in (-\infty, -1)$。

取 $\tau = 0.3$、$b = 1$，当环域电导率小于外壳电导率时，根据式(3.59)至式(3.61)绘制的虚电流势等值线(红色)和虚电流矢量流线(红色)如图3.8所示，图3.8(a)至图3.8(d)中的 σ 分别取-1、-2、-5和-500。

(a) $\sigma=-1$　(b) $\sigma=-2$

(c) $\sigma=-5$　(d) $\sigma=-500$

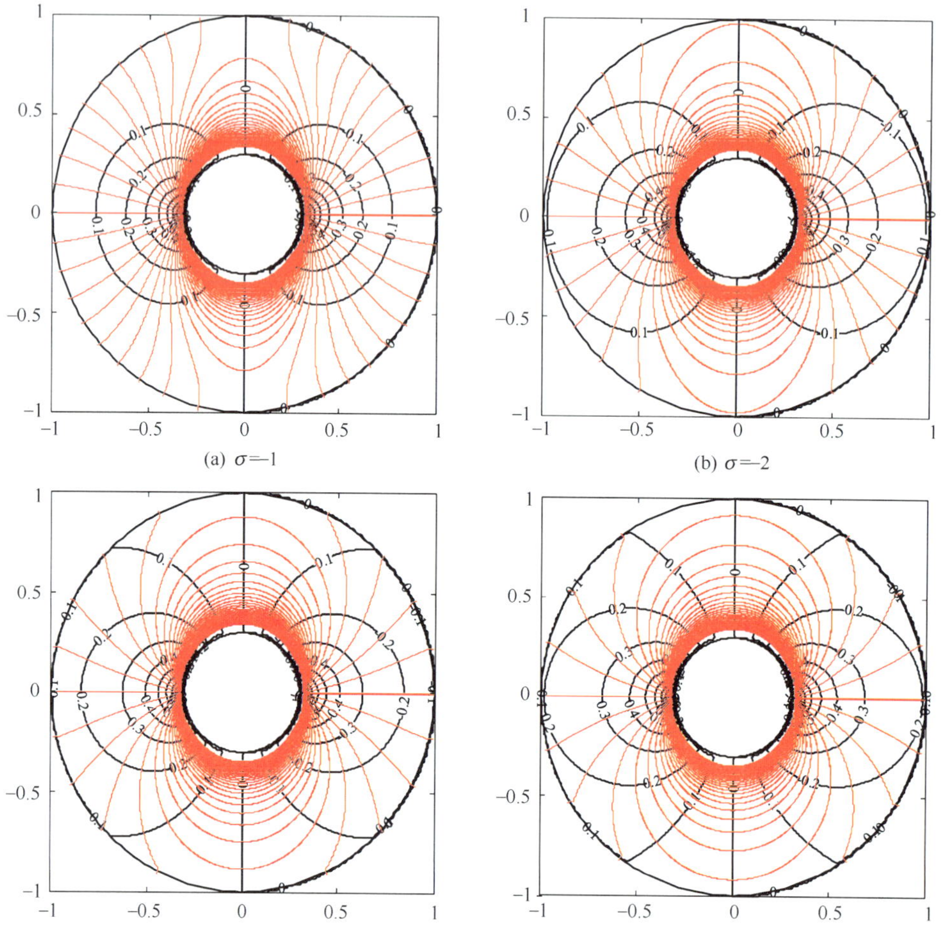

图 3.8　$\tau=0.3$、$b=1$ 时虚电流流线图[$\sigma\in(-\infty,-1)$]

3.2　电极数目和大小对虚电流密度分布的影响

双对电极(双对线圈)的环空流量测量系统横截面图如图 3.9 所示，钻井液在钻井中沿环空流量测量系统外表面和井壁间的环形区域流出(沿 z 轴正方向)，两对电极(A1、A2、B1 和 B2)安置在环空流量电磁测量系统外表面。

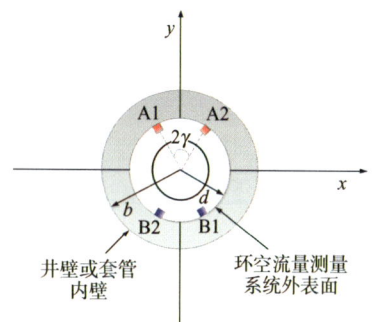

图 3.9　两对电极的环空流量测量系统横截面图

3.2.1　多电极分布

(1) 取 2 对电极，两电极之间的半角 $\gamma=20°$，关于 y 轴对称，当电极排列方式为正正负负时[109]，势函数满足边界条件：

$$\left.\frac{\partial G}{\partial r}\right|_{r=a} = \begin{cases} \delta(\phi-\frac{\pi}{2}+\gamma)/2a \\ \delta(\phi-\frac{\pi}{2}-\gamma)/2a \\ -\delta(\phi+\frac{\pi}{2}+\gamma)/2a \\ -\delta(\phi+\frac{\pi}{2}-\gamma)/2a \end{cases} \tag{3.65}$$

式中多除的 2 是为了保证虚电流总量为 1,代入通解得式(3.66)至式(3.67):

$$G = C_0 + \sum_{n=1}^{\infty} C_n(r^n + b^{2n}r^{-n})(A_n \sin n\phi + B_n \cos n\phi) \tag{3.66}$$

$$\frac{\partial G}{\partial r} = \sum_{n=1}^{\infty} nr^{-n-1}C_n(r^{2n} - b^{2n})(A_n \sin n\phi + B_n \cos n\phi) \tag{3.67}$$

可得式(3.68):

$$A_n = \frac{a^n}{n\pi C_n(a^{2n}-b^{2n})}\left\{\sin\left[n\left(\frac{\pi}{2}-\gamma\right)\right] + \sin\left[n\left(\frac{\pi}{2}+\gamma\right)\right]\right\} = \frac{2a^n \sin(n\pi/2)\cos n\gamma}{n\pi C_n(a^{2n}-b^{2n})} \tag{3.68}$$

$$B_n = 0 \tag{3.69}$$

将系数表达式(3.68)和式(3.69)代回虚电流势的表达式,可得式(3.70):

$$G(r,\phi) = \frac{2}{\pi}\sum_{n=1,3,5}^{\infty} \frac{(a/b)^n (r/b)^n + (a/r)^n}{n[(a/b)^{2n}-1]} \cos n\gamma \cos[n(\phi-\pi/2)] \tag{3.70}$$

电极按照如图 3.9 所示标示位置放置,A1 和 A2 正电极(张角 2γ),B1 和 B2 负电极(张角也是 2γ),关于 y 轴对称。根据式(3.70)绘制出了图 3.10 中的虚电流势等值线(黑线),把式(3.70)代入式(3.23)和式(3.24)绘制出图 3.10(b)和图 3.10(d)中虚电流流线(红色),其中在图 3.10(a)和图 3.10(b)中 $2\gamma=30°$,图 3.10(c)和图 3.10(d)中 $2\gamma=80°$。

(2)如果两对电极按照正负正负的方式排列,则虚电流势函数满足的边界条件为式(3.71):

$$\left.\frac{\partial G}{\partial r}\right|_{r=a} = \begin{cases} \delta\left(\phi-\frac{\pi}{2}+\gamma\right)/2a \\ -\delta\left(\phi-\frac{\pi}{2}-\gamma\right)/2a \\ \delta\left(\phi+\frac{\pi}{2}+\gamma\right)/2a \\ -\delta\left(\phi+\frac{\pi}{2}-\gamma\right)/2a \end{cases} \tag{3.71}$$

将边界条件代入虚电流势通解可得式(3.72):

$$B_n = 0 \tag{3.72}$$

$$A_n = \frac{a^n}{n\pi C_n(a^{2n}-b^{2n})}\left\{\sin\left[n\left(\frac{\pi}{2}-\gamma\right)\right] - \sin\left[n\left(\frac{\pi}{2}+\gamma\right)\right]\right\} = -\frac{2a^n \cos(n\pi/2)\sin n\gamma}{n\pi C_n(a^{2n}-b^{2n})} \tag{3.73}$$

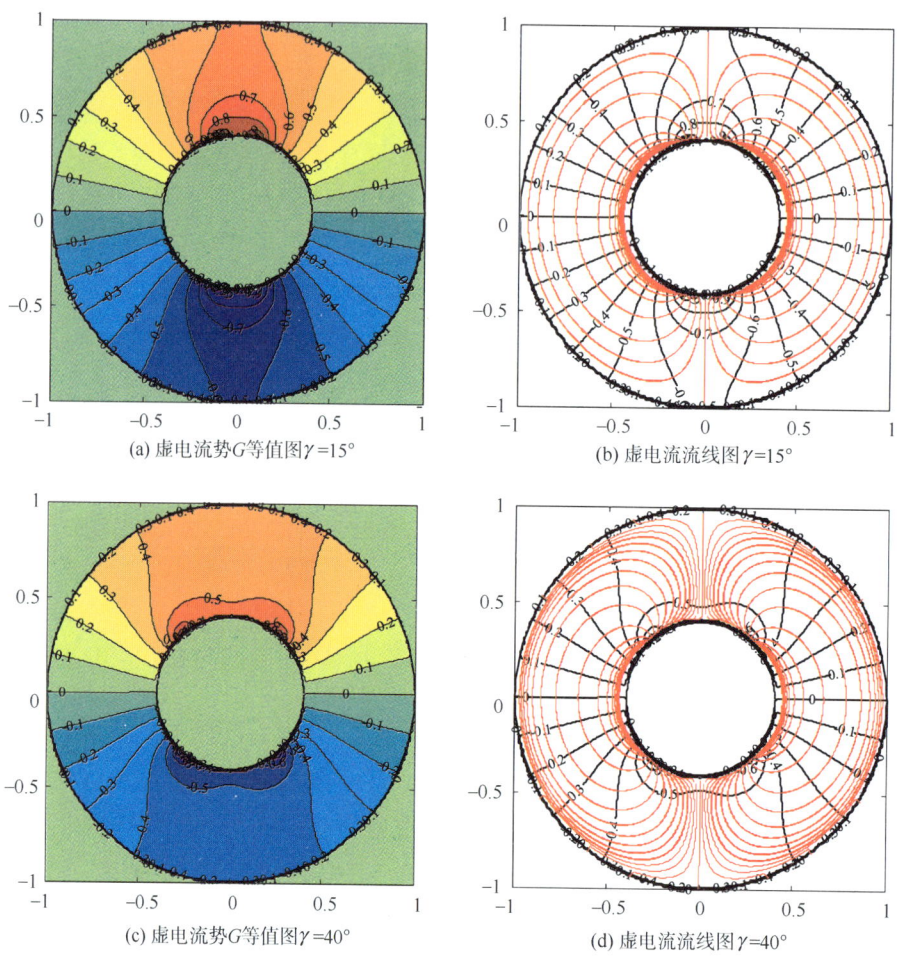

(a) 虚电流势G等值图γ=15°　　(b) 虚电流流线图γ=15°

(c) 虚电流势G等值图γ=40°　　(d) 虚电流流线图γ=40°

图 3.10　虚电流势等值图和虚电流流线图（A1 和 A2 为正极，B1 和 B2 为负极）

将已知系数代回虚电流势可以得到通解如式(3.74)：

$$G(r,\phi) = -\frac{2}{\pi}\sum_{n=2,4,6}^{\infty}\frac{(a/b)^n(r/b)^n+(a/r)^n}{n[(a/b)^{2n}-1]}\sin n\gamma \sin n\left(\phi+\frac{\pi}{2}\right) \quad (3.74)$$

令 $R=r/b$、$\tau=a/b$，式(3.74)可写成式(3.75)：

$$G(r,\phi) = -\frac{2}{\pi}\sum_{n=2,4,6}^{\infty}\frac{R^n+R^{-n}}{n(\tau^n-\tau^{-n})}\sin n\gamma \sin n\left(\phi+\frac{\pi}{2}\right) \quad (3.75)$$

当电极按照图 3.9 放置，A1 和 B1 正电极，A2 和 B2 负电极。根据式(3.75)绘制出了图 3.11(a)和图 3.11(c)中的虚电流势等值线(黑线)，把式(3.75)代入式(3.23)和式(3.24)绘制出图 3.11(b)和图 3.11(d)中虚电流流线(红色)，图 3.11(a)和图 3.11(b)中 $2\gamma=50°$，图 3.10(c)和图 3.10(d)中 $2\gamma=100°$。

3 环空流量电磁检测传感器虚电流密度求解

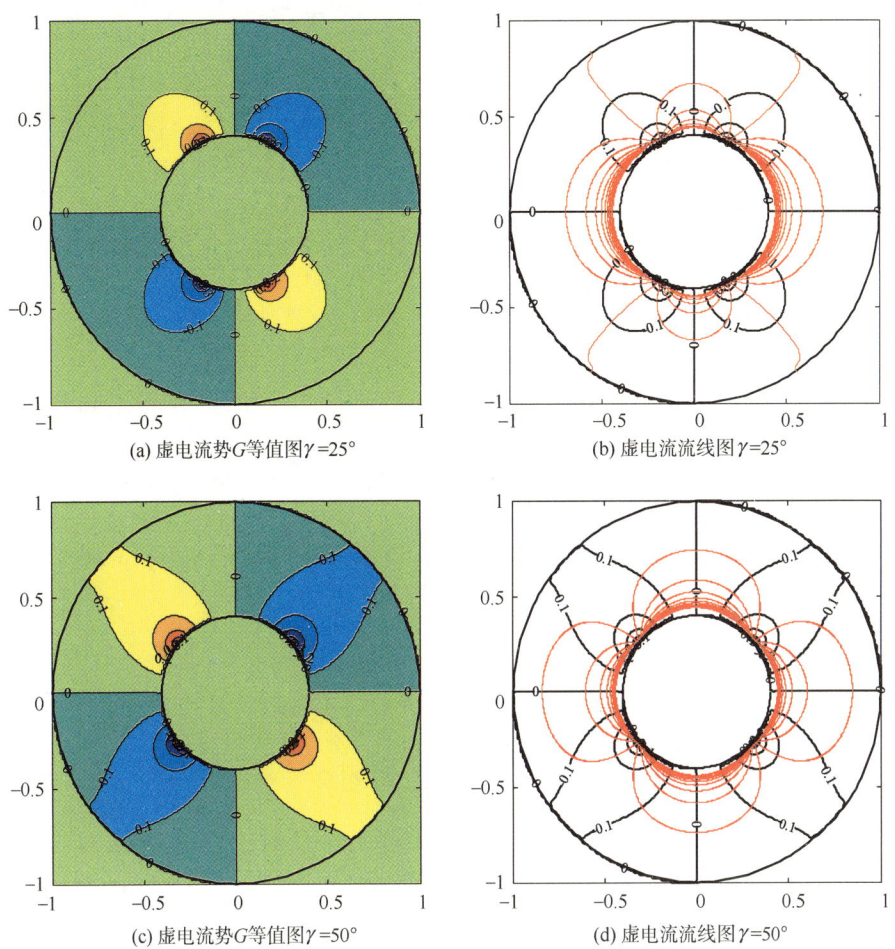

(a) 虚电流势G等值图γ=25°   (b) 虚电流流线图γ=25°

(c) 虚电流势G等值图γ=50°   (d) 虚电流流线图γ=50°

图 3.11 虚电流势等值图和虚电流流线图（A1 和 B1 为正极，A2 和 B2 为负极）

3.2.2 线电极的虚电流分布

夹角为 2γ 的线电极可以看作是 M 个点电极构成的，则有式(3.76)：

$$\left.\frac{\partial G}{\partial r}\right|_{r=a} = \begin{cases} \dfrac{1}{Ma}\sum_{m=0}^{M-1}\delta\left[\phi - \left(\dfrac{\pi}{2} - \gamma + \dfrac{2\gamma}{M-1}m\right)\right] \\ -\dfrac{1}{Ma}\sum_{m=0}^{M-1}\delta\left[\phi + \left(\dfrac{\pi}{2} + \gamma - \dfrac{2\gamma}{M-1}m\right)\right] \end{cases} \quad (3.76)$$

代入虚电流势通解的 r 方向导数可得式(3.77)：

$$\frac{\partial G}{\partial r} = \sum_{n=1}^{\infty} nr^{-n-1}C_n(r^{2n} - b^{2n})(A_n\sin n\phi + B_n\cos n\phi) \quad (3.77)$$

两边用 $\sin n\phi$ 或 $\cos n\phi$ 分别积分可得式(3.78)至式(3.79)：

— 49 —

$$A_n = \frac{a^n}{M\pi nC_n(a^{2n}-b^{2n})}\left[\sum_{m=0}^{M-1}\sin n\left(\frac{\pi}{2}-\gamma+\frac{2\gamma}{M-1}m\right)+\sum_{m=0}^{M-1}\sin n\left(\frac{\pi}{2}+\gamma-\frac{2\gamma}{M-1}m\right)\right]$$

$$= \frac{2a^n\sin\dfrac{n\pi}{2}\sum_{m=0}^{M-1}\cos\left(\gamma-\dfrac{2\gamma}{M-1}m\right)}{M\pi nC_n(a^{2n}-b^{2n})} \tag{3.78}$$

$$B_n = \frac{a^n}{M\pi nC_n(a^{2n}-b^{2n})}\left[\sum_{m=0}^{M-1}\cos n\left(\frac{\pi}{2}-\gamma+\frac{2\gamma}{M-1}m\right)-\sum_{m=0}^{M-1}\cos n\left(\frac{\pi}{2}+\gamma-\frac{2\gamma}{M-1}m\right)\right]$$

$$= \frac{2a^n\sin\dfrac{n\pi}{2}\sum_{m=0}^{M-1}\sin\left(\gamma-\dfrac{2\gamma}{M-1}m\right)}{M\pi nC_n(a^{2n}-b^{2n})} \tag{3.79}$$

令 $\gamma_m = \gamma[1-2m/(M-1)]$，再代入虚电流势通解可得式(3.80)至式(3.83)：

$$G = \sum_{n=1}^{\infty}C_n(r^n+b^{2n}r^{-n})(A_n\sin n\phi+B_n\cos n\phi) \tag{3.80}$$

$$G = \frac{2}{M\pi}\sum_{n=1,3,5}^{\infty}\frac{a^n(r^n+b^{2n}r^{-n})}{n(a^{2n}-b^{2n})}\sin\frac{n\pi}{2}\sum_{m=0}^{M-1}(\cos n\gamma_m\sin n\phi+\sin n\gamma_m\cos n\phi) \tag{3.81}$$

$$G = \frac{2}{M\pi}\sum_{n=1,3,5}^{\infty}\frac{a^n(r^n+b^{2n}r^{-n})}{n(a^{2n}-b^{2n})}\sin\frac{n\pi}{2}\sum_{m=0}^{M-1}\sin n(\phi+\gamma_m) \tag{3.82}$$

令 $R=r/b$、$\tau=a/b$，式(3.82)可写成式(3.83)：

$$G = \frac{2}{M\pi}\sum_{n=1,3,5}^{\infty}\frac{(R^n+R^{-n})}{n(\tau^{-n}-\tau^n)}\sum_{m=0}^{M-1}\cos n\left(\phi+\gamma_m-\frac{\pi}{2}\right) \tag{3.83}$$

将式(3.83)代入式(3.23)和式(3.24)得到图3.12，从图3.12(a)到图3.12(f)显示了不同点电极数量下($M=2、3、5、10、20$)的虚电流势等值图(黑色)和虚电流流线图(红色)(所构建线电极对应张角固定 $2\gamma=60°$)。

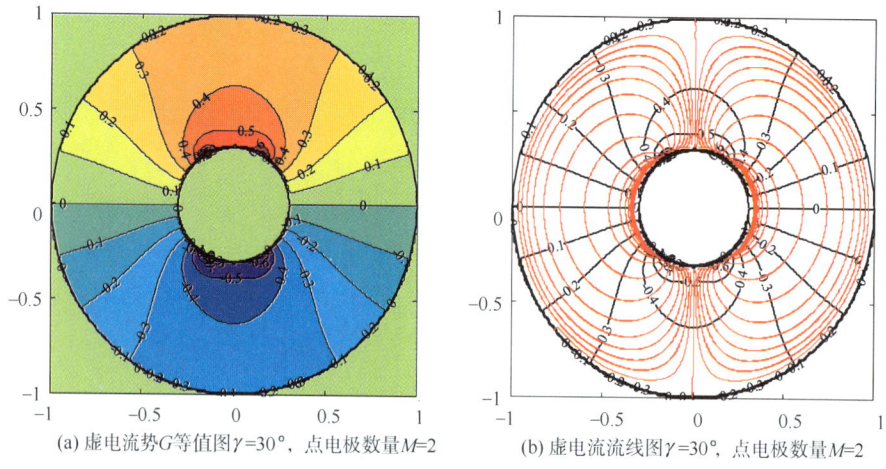

(a) 虚电流势G等值图 $\gamma=30°$，点电极数量 $M=2$　　(b) 虚电流流线图 $\gamma=30°$，点电极数量 $M=2$

图3.12　虚电流势等值图和虚电流流线图(不同 M 值)

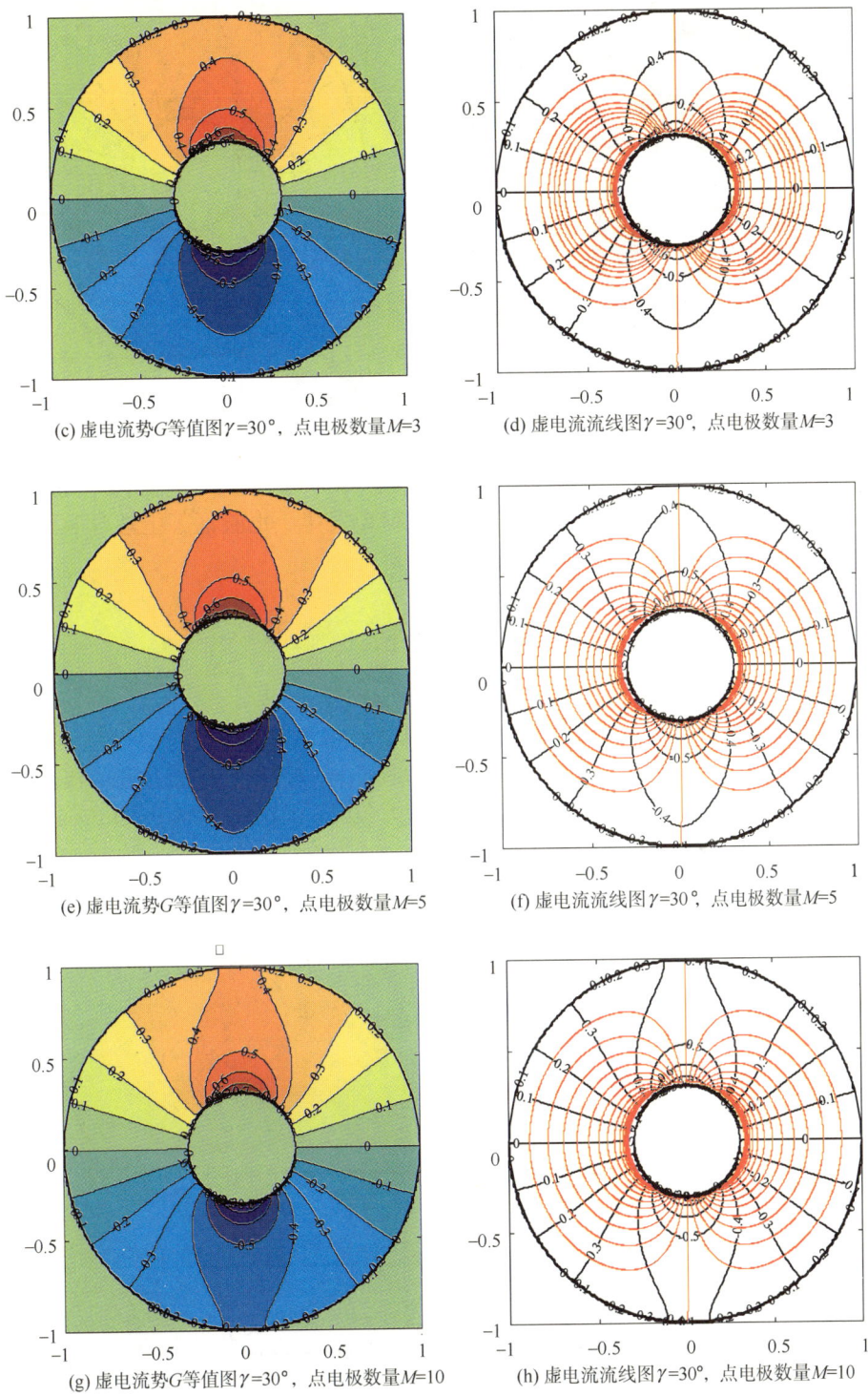

(c) 虚电流势 G 等值图 $\gamma=30°$，点电极数量 $M=3$
(d) 虚电流流线图 $\gamma=30°$，点电极数量 $M=3$
(e) 虚电流势 G 等值图 $\gamma=30°$，点电极数量 $M=5$
(f) 虚电流流线图 $\gamma=30°$，点电极数量 $M=5$
(g) 虚电流势 G 等值图 $\gamma=30°$，点电极数量 $M=10$
(h) 虚电流流线图 $\gamma=30°$，点电极数量 $M=10$

图 3.12　虚电流势等值图和虚电流流线图（不同 M 值）（续）

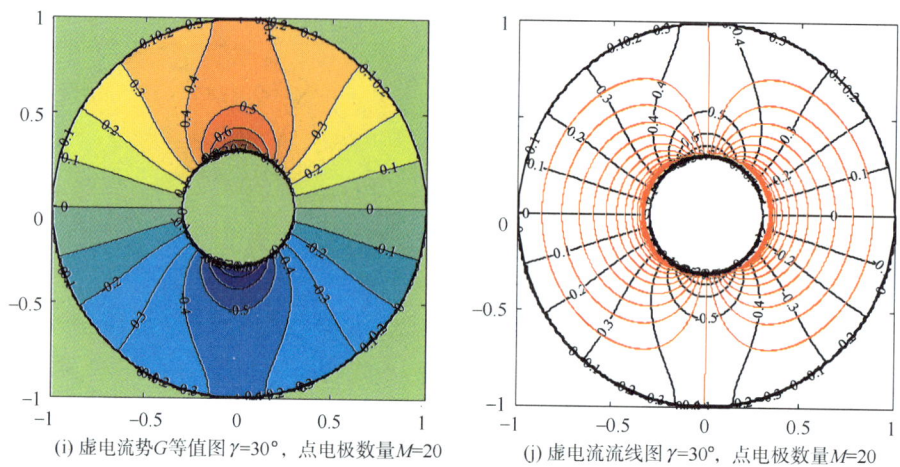

(i) 虚电流势G等值图γ=30°，点电极数量M=20   (j) 虚电流流线图γ=30°，点电极数量M=20

图 3.12　虚电流势等值图和虚电流流线图(不同 M 值)(续)

从图 3.12 可以看出，当构建线电极的点电极数量超过一定值(例如图 3.12 的 10 个点电极)，虚电流势分布将趋于稳定，这符合基本物理规律，也验证了上述计算线电极虚电流势理论的合理性。

3.3　大电极短筒环流道虚电流分析

电磁流量计结构示意图如图 3.13 所示，半长度 $\bar{l}$，半径为 $\bar{R}$，沿 z 轴放置短筒流量计。为了简化问题分析，取 $\bar{l}$ 等于 π、则 $\bar{R}$ 取值改为 $R=(\pi/\bar{l})\bar{R}$，当被测介质的流动仅存在沿管道轴线(z 轴)方向的分量，且流速大小与 z 轴无关时，称为直线流(rectilinear flow)，这时权函数有较简单的表达式，如式(3.84)：

$$U = \int_\tau W_z V_z \mathrm{d}\tau = \int_0^R \int_{-\pi}^\pi W_t(r,\phi) V(r,\phi) r \mathrm{d}\phi \mathrm{d}r \tag{3.84}$$

其中：

$$W_t(r,\phi) = \int_{-\pi}^\pi W_z(r,\phi,z) \mathrm{d}z \tag{3.85}$$

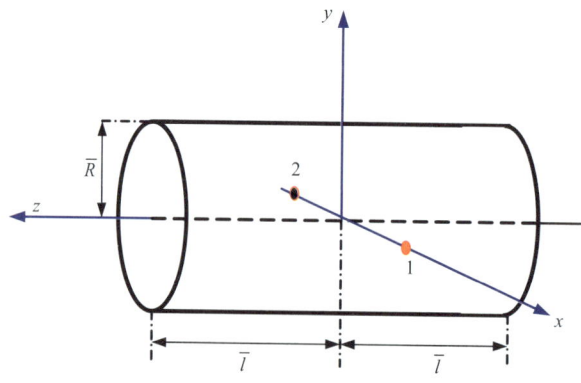

图 3.13　电磁流量计结构示意图

$W_t(r,\phi)$ 被称为直线流权函数。

对于环形域，只需改变 r 方向的积分区域，可得式(3.86)：

$$U = \int_\tau W_z V_z \mathrm{d}\tau = \int_{R_1}^{R_2} \int_{-\pi}^{\pi} W_t(r,\phi) V(r,\phi) r \mathrm{d}\phi \mathrm{d}r \tag{3.86}$$

3.3.1 环域虚电流的级数展开法

对于环域电磁流量计(图 3.14)，虚电流密度 j 在流体区域是调和场，因此：

$$\begin{cases} \boldsymbol{j} = -\nabla G \\ \nabla^2 G = 0 \end{cases} \tag{3.87}$$

方程在柱坐标系中的展开式如式(3.88)：

$$\frac{1}{r} \cdot \frac{\partial}{\partial r}\left(r \frac{\partial G}{\partial r}\right) + \frac{1}{r^2} \cdot \frac{\partial^2 G}{\partial \theta^2} + \frac{\partial^2 G}{\partial z^2} = 0 \tag{3.88}$$

通解可以采用双傅里叶形式如式(3.89)：

$$G = \sum_{m=-\infty}^{+\infty} \sum_{n=-\infty}^{+\infty} a_{mn}(\boldsymbol{r}) e^{im\phi} e^{inz} \tag{3.89}$$

其中 $a_{mn}(\boldsymbol{r})$ 为坐标变量 r 的函数如式(3.90)：

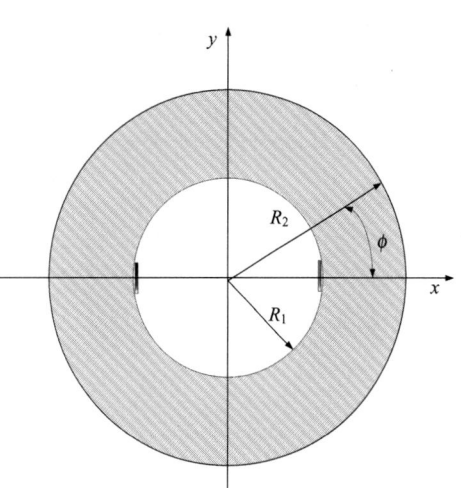

图 3.14 环域截面结构示意图

$$a_{mn}(\boldsymbol{r}) = a_{I(mn)} I_{|m|}(|n|r) + a_{K(mn)} K_{|m|}(|n|r) \tag{3.90}$$

式(3.90)中，$I_{|m|}(|n|r)$ 是第一类修正的柱贝塞尔函数(图 3.15)。

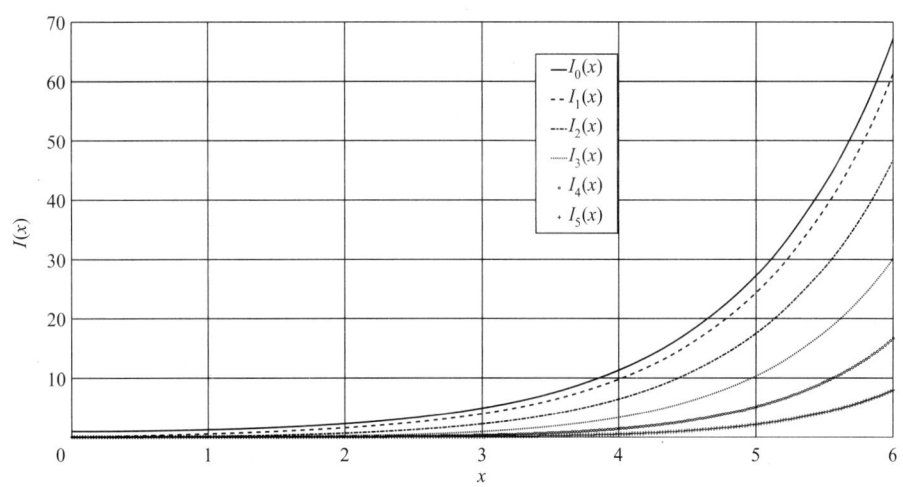

图 3.15 第一类修正的柱贝塞尔函数

$K_{|m|}(|n|r)$ 是第二类修正的柱贝塞尔函数(图 3.16)。

式(3.90)中，$a_{I(mn)}$、$a_{K(mn)}$ 是待定常数，下面分三种边界条件讨论待定常数的确定方法。

(1) 如果给出内环 $r=R_1$ 的法向虚电流密度 j_{1n} 和外环 $r=R_2$ 的法向虚电流密度 j_{2n}，则有

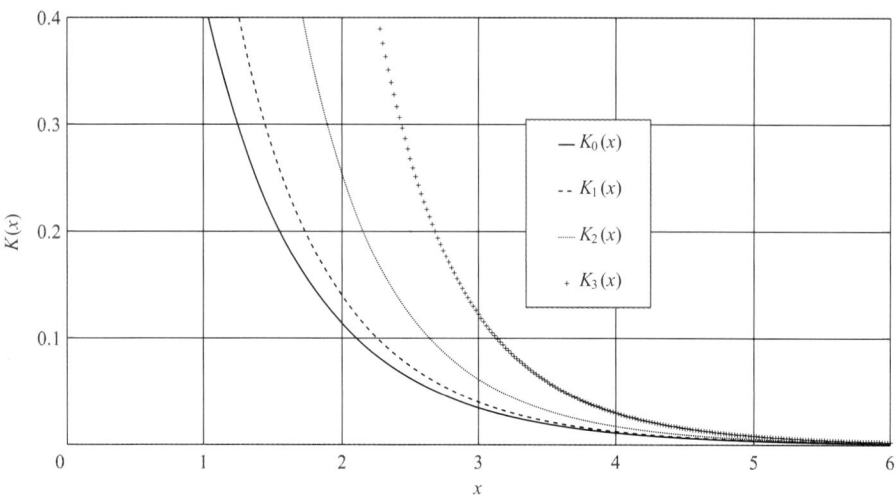

图 3.16 第二类修正的柱贝塞尔函数

式(3.91)和式(3.92):

$$j_{1n} = -\frac{\partial G}{\partial r}\bigg|_{r=R_1} = -\sum_{m=-\infty}^{+\infty}\sum_{n=-\infty}^{+\infty}|n|[a_{I(mn)}I'_{|m|}(|n|R_1) + a_{K(mn)}K'_{|m|}(|n|R_1)]e^{im\phi}e^{inz}$$
(3.91)

$$j_{2n} = \frac{\partial G}{\partial r}\bigg|_{r=R_2} = \sum_{m=-\infty}^{+\infty}\sum_{n=-\infty}^{+\infty}|n|[a_{I(mn)}I'_{|m|}(|n|R_2) + a_{K(mn)}K'_{|m|}(|n|R_2)]e^{im\phi}e^{inz}$$
(3.92)

式中:$I'_{|m|}(|n|r) = \frac{\partial I_{|m|}(|n|r)}{\partial r}$,$K'_{|m|}(|n|r) = \frac{\partial K_{|m|}(|n|r)}{\partial r}$。对式(3.91)和式(3.92)分别进行傅里叶变换可得式(3.93)和式(3.94):

$$a_{I(mn)}I'_{|m|}(|n|R_1) + a_{K(mn)}K'_{|m|}(|n|R_1) = \frac{-1}{4\pi^2|n|}\int_{-\pi}^{\pi}\int_{-\pi}^{\pi}j_{1n}(\phi,z)e^{-im\phi}e^{-inz}\mathrm{d}\phi\mathrm{d}z$$
(3.93)

$$a_{I(mn)}I'_{|m|}(|n|R_2) + a_{K(mn)}K'_{|m|}(|n|R_2) = \frac{1}{4\pi^2|n|}\int_{-\pi}^{\pi}\int_{-\pi}^{\pi}j_{2n}(\phi,z)e^{-im\phi}e^{-inz}\mathrm{d}\phi\mathrm{d}z$$
(3.94)

写成矩阵形式如式(3.95):

$$\begin{bmatrix}a_{I(mn)}\\a_{K(mn)}\end{bmatrix} = \frac{1}{4\pi^2|n|}\begin{bmatrix}I'_{|m|}(|n|R_1) & K'_{|m|}(|n|R_1)\\I'_{|m|}(|n|R_2) & K'_{|m|}(|n|R_2)\end{bmatrix}^{-1}\begin{bmatrix}-\int_{-\pi}^{\pi}\int_{-\pi}^{\pi}j_{1n}(\phi,z)e^{-im\phi}e^{-inz}\mathrm{d}\phi\mathrm{d}z\\\int_{-\pi}^{\pi}\int_{-\pi}^{\pi}j_{2n}(\phi,z)e^{-im\phi}e^{-inz}\mathrm{d}\phi\mathrm{d}z\end{bmatrix}$$
(3.95)

求出式(3.95)中的逆矩阵,整理可得式(3.96):

$$\begin{bmatrix} a_{I(mn)} \\ a_{K(mn)} \end{bmatrix} = \frac{1}{4\pi^2 |n| \Xi_1} \begin{bmatrix} K'_{|m|}(|n|R_2) & -K'_{|m|}(|n|R_1) \\ -I'_{|m|}(|n|R_2) & I'_{|m|}(|n|R_1) \end{bmatrix} \begin{bmatrix} -\int_{-\pi}^{\pi}\int_{-\pi}^{\pi} j_{1n}(\phi,z)e^{-im\phi}e^{-inz}\mathrm{d}\phi\mathrm{d}z \\ \int_{-\pi}^{\pi}\int_{-\pi}^{\pi} j_{2n}(\phi,z)e^{-im\phi}e^{-inz}\mathrm{d}\phi\mathrm{d}z \end{bmatrix}$$

(3.96)

其中：

$$\Xi_1 = \det \begin{bmatrix} I'_{|m|}(|n|R_1) & K'_{|m|}(|n|R_1) \\ I'_{|m|}(|n|R_2) & K'_{|m|}(|n|R_2) \end{bmatrix}$$

$$= I'_{|m|}(|n|R_1)K'_{|m|}(|n|R_2) - I'_{|m|}(|n|R_2)K'_{|m|}(|n|R_1) \quad (3.97)$$

(2) 如果给出的是第一类边界条件（即直接给出边界上的虚电流位函数），则可得式(3.98)：

$$\begin{bmatrix} a_{I(mn)} \\ a_{K(mn)} \end{bmatrix} = \frac{1}{4\pi^2} \begin{bmatrix} I_{|m|}(|n|R_1) & K_{|m|}(|n|R_1) \\ I_{|m|}(|n|R_2) & K_{|m|}(|n|R_2) \end{bmatrix}^{-1} \begin{bmatrix} \int_{-\pi}^{\pi}\int_{-\pi}^{\pi} G(R_1,\phi,z)e^{-im\phi}e^{-inz}\mathrm{d}\phi\mathrm{d}z \\ \int_{-\pi}^{\pi}\int_{-\pi}^{\pi} G(R_2,\phi,z)e^{-im\phi}e^{-inz}\mathrm{d}\phi\mathrm{d}z \end{bmatrix}$$

(3.98)

求出式(3.99)中的逆矩阵，整理可得：

$$\begin{bmatrix} a_{I(mn)} \\ a_{K(mn)} \end{bmatrix} = \frac{1}{4\pi^2 \Xi_2} \begin{bmatrix} K_{|m|}(|n|R_2) & -K_{|m|}(|n|R_1) \\ -I_{|m|}(|n|R_2) & I_{|m|}(|n|R_1) \end{bmatrix} \begin{bmatrix} \int_{-\pi}^{\pi}\int_{-\pi}^{\pi} G(R_1,\phi,z)e^{-im\phi}e^{-inz}\mathrm{d}\phi\mathrm{d}z \\ \int_{-\pi}^{\pi}\int_{-\pi}^{\pi} G(R_2,\phi,z)e^{-im\phi}e^{-inz}\mathrm{d}\phi\mathrm{d}z \end{bmatrix}$$

(3.99)

其中式(3.100)为式(3.98)与式(3.99)求解得到式(3.99)：

$$\Xi_2 = \det \begin{bmatrix} I_{|m|}(|n|R_1) & K_{|m|}(|n|R_1) \\ I_{|m|}(|n|R_2) & K_{|m|}(|n|R_2) \end{bmatrix}$$

$$= I_{|m|}(|n|R_1)K_{|m|}(|n|R_2) - I_{|m|}(|n|R_2)K_{|m|}(|n|R_1) \quad (3.100)$$

(3) 对于内边界给出虚电流式 $G(R_1,\phi,z)$，外边界给出法向虚电流密度 j_{2n} 的混合边界情况如式(3.101)：

$$\begin{bmatrix} a_{I(mn)} \\ a_{K(mn)} \end{bmatrix} = \frac{1}{4\pi^2} \begin{bmatrix} I_{|m|}(|n|R_1) & K_{|m|}(|n|R_1) \\ I'_{|m|}(|n|R_2) & K'_{|m|}(|n|R_2) \end{bmatrix}^{-1} \begin{bmatrix} \int_{-\pi}^{\pi}\int_{-\pi}^{\pi} G(R_1,\phi,z)e^{-im\phi}e^{-inz}\mathrm{d}\phi\mathrm{d}z \\ |n|\int_{-\pi}^{\pi}\int_{-\pi}^{\pi} j_{2n}(\phi,z)e^{-im\phi}e^{-inz}\mathrm{d}\phi\mathrm{d}z \end{bmatrix}$$

(3.101)

求出式(3.101)中的逆矩阵，整理可得式(3.102)：

$$\begin{bmatrix} a_{I(mn)} \\ a_{K(mn)} \end{bmatrix} = \frac{1}{4\pi^2 \Xi_3} \begin{bmatrix} K'_{|m|}(|n|R_2) & -K_{|m|}(|n|R_1) \\ -I'_{|m|}(|n|R_2) & I_{|m|}(|n|R_1) \end{bmatrix} \begin{bmatrix} \int_{-\pi}^{\pi}\int_{-\pi}^{\pi} G(R_1,\phi,z)e^{-im\phi}e^{-inz}\mathrm{d}\phi\mathrm{d}z \\ |n|\int_{-\pi}^{\pi}\int_{-\pi}^{\pi} j_{2n}(\phi,z)e^{-im\phi}e^{-inz}\mathrm{d}\phi\mathrm{d}z \end{bmatrix}$$

(3.102)

其中：

$$\Xi_3 = \det \begin{bmatrix} I_{|m|}(|n|R_1) & K_{|m|}(|n|R_1) \\ I'_{|m|}(|n|R_2) & K'_{|m|}(|n|R_2) \end{bmatrix}$$
$$= I_{|m|}(|n|R_1)K'_{|m|}(|n|R_2) - I'_{|m|}(|n|R_2)K_{|m|}(|n|R_1) \quad (3.103)$$

3.3.2 基于交替迭代法的大电极环域虚电流的求解

如图 3.17 所示，设环域外边界面 D_2 由绝缘体或理想导体构建，环域内边界面为 D_1（其中电极部分 D_{1p} 为理想导体，其他部分 D_{1o} 为绝缘体）。绝缘体表面法向虚电流为零，理想导体表面是虚电流位等位面，因此，该环形域对应的边值型问题可写成式(3.104)：

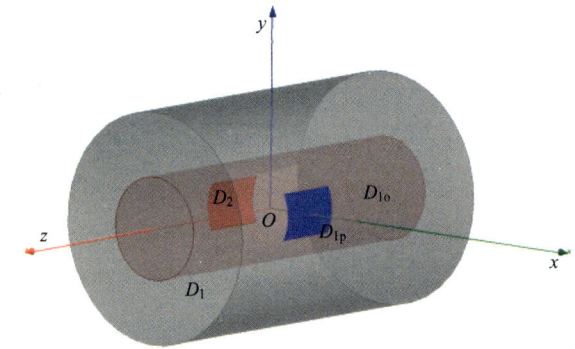

图 3.17　环域流量计 3D 结构图

$$\begin{cases} \nabla^2 G = 0 \\ G|_{r=R_1} = g(\theta,z), & (\theta,z) \in D_{1p} \\ \dfrac{\partial G}{\partial r}\bigg|_{r=R_1} = h(\theta,z), & (\theta,z) \in D_{1o} \\ \dfrac{\partial G}{\partial r}\bigg|_{r=R_2} \text{ 或 } G|_{r=R_2} = \varphi(\theta,z), & (\theta,z) \in D_2 \end{cases} \quad (3.104)$$

式(3.104)中的 $g(\theta,z)$、$h(\theta,z)$、$\varphi(\theta,z)$ 是已知函数，由于该电流计虚电流势对于 x 轴和 xoy 面具有对称性，对于 y 轴具有反对称性，所以有式(3.105)：

$$G(r,\phi,z) = G(r,\phi,-z) = G(r,-\phi,z) = -G(r,\pi-\phi,z) \quad (3.105)$$

因此，通解系数如式(3.106)：

$$\begin{cases} a_{mn} = a_{m,-n} \\ a_{mn} = a_{-m,n} \\ a_{mn} = 0 \quad m = 0, \pm 2, \pm 4, \cdots \end{cases} \quad (3.106)$$

设外环面域 D_2 由绝缘体构建，没有法向虚电流；内环面域 D_1，电极 D_{1p} 上给出了第一类边界条件，其他部分 D_{1o} 给出了第二类边界条件，所以是复杂边界条件。式(3.107)利用交替迭代法求解方程：

$$\begin{cases} \nabla^2 G = 0 \\ G|_{r=R_1} = g(\theta,z), & (\theta,z) \in D_{1p} \\ \dfrac{\partial G}{\partial r}\bigg|_{r=R_1} = h(\theta,z), & (\theta,z) \in D_{1o} \\ \dfrac{\partial G}{\partial r}\bigg|_{r=R_2} = 0, & (\theta,z) \in D_2 \end{cases} \qquad (3.107)$$

第一步：在电极上假设一个第二类边界条件 $\dfrac{\partial G^{(0)}}{\partial r}\bigg|_{r=R_1}$，构建出 3.3.1 节(1)的边界条件：

$$\dfrac{\partial G^{(1)}}{\partial r}\bigg|_{r=R_1} = \begin{cases} \dfrac{\partial G^{(0)}}{\partial r}\bigg|_{r=R_1} & (\theta,z) \in D_{1p} \\ h(\theta,z) & (\theta,z) \in D_{1o} \end{cases} \qquad (3.108)$$

代入方程(3.96)可得式(3.109)：

$$\begin{bmatrix} a_{I(mn)}^{(1)} \\ a_{K(mn)}^{(1)} \end{bmatrix} = \dfrac{1}{4\pi^2|n|\Xi_1} \begin{bmatrix} K'_{|m|}(|n|R_2) & -K'_{|m|}(|n|R_1) \\ -I'_{|m|}(|n|R_2) & I'_{|m|}(|n|R_1) \end{bmatrix} \begin{bmatrix} \int_{-\pi}^{\pi}\int_{-\pi}^{\pi} \dfrac{\partial G^{(1)}}{\partial r}\bigg|_{r=R_1} e^{-im\phi}e^{-inz}\mathrm{d}\phi\mathrm{d}z \\ 0 \end{bmatrix}$$

(3.109)

解出待定系数，并代入式(3.89)和式(3.90)可得式(3.110)：

$$G^{(1)} = \sum_{m=-\infty}^{+\infty}\sum_{n=-\infty}^{+\infty} a_{mn}^{(1)}(r) e^{im\phi}e^{inz} = \sum_{m=-\infty}^{+\infty}\sum_{n=-\infty}^{+\infty} [a_{I(mn)}^{(1)} I_{|m|}(|n|r) + a_{K(mn)}^{(1)} K_{|m|}(|n|r)] e^{im\phi}e^{inz}$$

$$= \sum_{m=-\infty}^{+\infty}\sum_{n=-\infty}^{+\infty} \dfrac{b_{mn}^{(1)}}{|n|\Xi_1}[K'_{|m|}(|n|R_2)I_{|m|}(|n|r) - I'_{|m|}(|n|R_2)K_{|m|}(|n|r)] e^{im\phi}e^{inz}$$

$$= \sum_{m=-\infty}^{+\infty}\sum_{n=-\infty}^{+\infty} b_{mn}^{(1)} \dfrac{f_{|m||n|}^{b}(r,R_2) e^{im\phi}e^{inz}}{f_{|m||n|}^{c}(R_1,R_2)} \qquad (3.110)$$

其中：

$$b_{mn}^{(1)} = \dfrac{1}{4\pi^2}\left[\iint_{D_{1p}} \dfrac{\partial G^{(0)}}{\partial r}\bigg|_{r=R_1} e^{-im\phi}e^{-inz}\mathrm{d}\phi\mathrm{d}z + \iint_{D_{1o}} h(\theta,z) e^{-im\phi}e^{-inz}\mathrm{d}\phi\mathrm{d}z\right] \qquad (3.111)$$

$$f_{|m||n|}^{b}(x,y) = \dfrac{I_{|m|}(|n|x)}{|n|I'_{|m|}(|n|y)} - \dfrac{K_{|m|}(|n|x)}{|n|K'_{|m|}(|n|y)} \qquad (3.112)$$

$$f_{|m||n|}^{c}(x,y) = \dfrac{I'_{|m|}(|n|x)}{I'_{|m|}(|n|y)} - \dfrac{K'_{|m|}(|n|x)}{K'_{|m|}(|n|y)} \qquad (3.113)$$

式(3.112)和式(3.113)对应于小宗量的情况[$I_p(x)$ 和 $K_p(x)$ 中的 $x \to 0$]可得式(3.114)至式(3.115)：

$$f_{m0}^{b}(x,y) = \dfrac{y}{m}\left[\left(\dfrac{x}{y}\right)^m + \left(\dfrac{y}{x}\right)^m\right] \qquad (3.114)$$

$$f_{m0}^c(x,y) = \frac{y}{x}\left[\left(\frac{x}{y}\right)^m - \left(\frac{y}{x}\right)^m\right] \tag{3.115}$$

式(3.112)和式(3.113)之间存在式(3.116)所示关系：

$$\frac{\partial f_{mn}^b(x,y)}{\partial x} = f_{mn}^c(x,y) \qquad \frac{\partial f_{m0}^b(x,y)}{\partial x} = f_{m0}^c(x,y) \tag{3.116}$$

第二步：用第一步求出的虚电流势，得到 $G^{(1)}|_{r=R_1}$，构建出 3.3.1 节(3)的边界条件：

$$G^{(2)}|_{r=R_1} = \begin{cases} g(\theta,z) & (\theta,z) \in D_{1p} \\ G^{(1)}|_{r=R_1} & (\theta,z) \in D_{1o} \end{cases} \tag{3.117}$$

求解 $G^{(2)}(r,\phi,z)$ 的系数：

$$\begin{bmatrix} a_{I(mn)}^{(2)} \\ a_{K(mn)}^{(2)} \end{bmatrix} = \frac{1}{4\pi^2 \Xi_3} \begin{bmatrix} K'_{|m|}(|n|R_2) & -K_{|m|}(|n|R_1) \\ -I'_{|m|}(|n|R_2) & I_{|m|}(|n|R_1) \end{bmatrix} \begin{bmatrix} \int_{-\pi}^{\pi}\int_{-\pi}^{\pi} G^{(2)}|_{r=R_1} e^{-im\phi} e^{-inz} \mathrm{d}\phi \mathrm{d}z \\ 0 \end{bmatrix}$$

$$\tag{3.118}$$

解出待定系数，并代入式(3.89)和式(3.90)可得式(3.119)：

$$G^{(2)} = \sum_{m=-\infty}^{+\infty}\sum_{n=-\infty}^{+\infty} a_{mn}^{(2)}(r) e^{im\phi} e^{inz} = \sum_{m=-\infty}^{+\infty}\sum_{n=-\infty}^{+\infty} [a_{I(mn)}^{(2)} I_{|m|}(|n|r) + a_{K(mn)}^{(2)} K_{|m|}(|n|r)] e^{im\phi} e^{inz}$$

$$= \sum_{m=-\infty}^{+\infty}\sum_{n=-\infty}^{+\infty} \frac{b_{mn}^{(2)}}{\Xi_3} [K'_{|m|}(|n|R_2) I_{|m|}(|n|r) - I'_{|m|}(|n|R_2) K_{|m|}(|n|r)] e^{im\phi} e^{inz}$$

$$= \sum_{m=-\infty}^{+\infty}\sum_{n=-\infty}^{+\infty} b_{mn}^{(2)} \frac{f_{|m||n|}^b(r,R_2) e^{im\phi} e^{inz}}{f_{|m||n|}^b(R_1,R_2)} \tag{3.119}$$

其中：

$$b_{mn}^{(2)} = \frac{1}{4\pi^2}\left[\iint_{D_{1p}} g(\theta,z) e^{-im\phi} e^{-inz} \mathrm{d}\phi \mathrm{d}z + \iint_{D_{1o}} G^{(1)}|_{r=R_1} e^{-im\phi} e^{-inz} \mathrm{d}\phi \mathrm{d}z\right] \tag{3.120}$$

第三步：重复第一步，在第 $2\mu+1$ 次迭代，构建出边界条件：

$$\frac{\partial G^{(2\mu+1)}}{\partial r}\bigg|_{r=R_1} = \begin{cases} \dfrac{\partial G^{(2\mu)}}{\partial r}\bigg|_{r=R_1} & (\theta,z) \in D_{1p} \\ f(\theta,z) & (\theta,z) \in D_{1o} \end{cases} \tag{3.121}$$

代入式(3.118)可得式(3.122)：

$$\begin{bmatrix} a_{I(mn)}^{(2\mu+1)} \\ a_{K(mn)}^{(2\mu+1)} \end{bmatrix} = \frac{1}{4\pi^2|n|\Xi_1} \begin{bmatrix} K'_{|m|}(|n|R_2) & -K'_{|m|}(|n|R_1) \\ -I'_{|m|}(|n|R_2) & I'_{|m|}(|n|R_1) \end{bmatrix} \begin{bmatrix} \int_{-\pi}^{\pi}\int_{-\pi}^{\pi} \dfrac{\partial G^{(2\mu+1)}}{\partial r}\bigg|_{r=R_1} e^{-im\phi} e^{-inz} \mathrm{d}\phi \mathrm{d}z \\ 0 \end{bmatrix}$$

$$\tag{3.122}$$

得到虚电流势：

$$G^{(2\mu+1)} = \sum_{m=-\infty}^{+\infty}\sum_{n=-\infty}^{+\infty} b_{mn}^{(2\mu+1)} \frac{f_{|m||n|}^b(r,R_2) e^{im\phi} e^{inz}}{|n| f_{|m||n|}^c(R_1,R_2)} \tag{3.123}$$

其中：

$$b_{mn}^{(2\mu+1)} = \frac{1}{4\pi^2}\left[\iint_{D_{1p}} \frac{\partial G^{(2\mu)}}{\partial r}\bigg|_{r=R_1} e^{-im\phi}e^{-inz}\mathrm{d}\phi\mathrm{d}z + \iint_{D_{1o}} h(\theta,z)e^{-im\phi}e^{-inz}\mathrm{d}\phi\mathrm{d}z\right] \quad (3.124)$$

式(3.124)中用到的第 2μ 次虚电流势是重复第二步得到的，如式(3.125)至式(3.126)：

$$G^{(2\mu)} = \sum_{m=-\infty}^{+\infty}\sum_{n=-\infty}^{+\infty} b_{mn}^{(2\mu)} \frac{f_{|m||n|}^b(r,R_2)e^{im\phi}e^{inz}}{f_{|m||n|}^b(R_1,R_2)} \quad (3.125)$$

$$\frac{\partial G^{(2\mu)}}{\partial r} = \sum_{m=-\infty}^{+\infty}\sum_{n=-\infty}^{+\infty} b_{mn}^{(2\mu)} \frac{|n|f_{|m||n|}^c(r,R_2)e^{im\phi}e^{inz}}{f_{|m||n|}^b(R_1,R_2)} \quad (3.126)$$

其中：

$$b_{mn}^{(2\mu)} = \frac{1}{4\pi^2}\left[\iint_{D_{1p}} g(\theta,z)e^{-im\phi}e^{-inz}\mathrm{d}\phi\mathrm{d}z + \iint_{D_{1o}} G^{(2\mu-1)}\big|_{r=R_1}e^{-im\phi}e^{-inz}\mathrm{d}\phi\mathrm{d}z\right] \quad (3.127)$$

3.3.3 具有大电极的井下环域虚电流的交替迭代法

根据如图 3.18 所示的环域截面结构示意图，内圆柱(钻杆)表面除电极外有绝缘衬里，电极半张角为 β，半长度为 η；假设电极为理想导体，正电极电位为 U，负电极电位为 $-U$；环域外壁(井壁)先假设为绝缘体，则井下环域流体中虚电流位的方程和边界条件可写成式(3.128)：

$$\begin{cases} \nabla^2 G = 0 \\ G\big|_{r=R_1} = \begin{cases} U & \pi+\beta > \phi > \pi-\beta \\ -U & \beta > \phi > -\beta \end{cases} \\ \frac{\partial G}{\partial r}\bigg|_{r=R_1} = 0 \quad \text{其他} \\ \frac{\partial G}{\partial r}\bigg|_{r=R_2} = 0 \end{cases} \quad (3.128)$$

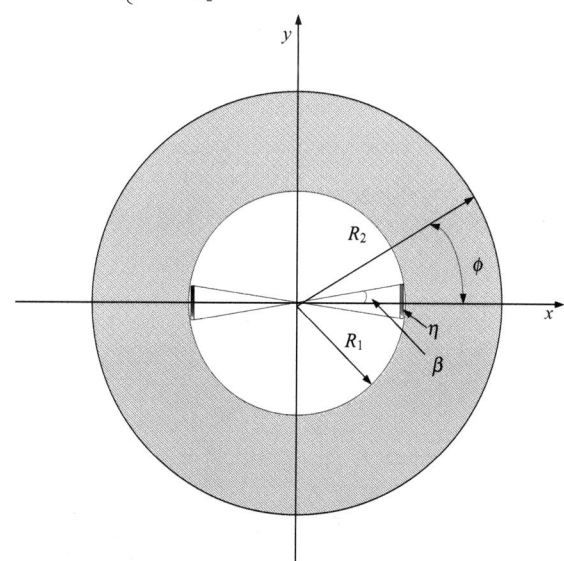

图 3.18 环域流量计截面示意图

其中电极虚电流沿法向流出，总量为1，因此有式(3.129)：

$$4\int_0^\eta \int_0^\beta \frac{\partial G}{\partial r}\bigg|_{r=R} \mathrm{d}\phi\mathrm{d}z = 1 \tag{3.129}$$

式中：β 和 η 分别是电极的半张角和半长度。

第一步：在电极上假设一个第二类边界条件，法相虚电流 J_0，构建出3.3.1节(1)的边界条件：

$$\begin{cases} \dfrac{\partial G^{(1)}}{\partial r}\bigg|_{r=R_1} = \begin{cases} J_0 & \pi+\beta \geqslant \phi \geqslant \pi-\beta \\ -J_0 & \beta \geqslant \phi \geqslant -\beta \\ 0 & \text{其他} \end{cases} \\ \dfrac{\partial G^{(1)}}{\partial r}\bigg|_{r=R_2} = 0 \end{cases} \tag{3.130}$$

代入式(3.111)求得系数：

$$\begin{aligned} b_{mn}^{(1)} &= \frac{1}{4\pi^2}\iint_{D_{1p}} \frac{\partial G^{(1)}}{\partial r}\bigg|_{r=R_1} e^{-im\phi}e^{-inz}\mathrm{d}\phi\mathrm{d}z \\ &= \frac{J_0}{4\pi^2}\left[\int_{-\eta}^{\eta}\int_{\pi-\beta}^{\pi+\beta} e^{-im\phi}e^{-inz}\mathrm{d}\phi\mathrm{d}z - \int_{-\eta}^{\eta}\int_{-\beta}^{+\beta} e^{-im\phi}e^{-inz}\mathrm{d}\phi\mathrm{d}z\right] \\ &= -\frac{2J_0\beta\eta j_0(m\beta)j_0(nl_0)}{\pi^2} \quad m=\pm 1, \pm 3, \pm 5, \cdots \end{aligned} \tag{3.131}$$

式(3.131)中的 $J_0 = 1/(2\pi\beta R_1)$，$j_0(mx)$ 是零阶第一类球贝塞尔函数。

代入式(3.110)求得虚电流势：

$$G^{(1)} = \sum_{m=-\infty}^{+\infty}\sum_{n=-\infty}^{+\infty} b_{mn}^{(1)} \frac{f_{|m||n|}^b(r,R_2)e^{im\phi}e^{inz}}{f_{|m||n|}^c(R_1,R_2)} \tag{3.132}$$

第二步：用第一步求出的虚电流势，得到环域内边界上的 $G^{(1)}|_{r=R_1}$，构建出3.3.1节(3)的边界条件：

$$G^{(2)}|_{r=R_1} = \begin{cases} g(\theta,z) = \begin{cases} U & \pi+\beta > \phi > \pi-\beta \\ -U & \beta > \phi > -\beta \end{cases} \\ G^{(1)}|_{r=R_1} & \text{其他} \end{cases} \tag{3.133}$$

代入式(3.119)和式(3.120)求得式(3.134)：

$$\begin{aligned} b_{mn}^{(2)} &= \frac{1}{4\pi^2}\left[\iint_{D_{1p}} g(\theta,z)e^{-im\phi}e^{-inz}\mathrm{d}\phi\mathrm{d}z + \iint_{D_{1o}} G^{(1)}|_{r=R_1}e^{-im\phi}e^{-inz}\mathrm{d}\phi\mathrm{d}z\right] \\ &= \frac{1}{4\pi^2}\left[\iint_{D_{1p}} g(\theta,z)e^{-im\phi}e^{-inz}\mathrm{d}\phi\mathrm{d}z + \iint_{D_1-D_{1p}} G^{(1)}|_{r=R_1}e^{-im\phi}e^{-inz}\mathrm{d}\phi\mathrm{d}z\right] \\ &= -\frac{2\eta\beta j_0(m\beta)j_0(nl_0)U}{\pi^2} + \frac{b_{mn}^{(1)}f_{|m||n|}^b(R_1,R_2)}{f_{|m||n|}^c(R_1,R_2)}\left(1-\frac{2\eta\beta}{\pi^2}\right) \quad m=\pm 1,\pm 3,\pm 5,\cdots \end{aligned}$$

$$\tag{3.134}$$

得到虚电流势：

$$G^{(2)} = \sum_{m=-\infty}^{+\infty} \sum_{n=-\infty}^{+\infty} b_{mn}^{(2)} \frac{f_{|m||n|}^b(r,R_2) e^{im\phi} e^{inz}}{f_{|m||n|}^b(R_1,R_2)} \qquad m = \pm 1, \pm 3, \pm 5, \cdots \quad (3.135)$$

考虑对称性，则有式（3.136）：

$$G^{(2)} = 2 \sum_{m=1,3,5}^{+\infty} b_{m0}^{(2)} \frac{f_{m0}^b(r,R_2)\cos(m\phi)}{f_{m0}^b(R_1,R_2)} + 4 \sum_{m=1,3,5}^{+\infty} \sum_{n=1}^{+\infty} b_{mn}^{(2)} \frac{f_{mn}^b(r,R_2)\cos(m\phi)\cos(nz)}{f_{mn}^b(R_1,R_2)}$$

(3.136)

第三步：确定电极虚电流势 U：

$$\frac{\partial G^{(2)}}{\partial r} = \sum_{m=-\infty}^{+\infty} \sum_{n=-\infty}^{+\infty} b_{mn}^{(2)} \frac{f_{|m||n|}^c(r,R_2) e^{im\phi} e^{inz}}{f_{|m||n|}^b(R_1,R_2)} \quad (3.137)$$

考虑式（3.105）和式（3.106）所体现的对称与反对称性，式（3.137）可写成式（3.138）：

$$\frac{\partial G^{(2)}}{\partial r} = 2 \sum_{m=1,3,5}^{+\infty} b_{m0}^{(2)} \frac{f_{m0}^c(r,R_2)\cos(m\phi)}{f_{m0}^b(R_1,R_2)} + 4 \sum_{m=1,3,5}^{+\infty} \sum_{n=1}^{+\infty} b_{mn}^{(2)} \frac{f_{mn}^c(r,R_2)\cos(m\phi)\cos(nz)}{f_{mn}^b(R_1,R_2)}$$

(3.138)

考虑电极的对称性，式（3.129）可写成：

$$\int_{-\eta}^{\eta} \int_{-\beta}^{\beta} \frac{\partial G^{(2)}}{\partial r} \bigg|_{r=R_1} \mathrm{d}\phi \mathrm{d}z = 4 \int_{0}^{\eta} \int_{0}^{\beta} \frac{\partial G^{(2)}}{\partial r} \bigg|_{r=R_1} \mathrm{d}\phi \mathrm{d}z = 1 \quad (3.139)$$

将式（3.137）代入式（3.139）得式（3.140）：

$$\sum_{m=-\infty}^{+\infty} \sum_{n=-\infty}^{+\infty} b_{mn}^{(2)} \frac{f_{|m||n|}^c(R_1,R_2)}{f_{|m||n|}^b(R_1,R_2)} (4\beta\eta) j_0(m\beta) j_0(n\eta) = 1 \quad (3.140)$$

将式（3.134）代入式（3.140），整理可得电极上的电压如式（3.141）：

$$U = \frac{\left(1 - \dfrac{2\eta\beta}{\pi^2}\right) \sum\limits_{m=-\infty}^{+\infty} \sum\limits_{n=-\infty}^{+\infty} b_{mn}^{(1)} j_0(m\beta) j_0(n\eta) - 1}{\dfrac{2\beta\eta}{\pi^2} \sum\limits_{m=-\infty}^{+\infty} \sum\limits_{n=-\infty}^{+\infty} \dfrac{f_{|m||n|}^c(R_1,R_2) j_0^2(m\beta) j_0^2(n\eta)}{f_{|m||n|}^b(R_1,R_2)}} \quad (3.141)$$

考虑环域的对称与反对称性：

$$\sum_{m=-\infty}^{+\infty} \sum_{n=-\infty}^{+\infty} b_{mn}^{(1)} j_0(m\beta) j_0(n\eta) = \sum_{m=1,3,5}^{+\infty} b_{m0}^{(1)} j_0(m\beta) + \sum_{m=1,3,5}^{+\infty} \sum_{n=1}^{+\infty} b_{mn}^{(1)} j_0(m\beta) j_0(n\eta) \quad (3.142)$$

$$\sum_{m=-\infty}^{+\infty} \sum_{n=-\infty}^{+\infty} \frac{f_{|m||n|}^c(R_1,R_2) j_0^2(m\beta) j_0^2(n\eta)}{f_{|m||n|}^b(R_1,R_2)}$$

$$= 2 \sum_{m=1,3,5}^{+\infty} \frac{m j_0^2(m\beta) \left[\left(\dfrac{R_1}{R_2}\right)^m - \left(\dfrac{R_2}{R_1}\right)^m\right]}{R_1 \left[\left(\dfrac{R_1}{R_2}\right)^m + \left(\dfrac{R_2}{R_1}\right)^m\right]} + 4 \sum_{m=1,3,5}^{+\infty} \sum_{n=1}^{+\infty} \frac{f_{mn}^c(R_1,R_2) j_0^2(m\beta) j_0^2(n\eta)}{f_{mn}^b(R_1,R_2)}$$

(3.143)

式（3.143）中利用了式（3.144）：

$$\lim_{n\to 0}\frac{f_{mn}^{c}(R_{1},R_{2})}{f_{mn}^{b}(R_{1},R_{2})}=\lim_{n\to 0}\frac{\left[\dfrac{I_{m}'(nR_{1})}{I_{m}'(nR_{2})}-\dfrac{K_{m}'(nR_{1})}{K_{m}'(nR_{2})}\right]}{\dfrac{I_{m}(nR_{1})}{nI_{m}'(nR_{2})}-\dfrac{K_{m}(nR_{1})}{nK_{m}'(nR_{2})}}=\frac{m\left[\left(\dfrac{R_{1}}{R_{2}}\right)^{m}-\left(\dfrac{R_{2}}{R_{1}}\right)^{m}\right]}{R_{1}\left[\left(\dfrac{R_{1}}{R_{2}}\right)^{m}+\left(\dfrac{R_{2}}{R_{1}}\right)^{m}\right]} \qquad (3.144)$$

第四步：写出迭代通项式。

对于构建的第一类边界条件，重复到第 μ 次，可得式(3.145)：

$$G^{(2\mu)}\big|_{r=R_{1}}=\begin{cases}g(\theta,z)=\begin{cases}U & \pi+\beta>\phi>\pi-\beta\\ -U & \beta>\phi>-\beta\end{cases}\\ G^{(2\mu-1)}\big|_{r=R_{1}} & \text{其他}\end{cases} \qquad (3.145)$$

得到虚电流势解的系数为式(3.146)：

$$b_{mn}^{(2\mu)}=\frac{1}{4\pi^{2}}\left[\iint_{D_{1p}}g(\theta,z)e^{-im\phi}e^{-inz}\mathrm{d}\phi\mathrm{d}z+\iint_{D_{1o}}G^{(2\mu-1)}\big|_{r=R_{1}}e^{-im\phi}e^{-inz}\mathrm{d}\phi\mathrm{d}z\right]$$

$$=-\frac{2\eta\beta j_{0}(m\beta)j_{0}(nl_{0})U}{\pi^{2}}+\frac{b_{mn}^{(2\mu-1)}f^{b}_{|m||n|}(R_{1},R_{2})}{f^{c}_{|m||n|}(R_{1},R_{2})}\left(1-\frac{2\eta\beta}{\pi^{2}}\right) \qquad (3.146)$$

其中 U 的取值参考式(3.141)，虚电流势可写成式(3.147)：

$$G^{(2\mu)}=\sum_{m=-\infty}^{+\infty}\sum_{n=-\infty}^{+\infty}b_{mn}^{(2\mu)}\frac{f^{b}_{|m||n|}(r,R_{2})e^{im\phi}e^{inz}}{f^{b}_{|m||n|}(R_{1},R_{2})} \qquad m=\pm 1,\pm 3,\pm 5\cdots \qquad (3.147)$$

对于构建的第二类边界条件，重复到第 μ 次，可得式(3.148)：

$$\begin{cases}\dfrac{\partial G^{(2\mu+1)}}{\partial r}\bigg|_{r=R_{1}}=\begin{cases}-\dfrac{\partial G^{(2\mu)}}{\partial r}\bigg|_{r=R_{1}} & \pi+\beta\geqslant\phi\geqslant\pi-\beta\\ \dfrac{\partial G^{(2\mu)}}{\partial r}\bigg|_{r=R_{1}} & \beta\geqslant\phi\geqslant-\beta\\ 0 & \text{其他}\end{cases}\\ \dfrac{\partial G^{(2\mu+1)}}{\partial r}\bigg|_{r=R_{2}}=0\end{cases} \qquad (3.148)$$

得到虚电流势解的系数为式(3.149)：

$$b_{mn}^{(2\mu+1)}=\frac{1}{4\pi^{2}}\iint_{D_{1p}}\frac{\partial G^{(2\mu+1)}}{\partial r}\bigg|_{r=R_{1}}e^{-im\phi}e^{-inz}\mathrm{d}\phi\mathrm{d}z=\frac{2\beta\eta j_{0}(m\beta)j_{0}(nl_{0})}{\pi^{2}}\frac{\partial G^{(2\mu)}}{\partial r}\bigg|_{r=R_{1}} \qquad (3.149)$$

虚电流势可写成式(3.150)：

$$G^{(2\mu+1)}=\sum_{m=-\infty}^{+\infty}\sum_{n=-\infty}^{+\infty}b_{mn}^{(2\mu+1)}\frac{f^{b}_{|m||n|}(r,R_{2})e^{im\phi}e^{inz}}{f^{c}_{|m||n|}(R_{1},R_{2})} \qquad m=\pm 1,\pm 3,\pm 5\cdots \qquad (3.150)$$

当迭代到无限多次时，应该有式(3.151)：

$$a_{mn}=\lim_{\mu\to\infty}\frac{b_{mn}^{(2\mu-1)}}{f^{c}_{|m||n|}(R_{1},R_{2})}=\lim_{\mu\to\infty}\frac{b_{mn}^{(2\mu)}}{f^{b}_{|m||n|}(R_{1},R_{2})} \qquad (3.151)$$

所以可得式(3.152)：

$$G = \sum_{m=-\infty}^{+\infty}\sum_{n=-\infty}^{+\infty} a_{mn} f^b_{|m||n|}(r,R_2) e^{im\phi} e^{inz}$$
$$= 2\sum_{m=1,3,5}^{+\infty} a_{m0} f^b_{m0}(r,R_2)\cos(m\phi) + 4\sum_{m=1,3,5}^{+\infty}\sum_{n=1}^{+\infty} a_{mn} f^b_{mn}(r,R_2)\cos(m\phi)\cos(nz) \quad (3.152)$$

3.3.4 环域大电极权函数分析

磁场的求解：利用四根载流直导线产生磁场（图 3.19），为了简化问题，设直导线无限长，则一根导线在观测点产生的磁场如式(3.153)：

$$\boldsymbol{B}_1 = \frac{\mu I_1 \boldsymbol{R}_1 \times \boldsymbol{e}_z}{2\pi R_1^2} \quad (3.153)$$

从 x 轴开始，逆时针旋转的第一根长直导线距离 z 轴为 r_1，环域中任一点 P 到 z 轴的距离为 r，则载流直导线到环域 P 点的距离如式(3.154)：

$$\boldsymbol{R}_1 = \boldsymbol{r} - \boldsymbol{r}_1 = (r\cos\phi - r_1\cos\alpha_1)\boldsymbol{e}_x + (r\sin\phi - r_1\sin\alpha_1)\boldsymbol{e}_y \quad (3.154)$$

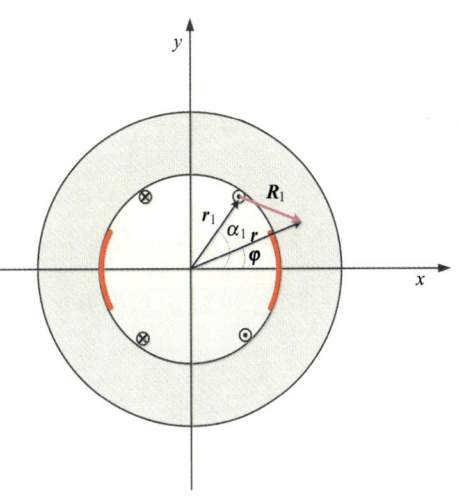

图 3.19 含载流直导线的环域流量计截面示意图

该距离大小为式(3.155)：

$$R_1 = \sqrt{(r\cos\phi - r_1\cos\alpha_1)^2 + (r\sin\phi - r_1\sin\alpha_1)^2}$$
$$= \sqrt{r^2 + r_1^2 - 2rr_1\cos(\phi - \alpha_1)} \quad (3.155)$$

将式(3.154)和式(3.155)代入式(3.153)可得式(3.156)：

$$\boldsymbol{B}_1 = \frac{\mu I_1 [-(r\cos\phi - r_1\cos\alpha_1)\boldsymbol{e}_y + (r\sin\phi - r_1\sin\alpha_1)\boldsymbol{e}_x]}{2\pi[r^2 + r_1^2 - 2rr_1\cos(\phi - \alpha_1)]} \quad (3.156)$$

同理可得另外 3 根载流直导线产生的磁场，四根载流直导线产生的总磁场叠加可得式(3.157)：

$$\boldsymbol{B} = \boldsymbol{B}_1 + \boldsymbol{B}_2 + \boldsymbol{B}_3 + \boldsymbol{B}_4 = B_x \boldsymbol{e}_x + B_y \boldsymbol{e}_y \quad (3.157)$$

其中：

$$B_x = \frac{\mu}{2\pi}\left\{\frac{I_1(r\sin\phi - r_1\sin\alpha_1)}{r^2 + r_1^2 - 2rr_1\cos(\phi - \alpha_1)} + \frac{I_2(r\sin\phi - r_2\sin\alpha_2)}{r^2 + r_2^2 - 2rr_2\cos(\phi - \alpha_2)} + \frac{I_3(r\sin\phi - r_3\sin\alpha_3)}{r^2 + r_3^2 - 2rr_3\cos(\phi - \alpha_3)} + \frac{I_4(r\sin\phi - r_4\sin\alpha_4)}{r^2 + r_4^2 - 2rr_4\cos(\phi - \alpha_4)}\right\} \quad (3.158)$$

$$B_y = -\frac{\mu}{2\pi}\left\{\frac{I_1(r\cos\phi - r_1\cos\alpha_1)}{r^2 + r_1^2 - 2rr_1\cos(\phi - \alpha_1)} + \frac{I_2(r\cos\phi - r_2\cos\alpha_2)}{r^2 + r_2^2 - 2rr_2\cos(\phi - \alpha_2)} + \frac{I_3(r\cos\phi - r_3\cos\alpha_3)}{r^2 + r_3^2 - 2rr_3\cos(\phi - \alpha_3)} + \frac{I_4(r\cos\phi - r_4\cos\alpha_4)}{r^2 + r_4^2 - 2rr_4\cos(\phi - \alpha_4)}\right\} \quad (3.159)$$

转换到柱坐标系如式(3.160)：

$$\boldsymbol{B} = B_r \boldsymbol{e}_r + B_\phi \boldsymbol{e}_\phi = (B_y\sin\phi + B_x\cos\phi)\boldsymbol{e}_r + (B_y\cos\phi - B_x\sin\phi)\boldsymbol{e}_\phi \quad (3.160)$$

其中：

$$B_r = \frac{\mu}{2\pi} \left\{ \frac{I_1 r_1 \sin(\phi-\alpha_1)}{r^2+r_1^2-2rr_1\cos(\phi-\alpha_1)} + \frac{I_2 r_2 \sin(\phi-\alpha_2)}{r^2+r_2^2-2rr_2\cos(\phi-\alpha_2)} + \frac{I_3 r_3 \sin(\phi-\alpha_3)}{r^2+r_3^2-2rr_3\cos(\phi-\alpha_3)} + \frac{I_4 r_4 \sin(\phi-\alpha_4)}{r^2+r_4^2-2rr_4\cos(\phi-\alpha_4)} \right\} \quad (3.161)$$

$$B_\phi = \frac{\mu}{2\pi} \left\{ \frac{I_1[r_1\cos(\phi-\alpha_1)-r^2]}{r^2+r_1^2-2rr_1\cos(\phi-\alpha_1)} + \frac{I_2[r_2\cos(\phi-\alpha_2)-r^2]}{r^2+r_2^2-2rr_2\cos(\phi-\alpha_2)} + \frac{I_3[r_3\cos(\phi-\alpha_3)-r^2]}{r^2+r_3^2-2rr_3\cos(\phi-\alpha_3)} + \frac{I_4[r_4\cos(\phi-\alpha_4)-r^2]}{r^2+r_4^2-2rr_4\cos(\phi-\alpha_4)} \right\} \quad (3.162)$$

将式(3.152)对柱坐标参量求导可得式(3.163)和式(3.164)：

$$\frac{\partial G}{\partial r} = 2 \sum_{m=1,3,5}^{+\infty} a_{m0} f_{m0}^c(r, R_2) \cos(m\phi) + 4 \sum_{m=1,3,5}^{+\infty} \sum_{n=1}^{+\infty} a_{mn} f_{mn}^c(r, R_2) \cos(m\phi)\cos(nz) \quad (3.163)$$

$$\frac{\partial G}{\partial \phi} = -\left[2 \sum_{m=1,3,5}^{+\infty} m a_{m0} f_{m0}^b(r, R_2) \sin(m\phi) + 4 \sum_{m=1,3,5}^{+\infty} \sum_{n=1}^{+\infty} m a_{mn} f_{mn}^b(r, R_2) \sin(m\phi)\cos(nz) \right] \quad (3.164)$$

将式(3.161)、式(3.162)代入式(3.23)可得直线流权函数如式(3.165)：

$$\begin{aligned}W_t(r,\phi) &= \int_{-\pi}^{\pi} W_z(r,\phi,z)\,dz = B_\phi \int_{-\pi}^{\pi} \frac{\partial G}{\partial r}dz - \frac{B_r}{r}\int_{-\pi}^{\pi} \frac{\partial G}{\partial \phi}dz \\
&= 4\pi\left[B_\phi \sum_{m=1,3,5}^{+\infty} a_{m0} f_{m0}^c(r, R_2)\cos(m\phi) + \frac{B_r}{r} \sum_{m=1,3,5}^{+\infty} m a_{m0} f_{m0}^b(r, R_2)\sin(m\phi) \right] \\
&= 4\pi R_2 \left\{ \frac{B_\phi}{r} \sum_{m=1,3,5}^{+\infty} a_{m0}\left[\left(\frac{r}{R_2}\right)^m - \left(\frac{R_2}{r}\right)^m\right]\cos(m\phi) + \right.\\
&\quad \left. \frac{B_r}{r}\sum_{m=1,3,5}^{+\infty} a_{m0}\left[\left(\frac{r}{R_2}\right)^m + \left(\frac{R_2}{r}\right)^m\right]\sin(m\phi) \right\}\end{aligned} \quad (3.165)$$

式中 a_{m0} 的取值参考式(3.151)。

3.4 小结

本章主要在前面研讨的基础理论和研究的基础上，基于 Bevir 的矢量权重函数理论，建立环空流量电磁测量系统的偏微分方程，全方面地根据不同的边界条件实现环空流道电磁流量测量系统虚电流电势和虚电流密度求解，同时针对不同的井壁材料（如绝缘体、导体和一般导电媒介情况下）及电极数目和大小对虚电流分布的影响因素进行讨论和研究。通过该研究，有利于掌握虚电流密度矢量在环形流道上的分布规律，为矢量权重函数 $\boldsymbol{W} = \boldsymbol{B} \times \boldsymbol{j}$ 为常数这一优化目标的实现奠定理论基础，为第 4 章环空流量电磁测量系统中励磁结构设计和优化等工作打下铺垫。

4 环空流量电磁测量系统优化设计

在已有的参考文献和在第3章研究的基础上，本章从权重函数的物理意义入手，得到了环空流量电磁测量系统权重函数的分布。为了进一步验证和考察该方法的可行性和有效性，以及优化设计好环空流量电磁测量系统，本章提出了环空流量电磁测量系统优化评价思路和指标，并从线圈和电极的角度对环空流量电磁测量系统进行了优化设计，使得环空电磁流量测量系统的权重函数更加均匀，并得到环空电磁流量测量系统的最优励磁结构参数，还给出了一些具有一定指导意义的结论。

根据1970年Bevir提出了三维权重向量的概念可知环空流量电磁测量系统的输出信号满足式(4.1)基本方程[55]：

$$\varphi_{AB} = \int_\tau \boldsymbol{W} \cdot \boldsymbol{V} \mathrm{d}\tau \tag{4.1}$$

其中

$$\boldsymbol{W} = \boldsymbol{B} \times \boldsymbol{j}$$

式中：φ_{AB}为两信号电极之间电位差；$\boldsymbol{W}$为矢量权重函数；$\boldsymbol{V}$为钻井液液体流速；τ为导电液体所在环形空间；$\boldsymbol{B}$为磁感应强度；$\boldsymbol{j}$为虚电流密度矢量。

当电极两端直管环空段长度为井眼直径的5倍以上时，可认为所有量值沿管轴方向（z轴）不变，则为二维情况，那么τ就是平面域，其他参数也可以只考虑二维情况。如果使环空流道内的磁场满足矢量权重函数为常数C，那么信号电极的两端的电压值φ_{AB}只与环形流道内的流速有关。

在第3章中，本书已经分析了虚电流密度矢量的求解及影响虚电流密度矢量分布的重要因素。在钻井过程中，井下环境工况复杂，受钻柱的振动及泵压的波动等因素的影响，

(a) 单对线圈（单对电极）结构　　(b) 双对线圈（双对电极）结构

图4.1　优化设计的2种环空流量电磁测量系统励磁结构

环形流道的流速可能不成对称分布。研究根据虚电流密度分布确定合适的磁感应强度分布 B，如果可以满足矢量权重函数为常数 C 这一条件，从而使得环空流量电磁测量系统的电极输出信号不会受流速分布的影响，可以大大提高环空流量测量的精度。在优化设计中，虽然不可能实现环域内的矢量权重函数都为常数，但是在优化励磁结构和改变电极形状、大小过程中可以让矢量权重函数尽可能地接近常数。考虑到井下的空间及系统稳定性和可靠性的需要，本书研究针对环空流量电磁测量系统结构图如图4.1所示两种励磁结构，仪器内半径为4cm，外半径为9cm，仪器的内外壁厚度分别为1cm(黑色区域)，因此需要在俩黑色仪器外壁之间的空间区域合理设计黄色区域的铁芯结构及白色区域的线圈尺寸，实现测量系统励磁结构的最优设计。

4.1 环空流量电磁测量系统优化评价思路和指标

4.1.1 环空流量电磁测量系统矢量权重函数分布优化思路

由式(4.1)可知，矢量权重函数分布图的实质就是把线圈产生的磁感应强度分布图上的点与虚电流密度矢量分布图上的点以坐标的形式建立起一一对应的关系，对应叉乘后就能得到矢量权重函数分布图。假设线圈采用2对矩形线圈电极，采用半球形电极时，可以建模得到环空电磁流量结构分布图如图4.2所示(当线圈的铁芯突出位置为5.5cm，铁芯宽度为2cm，电极直径为0.7cm)。根据对该结构模型仿真结果初步分析可以得到如图4.3所示的环空电磁流量结构在 xy 平面($z=0$)的虚电流分布曲线及磁通密度云图，经过对中心平面的虚电流密度及磁感应强度密度进行运算可以得到矢量权重函数分布图的 z 轴分量在 xy 平面($z=0$)的云图如图4.4所示。

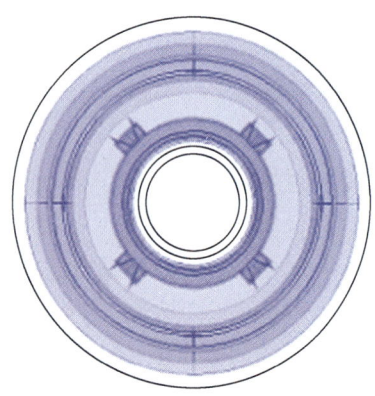

图4.2 环空电磁流量结构分布图

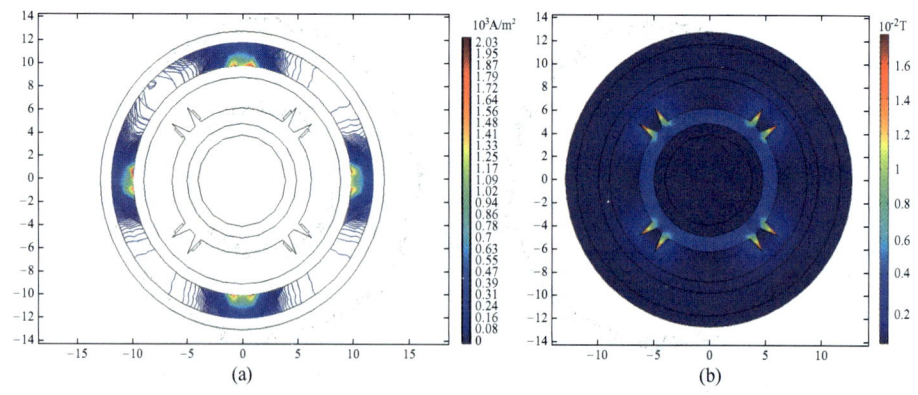

图4.3 环空流量结构在 xy 平面($z=0$)上的虚电流密度及磁通密度云图

由矢量权重函数云图(图4.4)可知,当线圈和电极采用这种结构分布时,权重函数在4个电极附近相对较集中,根本不利于提高流量测量的精度。但是由于在实现环空流量电磁测量中,激励的磁场必须由环内产生,激励的磁场无法由传统的可产生相对均匀的矢量权重函数的流道外产生,因此需要通过优化设计线圈和铁芯的形状实现合适的磁感应强度,或者可以通过改变电极的形状和尺寸得到合适虚电流密度,从而使得到的矢量权重函数分布图的 z 轴分量尽可能地均匀。

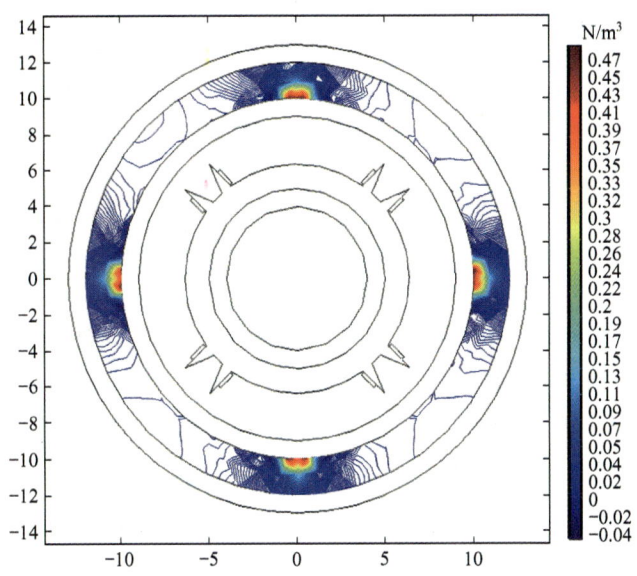

图 4.4　矢量权重函数分布图的 z 轴分量在 xy 平面($z=0$)的云图

4.1.2　优化效果评价指标

针对优化以后的结果,如何进行评价十分关键。研究结合直观定量分析的需要,采用如下4个指标作为本研究的优化效果评价指标。

(1) 矢量权重函数的标准差 W_σ。

根据第4.1.1节的分析可知,理想的励磁设计是通过环空流量电磁测量系统励磁结构设计使得 W 为常数,即 W 分布均匀。经过查阅相关资料和分析,实际 W 很难为常数,需要相应的指标来评价励磁结构设计的效果。针对井下环空流量电磁测量系统的特殊性及结合目前国内外学者的研究,可以用以下指标来评价环空流量电磁测量系统在不同励磁结构和不同电极形状、大小下矢量权重函数 W_σ。

假设有一组矢量权重函数的值 $W_1, W_2, W_3, \cdots, W_i$(皆为实数),其矢量权重函数平均值为 $\overline{W}$,则矢量权重函数的标准差 W_σ 可以表示为式(4.2):

$$W_\sigma = \sqrt{\frac{\sum_{i=1}^{N}(W_i - \overline{W})^2}{N}} \qquad (4.2)$$

由矢量权重函数的标准差式(4.2)可知,矢量权重函数的标准差即为所有矢量权重函数取值减去矢量权重函数平均值的平方和,得到的平方和除以点的总数,然后把所得值开根号。也可以简单来说,采用矢量权重函数的标准差 W_σ 来描述说得到的矢量权重函数值的平均值分散程度的一种度量。一个较大矢量权重函数值的标准差,代表大部分矢量权重函数值数值和其平均值之间差异较大;一个较小矢量权重函数值的标准差,代表这些数值较接近矢量权重函数值的平均值。

(2) 矢量权重函数均匀范围比例 P_e。

为了评价在环形流道上重要区域上矢量权重函数值分布的均匀程度比例,提出了均匀范围比例这一评价指标。该指标如式(4.3):

$$\frac{|W_{(x,y)} - \overline{W}|}{\overline{W}} \times 100\% \leqslant P\% \tag{4.3}$$

式中:$W(x,y)$ 为环空流道内任意一个有限元的矢量权重函数值;$\overline{W}$ 为矢量权重函数平均值;P 为认定均匀的百分比数值,可根据流道的矢量权重函数分布情况进行取值,本研究取 30%。

如果有一些有限元满足式(4.3),则可以认为由满足这个条件的点所构成的区域为环空流道内矢量权重函数 W 均匀区域,而由不满足式(4.3)的点所构成的区域为环空流道内矢量权重函数 W 非均匀区域。设 N_1 为构成非均匀区域的点数,设 N_2 为构成均匀区域的点数,总点数之和 $N=N_1+N_2$,于是可以提出均匀范围比例的定义为式(4.4):

$$P_e = \frac{N_2}{N} \times 100\% \tag{4.4}$$

接近常数范围比例的值越大说明环空流道内矢量权重函数 W 的均匀的区域越多,越符合权重函数理论的设计要求;接近常数范围比例越大说明环空流道内矢量权重函数 W 的不均匀的区域越大,越不符合权重函数理论的设计要求。实际计算中考虑到矢量权重函数主要集中在电极附近,取电极中心所在平面的环形区域为研究区域。

(3) 矢量权重函数变异系数 C_v。

变异系数(又名标准差率),主要用来衡量多个样本中各结果值变异程度的统计量。变异系数和标准差在用法上有一定的区别,标准差主要用在对两个或多个样本变异程度的比较时,要求度量单位与平均数必须相同。由于矢量权重函数的平均值不同,比较其变异程度就不适合只采用矢量权重函数的标准差,可以采用变异系数来评价。本书中,变异系数比较的是矢量权重函数,其变异系数可以定义为式(4.5):

$$C_v = \frac{W_\sigma}{\overline{W}} \tag{4.5}$$

可以认为矢量权重函数的变异系数主要反映矢量权重函数数据离散程度。其数据大小不仅受矢量权重函数离散程度的影响,而且还受矢量权重函数平均水平大小的影响。因此,矢量权重函数的变异系数越小,其离散程度也越大,优化的效果越好。

(4) 输出电压灵敏度 S_v。

输出电压灵敏度指的是环空电磁流量测量系统输出信号的灵敏程度,具体表示为系统输出的电压变化量与引起这些变化的被测流量参数的变化量之比。在本研究中,假定线圈工作电流保持不变且流体流入速度变化 1m/s 时引起的系统输出电压变化量作为输出电压灵敏度 S_v。

在以上介绍的评价指标中，在环空电磁流量测量系统优化设计中，矢量权重函数的标准差越小越好，均匀范围比例越大越好，变异系数越小越好，输出电压灵敏度越大越好。四个评价指标中，矢量权重函数的标准差为最重要的评价指标，其余三个指标为辅助参考指标。

4.2 环空流量电磁测量系统励磁线圈的磁场计算

对于环空流量电磁测量系统的磁场激励线圈，目前主要有矩形鞍状线圈、菱形鞍状线圈、矩形平面线圈及圆筒形线圈[50,110-116]，在本书中考虑到以后井下环空流量测量仪器安装的方便性和可靠性，选用矩形鞍状线圈作为研究对象。对于矩形鞍状线圈来说，要想实现其磁场的计算，需要进行线圈各个部分磁场的分析。

4.2.1 有限长直线流产生的位和磁场

直线部分作为激励线圈的主要部分，本节将对直线部分产生的磁场进行计算分析。有限长直线线圈示意图如图 4.5 所示。

$$A_z = \frac{\mu I}{4\pi} \int_{-L}^{L} \frac{dz'}{\sqrt{K^2 + (z'-z)^2}} \quad (4.6)$$

其中：

$$K^2 = r^2 + r'^2 - 2rr'\cos(\phi-\phi')$$

解得：

$$A_z = \frac{\mu I}{4\pi} \ln \frac{(z+L)+\sqrt{K^2+(z+L)^2}}{(z-L)+\sqrt{K^2+(z-L)^2}} \quad (4.7)$$

在 P 点产生的磁感应强度如式 (4.8)：

$$\boldsymbol{B} = \boldsymbol{e}_r \frac{1}{r} \frac{\partial A_z}{\partial \phi} - \boldsymbol{e}_\phi \frac{\partial A_z}{\partial r} \quad (4.8)$$

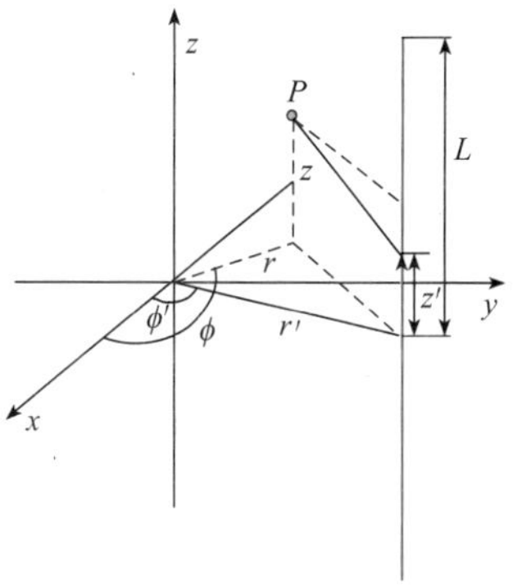

图 4.5 有限长直线线圈示意图

令 A 和 B 的值：

$$\begin{cases} A = (z+L)\sqrt{K^2+(z+L)^2}+K^2+(z+L)^2 \\ B = (z-L)\sqrt{K^2+(z-L)^2}+K^2+(z-L)^2 \end{cases} \quad (4.9)$$

则有式 (4.10) 和式 (4.11)：

$$B_r = \frac{1}{r} \frac{\partial A_z}{\partial \phi} = \frac{\mu I}{4\pi} \left[\frac{r'\sin(\phi-\phi')}{A} - \frac{r'\sin(\phi-\phi')}{B} \right] \quad (4.10)$$

$$B_\phi = -\frac{\partial A_z}{\partial r} = \frac{\mu I}{4\pi} \left[\frac{r-r'\cos(\phi-\phi')}{B} - \frac{r-r'\cos(\phi-\phi')}{A} \right] \quad (4.11)$$

4.2.2 弧形段电流产生的位和磁场

弧形段线圈示意图如图4.6所示。

$$A = \frac{\mu a I}{4\pi}\int_{\phi_0}^{\phi_0+2\beta}\frac{d\phi'}{R}e_{\phi'} = \frac{\mu I a}{4\pi}\left[e_r\int_{\phi_0}^{\phi_0+2\beta}\frac{\sin(\phi-\phi')d\phi'}{R} + e_\phi\int_{\phi_0}^{\phi_0+2\beta}\frac{\cos(\phi-\phi')d\phi'}{R}\right]$$
(4.12)

其中：

$$R = \sqrt{r^2 + a^2 + (z-z')^2 - 2ar\cos(\phi-\phi')}$$

建立矢量磁位和磁感应强度之间的关系如式(4.13)：

$$B = -e_r\frac{\partial A_\phi}{\partial z} + e_\phi\frac{\partial A_r}{\partial z} + e_z\frac{1}{r}\left[\frac{\partial(rA_\phi)}{\partial r} - \frac{\partial A_r}{\partial \phi}\right]$$
(4.13)

求解可得式(4.14)至式(4.16)：

$$B_r = -\frac{\partial A_\phi}{\partial z} = \frac{\mu a I}{4\pi}\int_{\phi_0}^{\phi_0+2\beta}\frac{(z-z')\cos(\phi-\phi')d\phi'}{R^3}$$

$$\approx \frac{\mu a I(z-z')}{4\pi}\sum_{\phi_i=\phi_0}^{\phi_0+2\beta}\frac{\cos(\phi-\phi_i)}{[r^2+a^2+(z-z')^2-2ar\cos(\phi-\phi_i)]^{3/2}}$$
(4.14)

$$B_\phi = \frac{\partial A_r}{\partial z} = -\frac{\mu I a}{4\pi}\int_{\phi_0}^{\phi_0+2\beta}\frac{(z-z')\sin(\phi-\phi')d\phi'}{R^3}$$

$$= -\frac{\mu I}{4\pi r}(z-z')\left[\frac{1}{R(\phi'=\phi_0+2\beta)} - \frac{1}{R(\phi'=\phi_0)}\right]$$
(4.15)

$$B_z = \frac{1}{r}\left(A_\phi + r\frac{\partial A_\phi}{\partial r} - \frac{\partial A_r}{\partial \phi}\right) = \frac{\mu I a}{4\pi}\int_{\phi_0}^{\phi_0+2\beta}\frac{[a-r\cos(\phi-\phi')]}{R^3}d\phi'$$

$$\approx \frac{\mu I a}{4\pi}\sum_{\phi_i=\phi_0}^{\phi_0+2\beta}\frac{a-r\cos(\phi-\phi_i)}{[r^2+a^2+(z-z')^2-2ar\cos(\phi-\phi_i)]^{3/2}}$$
(4.16)

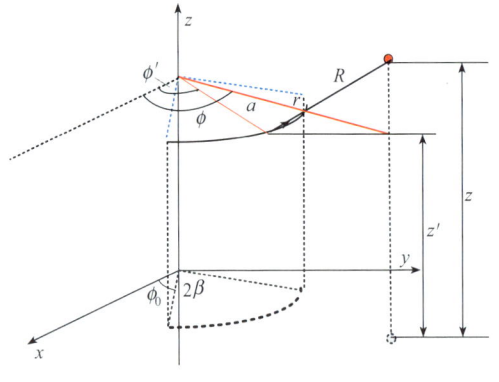
图4.6 弧形段线圈示意图

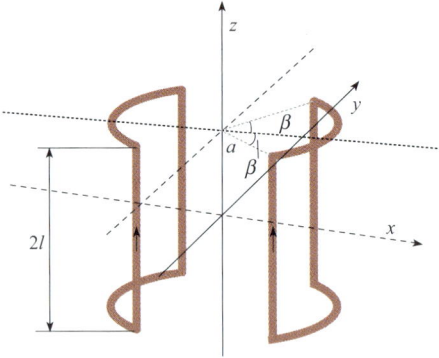
图4.7 一对线圈的示意图

4.2.3 马鞍形线圈的位和磁场

马鞍形线圈如图4.7所示，则线电流沿z轴$(-l,l)$对称放置，平面位置(中点到z轴距离，所处极角)及其对应电流(z轴方向为正)：

$(a,\beta)\to -I$、$(a,\pi-\beta)\to -I$、$(a,\pi+\beta)\to I$、$(a,-\beta)\to I$。

弧形段电流张角都是2β,沿x轴对称放置,结构位置(包括起始角,所处z轴位置)及其对应电流方向(俯视逆时针为正)分别为:

$(-\beta,l)\to I$、$(\pi-\beta,l)\to -I$、$(\pi-\beta,-l)\to I$、$(-\beta,-l)\to -I$。

(1) 根据场的叠加原理,可得马鞍形线圈的径向磁场为式(4.17):

$$B_r = \sum_{i=1}^{4} B_{lir} + \sum_{i=1}^{4} B_{cir} \tag{4.17}$$

其中:

$$B_{lir} = \frac{\mu I_i}{4\pi} \left[\frac{a\sin(\phi-\phi_i)}{(z+l)\sqrt{K_i^2+(z+l)^2}+K_i^2+(z+l)^2} - \frac{a\sin(\phi-\phi_i)}{(z-l)\sqrt{K_i^2+(z-l)^2}+K_i^2+(z-l)^2} \right] \tag{4.18}$$

$$K_i = \sqrt{r^2+a^2-2ra\cos(\phi-\phi_i)} \tag{4.19}$$

式中(ϕ_i,I_i)依次取:$(\beta,-I)$、$(\pi-\beta,-I)$、$(\pi+\beta,I)$、$(-\beta,I)$,则有式(4.20):

$$B_{cir} \approx \frac{\mu a I_i(z-z_i)}{4\pi} \sum_{\phi_k=\phi_{0i}}^{\phi_{0i}+2\beta} \frac{\cos(\phi-\phi_k)}{[r^2+a^2+(z-z_i)^2-2ar\cos(\phi-\phi_k)]^{3/2}} \tag{4.20}$$

式中(ϕ_{0i},z_i,I_i)依次取:$(-\beta,l,I)$、$(\pi-\beta,l,-I)$、$(\pi-\beta,-l,I)$、$(-\beta,-l,-I)$。

(2) 马鞍形线圈的周向磁场为式(4.21):

$$B_\phi = \sum_{i=1}^{4} B_{li\phi} + \sum_{i=1}^{4} B_{ci\phi} \tag{4.21}$$

其中:

$$B_{li\phi} = \frac{\mu I_i}{4\pi} \left[\frac{r-a\cos(\phi-\phi_i)}{(z-l)\sqrt{K_i^2+(z-l)^2}+K_i^2+(z-l)^2} - \frac{r-a\cos(\phi-\phi_i)}{(z+l)\sqrt{K_i^2+(z+l)^2}+K_i^2+(z+l)^2} \right] \tag{4.22}$$

K_i表达式与(ϕ_i,I_i)的取值和式(4.19)相同,可得式(4.23):

$$B_{ci\phi} = -\frac{\mu I(z-z_i)}{4\pi r} \left[\frac{1}{\sqrt{r^2+a^2+(z-z_i)^2-2ar\cos(\phi-\phi_{0i}-2\beta)}} - \frac{1}{\sqrt{r^2+a^2+(z-z_i)^2-2ar\cos(\phi-\phi_{0i})}} \right] \tag{4.23}$$

式中(ϕ_{0i},z_i,I_i)依次取:$(-\beta,l,I)$、$(\pi-\beta,l,-I)$、$(\pi-\beta,-l,I)$、$(-\beta,-l,-I)$。

(3) 马鞍形线圈的轴向磁场为式(4.24):

$$B_z \approx \sum_{i=1}^{4} \frac{\mu I_i a}{4\pi} \sum_{\phi_k=\phi_{0i}}^{\phi_{0i}+2\beta} \frac{a-r\cos(\phi-\phi_k)}{[r^2+a^2+(z-z_i)^2-2ar\cos(\phi-\phi_k)]^{3/2}} \tag{4.24}$$

式中的(ϕ_{0i},z_i,I_i)依次取:$(-\beta,l,I)$、$(\pi-\beta,l,-I)$、$(\pi-\beta,-l,I)$、$(-\beta,-l,-I)$。

从而,给定线圈的尺寸就可以得到单对线圈时环空内的磁感应强度分布情况。理论

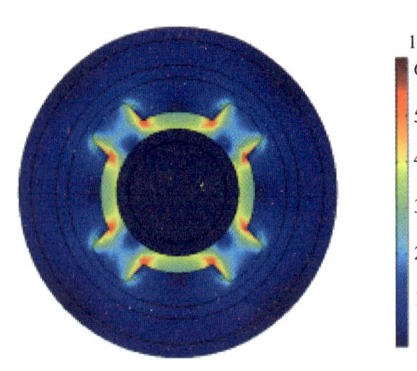

图 4.8 矩形平面励磁线圈在环域内产生的磁通密度分布

上,基于矢量权重函数为常数 C 这一条件,就可以通过根据虚电流密度矢量实现优化设计的励磁线圈形状设计。然而,这一目标的实现,通过解析法是极其难求解的。即便求解出了线圈的形状,也很难进行实际的缠绕,极其复杂。考虑到这些困难,通过引入铁芯来引导磁场的合理分布,有了图 4.1 中的两种结构设计。

在计算机技术高速发展的今天,可以通过数值模拟仿真来实现其最优化的求解问题。针对双线圈激励结构,当线圈长度为 10cm 时,线圈为 300 匝,单匝电流为 0.1A 时,可以利用 COMSOL 进行电磁仿真得到系统 xy 平面($z=0$)截面上磁通密度的分布如图 4.8 所示。

4.3 环空流量电磁测量系统的仿真模型的建立

基于前面的理论研究,为进一步给地面环空流量电磁测量原理样机的实现打下基础,需要利用 COMSOL 软件对环空流量电磁测量系统进行仿真研究[117]。

4.3.1 COMSOL 仿真软件

COMSOL 是一款大型的高级数值多物理场耦合仿真软件,该软件由欧洲国家瑞典的 COMSOL 公司开发,广泛应用于各个行业领域的科学仿真研究以及工程计算之中,被当今世界科学家誉为"世界第一款真正的任意多物理场直接耦合分析软件",得到了研究学者的高度评价,可以满足科学研究中的各种物理过程的模拟。作为一款真正的大型高级数值仿真软件,COMSOL 同 ANSYS 类似,以有限元分析法为基础,也是基于偏微分方程(单场)或偏微分方程组(多场)的求解来实现仿真。COMSOL 以高效的计算性能和杰出的多场直接耦合分析能力实现了任意多物理场的高度精确的数值仿真,目前 COMSOL 软件广泛应用于电磁学、燃料电池、声学、化学反应、流体动力学、量子力学、地球科学、光学、结构力学、传动现象、光子学、射频、半导体、热传导、微系统、微波工程、波的传播等多个传统或者高新领域,目前其可应用领域还在不断更新和加强。

4.3.2 多耦合场仿真模型的建立

考虑到直观分析的需要,本研究建立 3D 仿真模型,在 COMSOL 软件中对本书所研究的环空电磁流量测量多耦合场仿真模型进行建模的步骤如下。

(1) 物理模型设定。

环空流量电磁系统的仿真过程是一个集电磁感应、流体力学和电学原理等于一体的多物理场耦合建模和求解的过程。

对于电磁流量的虚电流问题的分析,其实质是根据边界条件求解麦克斯韦方程的过

4 环空流量电磁测量系统优化设计

程。本文中的环空流量电磁系统是利用 AC/DC 模块中的"电与感应电流"模式和线性系统求解器来进行模型的仿真。

对于电磁流量的感应电压问题的分析,其实质是根据边界条件求解麦克斯韦方程的过程。本文中的环空流量电磁系统是利用 AC/DC 模块中的"磁场"模式和线性系统求解器来进行模型的仿真。

对于电磁流量的流体问题的分析,其实质是根据边界条件求 N-H 方程的过程。本文中的环空流量电磁系统是利用流体模块中的"层流"模式和线性系统求解器来进行模型的仿真。

(2) 模型的相关设置。

建立模型前需要先定义一些参数(包括环空流量电磁系统各部分结构的几何尺寸和材料属性),通过把这些参数赋给一些变量进行调用,可以方便后期模型的建立和材料属性的输入(表 4.1)。

表 4.1 主要材料磁导率和电导率属性

参数	空气	铜	铁	流体	不锈钢	铁芯
相对磁导率	1	1	1	1	1	1000
电导率(S/m)	0	6.00×10^7	2.08×10^6	5.50×10^3	0	2.088×10^6
相对介电常数	1	1	1	81	1	1

(3) 建立几何模型。

环空流量电磁系统几何模型中包括线圈、环形流道测量管、空气域、信号电极和流道域等主要组成部件和法兰等辅助零件。由于辅件对磁场和电极的感应电动势没有影响,可对环空流量电磁系统进行简化,简化后的模型包括线圈、电极、铁芯、内测量管、外测量管、空气域和流场域,其各模块的有限元几何模型如图 4.9 所示。

(a) 环形流道测量管　　(b) 线圈　　(c) 电极在环域上的分布

图 4.9 环空流量电磁系统各模块有限元几何单元模型

COMSOL 支持所有的 2D 和 3D 的 CAD 文件格式,因此也可以利用 CAD 软件来绘制环空流量电磁测量系统的几何结构,然后直接导入到 COMSOL 中。

(4) 网格划分。

在建立好环空流量电磁系统的几何模型后,需要生成网格,即生成可代表系统的上千个三角形或其他四边形或者六边形等。为了方便,可以直接通过 COMSOL 软件采用直接进行网格划分,但是如果要减少运算,需要通过手动控制进行网格的划分。由于本研究完成的整个环空流量电磁系统有限元模型中的各个部件都为 3D 全尺寸实体模型,仿真模型尺寸很大,如果进行自动划分会产生大量的网格,会增加计算机的运算时间。考虑到该模型中除了流体域和电极是核心计算域外,其他模块网格可以粗些,法兰模块可以不参加计算,划分网格的时候采用手动控制进行网格的划分。划分好的环空流量测量系统的网

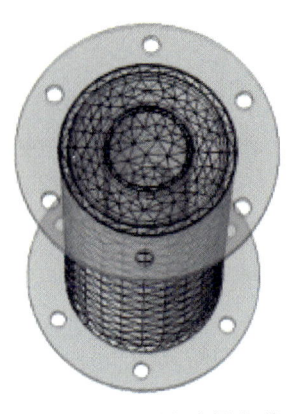

图 4.10 环空流量电磁测量系统的网格划分

格划分图如图 4.10 所示。

(5) 边界条件设定和运行求解器。

前面的工作做好之后,需要基于前面第 3 章的理论研究基础进行相关的边界条件的设定。边界条件设定完成后进行求解,为了方便 COMSOL 建议选用缺省求解器,当然也可以根据实际需要从瞬态求解器、特征值求解器、静态和非静态线性求解器及自适应求解器,或者从参数化线性或非线性求解器中选择一个合适的。本书研究选择稳态求解器,并定义求解的参数。还要设置软件生成解的顺序,在本研究中 COMSOL 软件首先求解磁场和电流,然后是对流体进行求解。

(6) 后处理和图形化。

COMSOL 支持任意结果显示及多种方法显示功能。除了提供大量的图和图表,用户也可以选择通过电影来分析参数变化过程。特别是 COMSOL 软件的后处理和可视化工具,是更好地理解仿真结果的一大助力,它有利于对研究对象中发生的物理现象和过程进行分析,并清晰直观地展示研发成果。

4.3.3 仿真结果

完成了环空流量电磁测量系统多耦合场仿真模型以后,就可以根据需要进行仿真。假定环空内流体的轴向入口流速为 3m/s,环空出口流体的压强为 2MPa,线圈电流为 0.1A 时,线圈为 300 匝,可以得到单线圈的某种特殊结构下环空流量电磁测量的 xy 平面($z=0$ 处)仿真结果如图 4.11 至图 4.13 所示的该种结构的磁感应强度分布图、z 方向矢量权重函数等值线分布图和环空流道流速分布图。

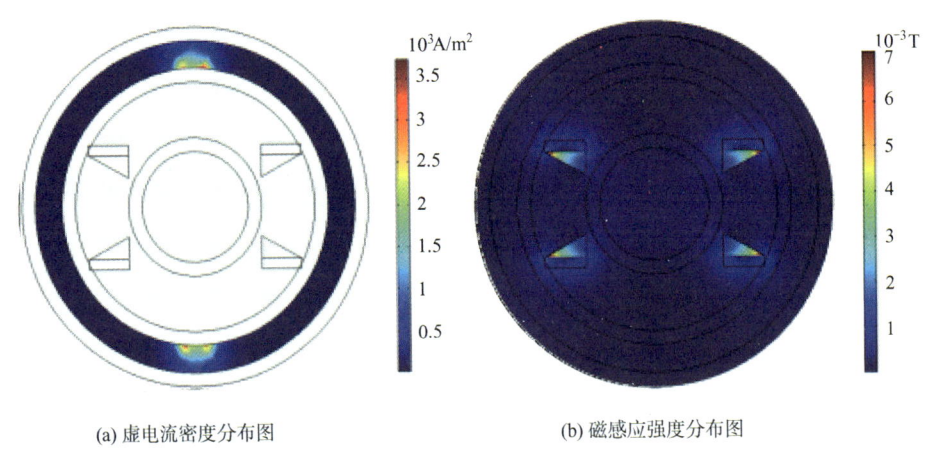

(a) 虚电流密度分布图   (b) 磁感应强度分布图

图 4.11 虚电流密度和磁感应强度分布图

图 4.13 为环空流量测试系统在环形流道中扶正居中时,环形流道轴向截面的流速分布图。由图 4.13 可知,理想条件下测量段流速分布呈中心对称,在环空流量电磁测量系统与井壁或油管环形空间区域的流速呈中心对称流型。因此,当为中心对称层流时,在测

4 环空流量电磁测量系统优化设计

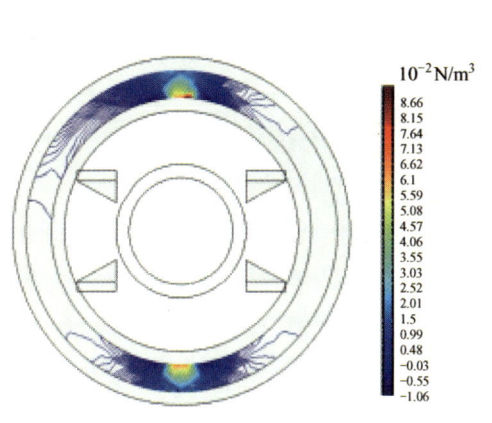

图 4.12 z 轴方向矢量权重函数等值线分布图

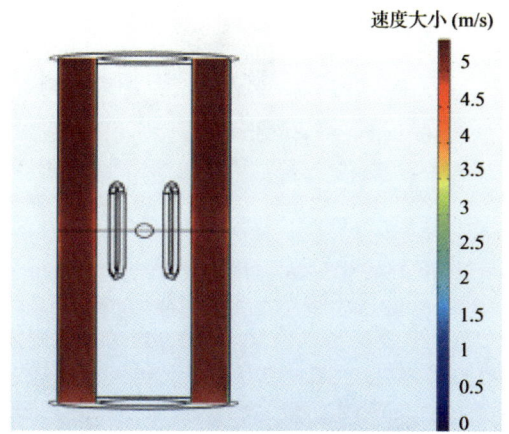

图 4.13 环形流道上轴向截面流速分布图

量系统直管段保证的前提下,并且在环空流量测量系统中扶正居中时,流速对测量是没有影响的。

由于虚电流密度矢量只与测量环域的几何形状和电极形状有关,对于一个几何测量环域形状、电极大小形状及环空流体域性质都确定的对象,虚电流密度矢量是固定的。通过前面的虚电流密度分布曲线图 4.11 可知,在电极附近的虚电流密度分布相对密集,在电极以外的环形区域分布相对较稀疏,结果与第 3 章中的理论研究结果一致。因此要想实现矢量权重函数在环形流道上相对均匀分布,需要通过合理的励磁结构设计使得在虚电流密度分布相对密集的环域位置磁场强度小,在虚电流密度分布相对稀疏的环域位置磁场强度大。考虑到井下环空测量的特殊性,本书后面将基于 COMSOL 分别对单对线圈的励磁结构和双对线圈的励磁结构的环空流量电磁测量系统建立模型,研究了两种线圈结构下磁场分布特性,并分别优化出两种线圈及铁芯的最优结构,最后通过对比两种结构下磁场分布特性,确定适合的环空流量电磁测量系统的励磁结构设计方案,从而提高测量系统的测量精确性。

4.4 基于单对线圈的励磁结构优化仿真设计

该种类型的环空流量电磁测量系统由一对励磁线圈以及在线圈内部的铁芯组成。励磁线圈被安装在传感器管道左右两侧,在励磁线圈外的环形区域为被测区域,也可以称为敏感场区域。导电液体经过敏感场区域时,进行切割磁场运动,在系统的前后两侧的电极检测到产生的感应电动势,就得到了系统的输出信号。如图 4.14 所示即为单对线圈励磁结构的环空流量电磁测量系统三维模型。为了优化电磁流量计的结构提出更为切实可行的方案,实际仿真中对传感器全部进行了三维建模。图 4.15 为测量系统横截面结构示意图,蓝色部分为环空流道。

由于理想情况下测量系统电极平面上在 x 和 y 方向上的流速分量极小,因此仅对 $z=0$ 平面中 x 轴和 y 轴的磁场分量和虚电流进行分析。可以通过对电磁流量计传感器直径方向

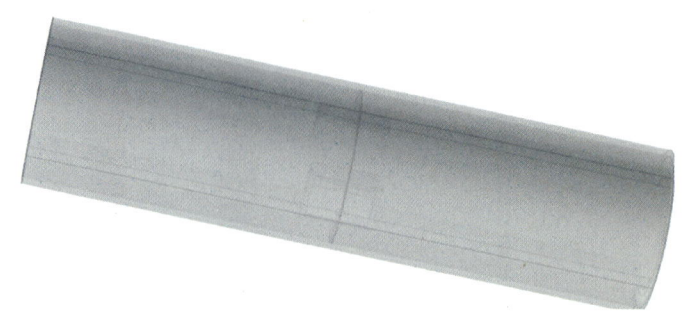

图 4.14 单对线圈励磁结构的测量系统三维模型

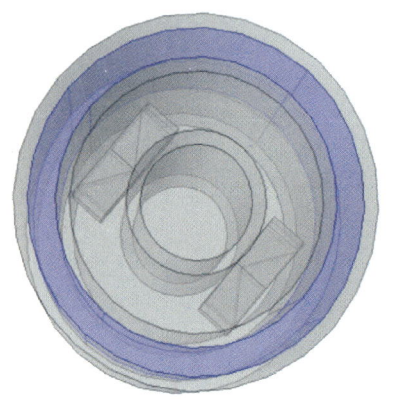

图 4.15 单对矩形线圈励磁结构的测量系统俯视图

截面矩形线圈物理参数不同时设定不同的 COMSOL 实验仿真,并对其仿真数据进行分析。

在本研究中,对于一个固定的励磁结构,虚电流分布已经固定不变,要想实现测量精度的提高需要通过合理设计实现磁场的合理分布。假设如图 4.14 和图 4.15 所示单对励磁结构中磁芯宽度为 core_w,线圈的宽度为 $L+$core_w,为便于计算将线圈宽度记为 coil_w,考虑到线圈在铁芯上绕制的匝数固定(L 固定),且铁芯的宽度将会影响敏感区域磁场的分布,可将铁芯的宽度 core_w 作为变量。同时,铁芯突出部位置 core_x 将直接影响敏感区域磁场的分布,因此也将铁芯突出部位置作为变量。

当电极半径取 0.7cm,线圈铁芯长度取 10cm,本研究在仿真时将磁芯宽度 core_w 在仿真中分别设置为 2cm、4cm、6cm 和 8cm 时,铁芯突出部位置 core_x 分别为 5.5cm、6.5cm 和 7.5cm,步进值为 0.5cm,通过改变铁芯突出部位置和铁芯宽度的大小来改变单对线圈的励磁结构。经过仿真,图 4.16 至图 4.19 为利用 COMSOL 将磁感应强度和矢量权重函数以云图的形式表示出来的仿真图,分别显示了磁芯宽度不同时,对应不同的铁芯突出部位置环空区域磁感应强度和权重函数的部分分布情况。仿真实验中将电磁流量测量系统磁感应强度和权重函数仿真数据保存并做部分处理,并对其进行下一步数据分析。

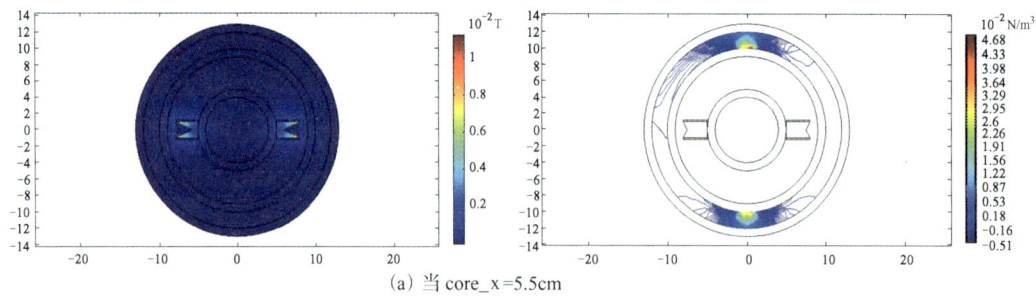

(a) 当 core_x=5.5cm

图 4.16 core_w=2cm 时环空区域磁感应强度和权重函数的分布图

4 环空流量电磁测量系统优化设计

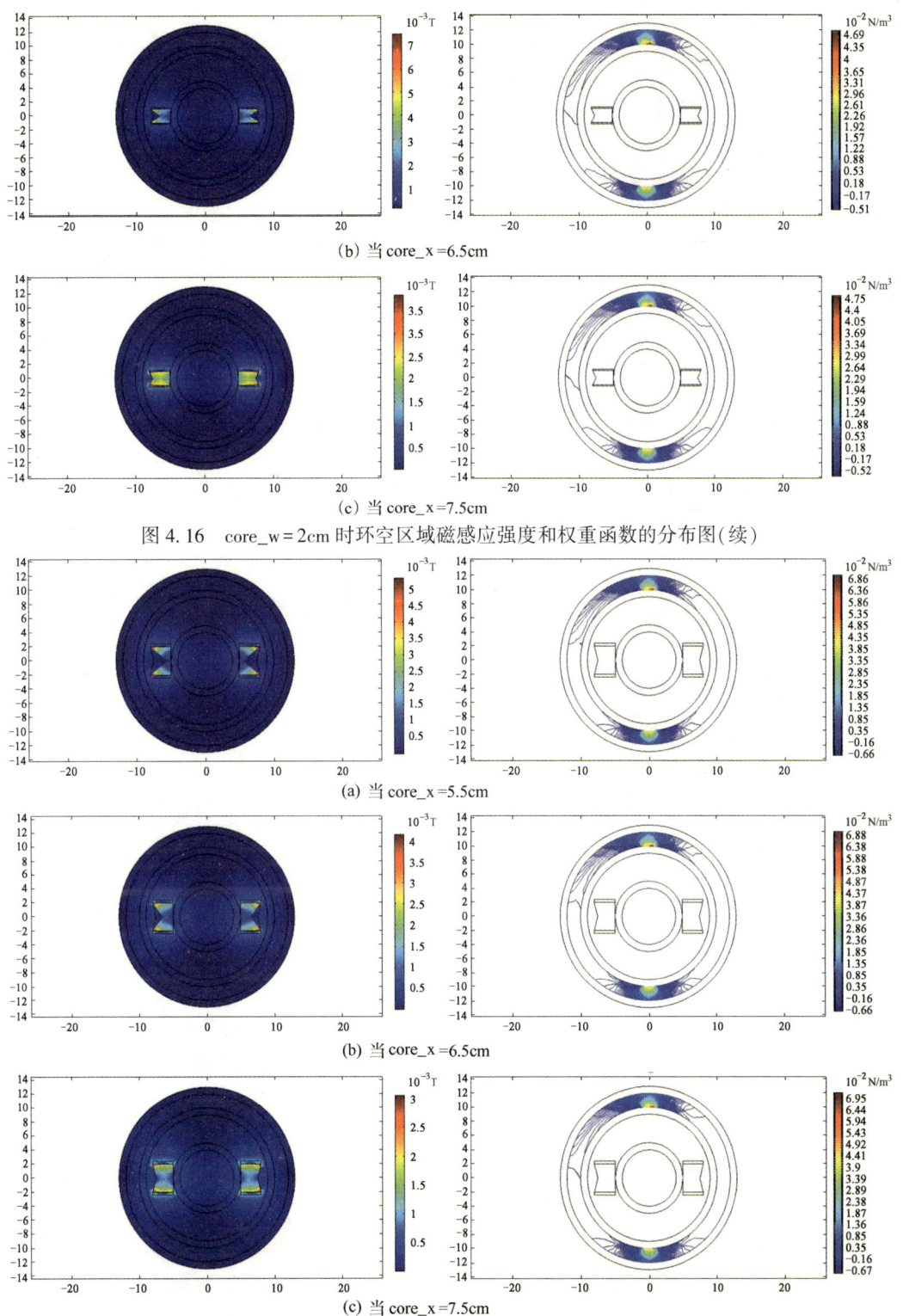

(b) 当 core_x =6.5cm

(c) 当 core_x =7.5cm

图 4.16 core_w = 2cm 时环空区域磁感应强度和权重函数的分布图(续)

(a) 当 core_x =5.5cm

(b) 当 core_x =6.5cm

(c) 当 core_x =7.5cm

图 4.17 core_w = 4cm 时环空区域磁感应强度和权重函数的分布图

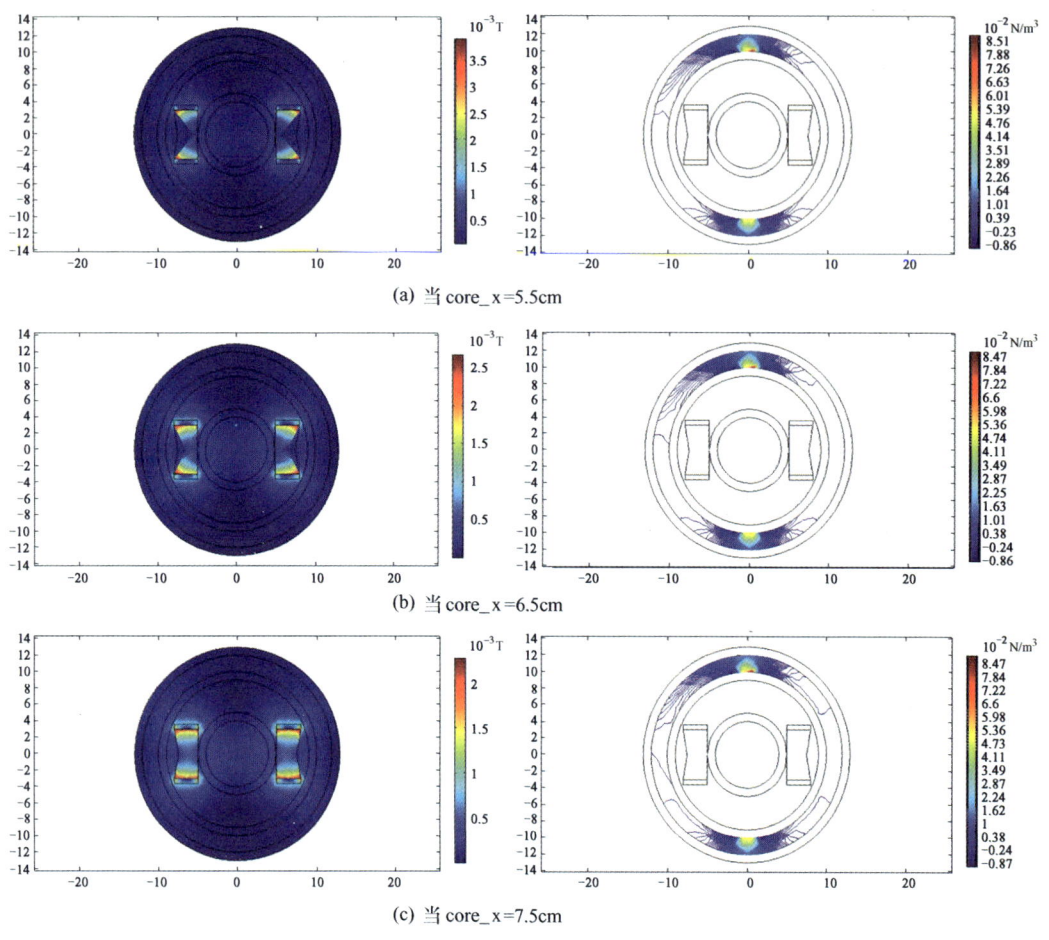

图 4.18 core_w=6cm 时环空区域磁感应强度和权重函数的分布图

从仿真图形图 4.16 到图 4.19 中可知铁芯突出部位置和铁芯宽度不同时，测量区域的磁场分布和矢量权重函数的分布将发生变化。为了更加客观地评价铁芯突出部位置和铁芯宽度对环空测量区域矢量权重函数的分布影响，基于本书 4.1 节中的引入矢量权重函数的标准差指标对单线圈结构下的权重函数分布情况进行分析研究。如图 4.20 所示为铁芯突出部位置和铁芯宽度不同时矢量权重函数分析曲线，图中横轴为铁芯突出部位置，纵轴为矢量权重函数的标准差，图例中代表不同的铁芯宽度。

由图 4.20 的铁芯突出部位置和铁芯宽度不同时矢量权重函数的标准差分析曲线上可知，大部分情况下，在矩形线圈的高度不变时，矢量权重函数的标准差随铁芯突出部位置增加而增大；此外当铁芯突出部位置不变时，矢量权重函数的标准差大部分情况随线圈铁芯的宽度的增加而减小。

基于图 4.20 可知，当 core_w=8cm，core_x=8.5cm 时，矢量权重函数的标准差最小。同理，基于仿真数据及相应的运算，可以得到均匀范围比例、矢量权重函数变异系数及输出电压灵敏度的变化曲线分别如图 4.21 至图 4.23 所示。

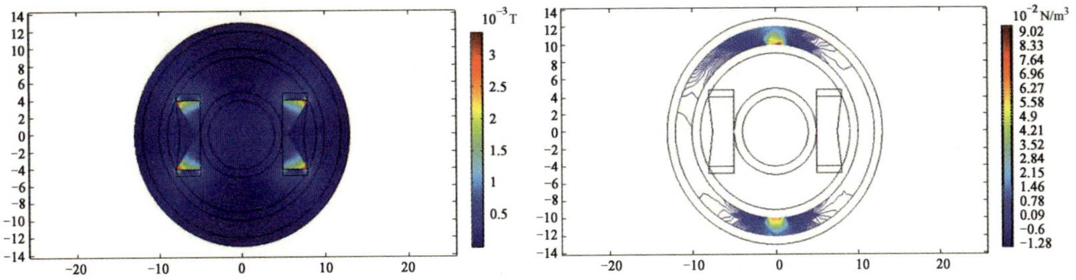

4 环空流量电磁测量系统优化设计

(a) 当 core_x = 5.5cm

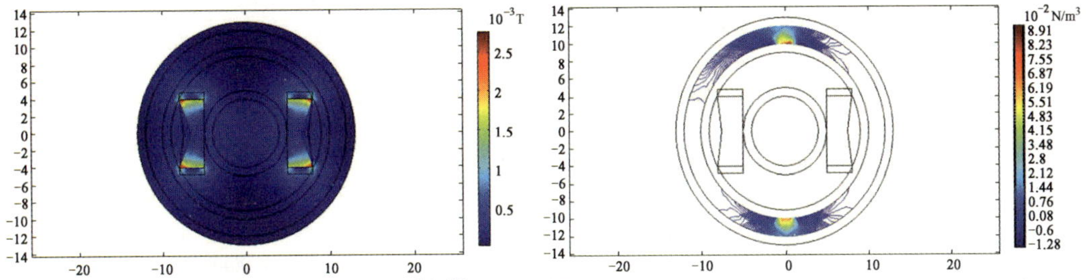

(b) 当 core_x = 6.5cm

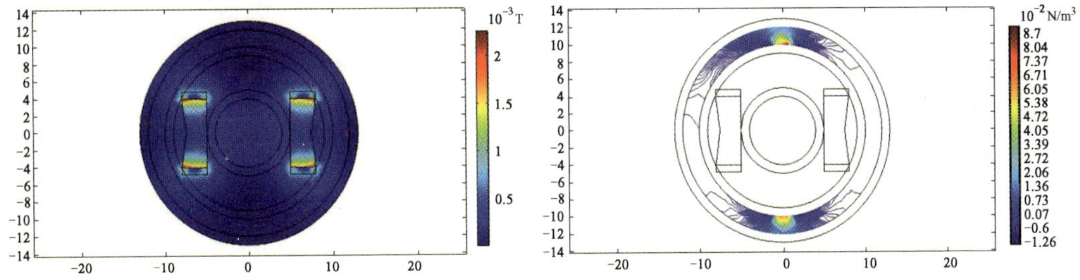

(c) 当 core_x = 7.5cm

图 4.19 core_w = 8cm 时环空区域磁感应强度和权重函数的分布图

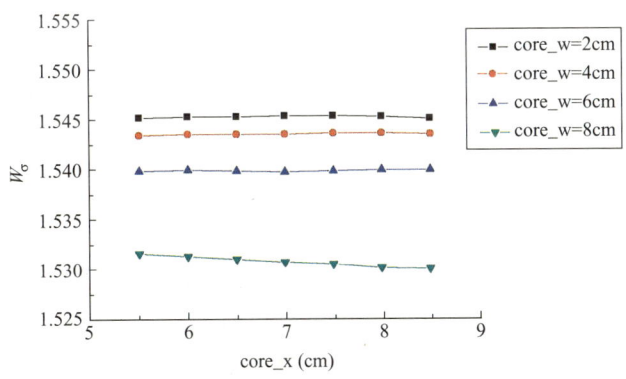

图 4.20 铁芯突出部位置和铁芯宽度不同时矢量权重函数标准差曲线图(core_w 为 2~8cm)

分析图 4.21 至图 4.23 可知,当 core_w = 8cm,core_x = 8.5cm 时,均匀范围比例值最大,矢量权重函数变异系数较小且输出电压灵敏度较大,此参数为当前激励结构及当前有限结构空间下的最优励磁结构。

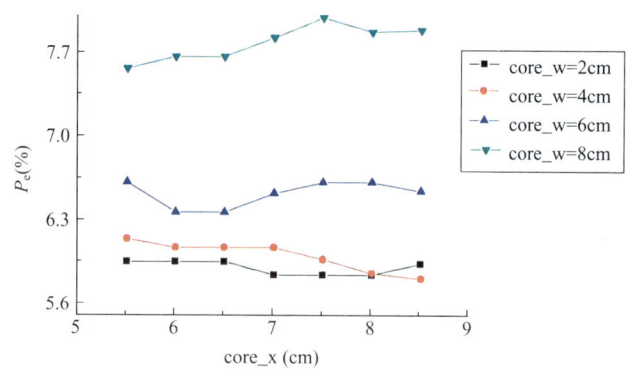

图 4.21　铁芯突出部位置和铁芯宽度不同时均匀范围比例曲线图（core_w 为 2~8cm）

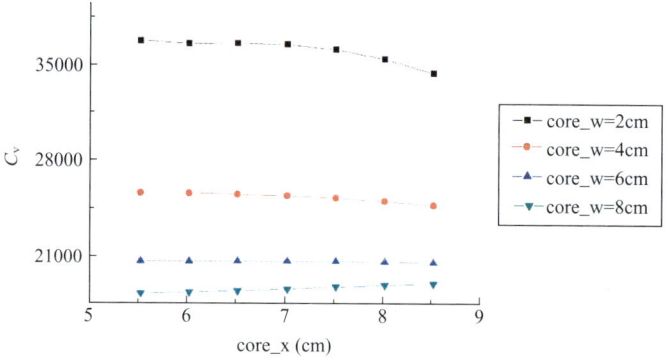

图 4.22　铁芯突出部位置和铁芯宽度不同时矢量权重函数变异系数曲线图（core_w 为 2~8cm）

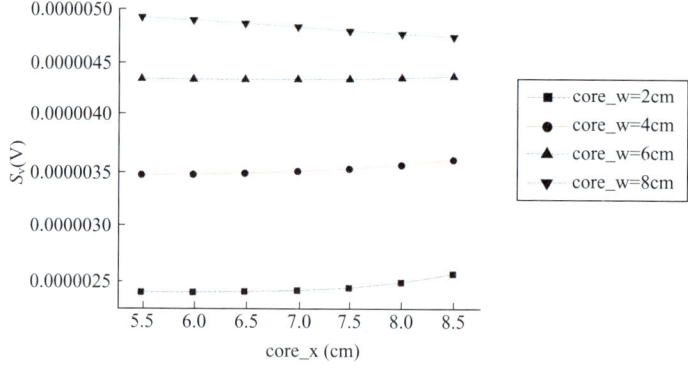

图 4.23　铁芯突出部位置和铁芯宽度不同时输出电压灵敏度曲线图（core_w 为 2~8cm）

4.5　基于双对线圈的励磁结构优化仿真设计

针对双对线圈结构，图 4.24 即为双对线圈励磁结构的环空流量电磁测量系统三维模型。该系统四面为矩形线圈以及磁芯，环形四周有四个均匀分布的圆形电极，通过提取两对电极上的信号就可以提取流量信息。图 4.25 为测量系统横截面结构示意图。

4 环空流量电磁测量系统优化设计

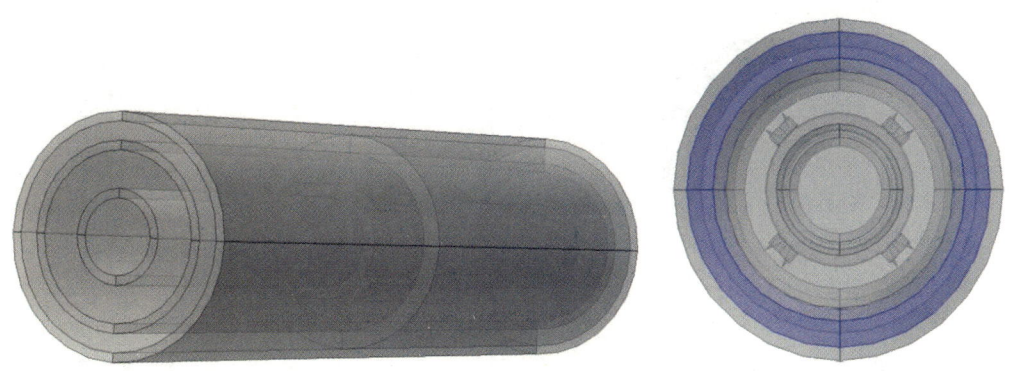

图 4.24 双对线圈励磁结构的环空流量电磁测量系统三维模型 图 4.25 测量系统横截面结构示意图

同理,在本结构中,也可将铁芯的宽度 core_w 和铁芯突出部位置作为变量。在仿真中,电极半径取 0.7cm,线圈铁芯长度取 10cm,仿真时将磁芯宽度 core_w 在仿真中分别设置为 2cm、3cm、4cm 和 5cm 时,铁芯突出部位置 core_x 分别从 5.5cm 到 7.5cm,步进值为 1cm,通过改变铁芯突出部位置和铁芯宽度的大小来改变双对线圈的励磁结构。通过仿真,图 4.26 至图 4.29 为利用 COMSOL 将磁场强度和权重函数以数值的形式表示出来的

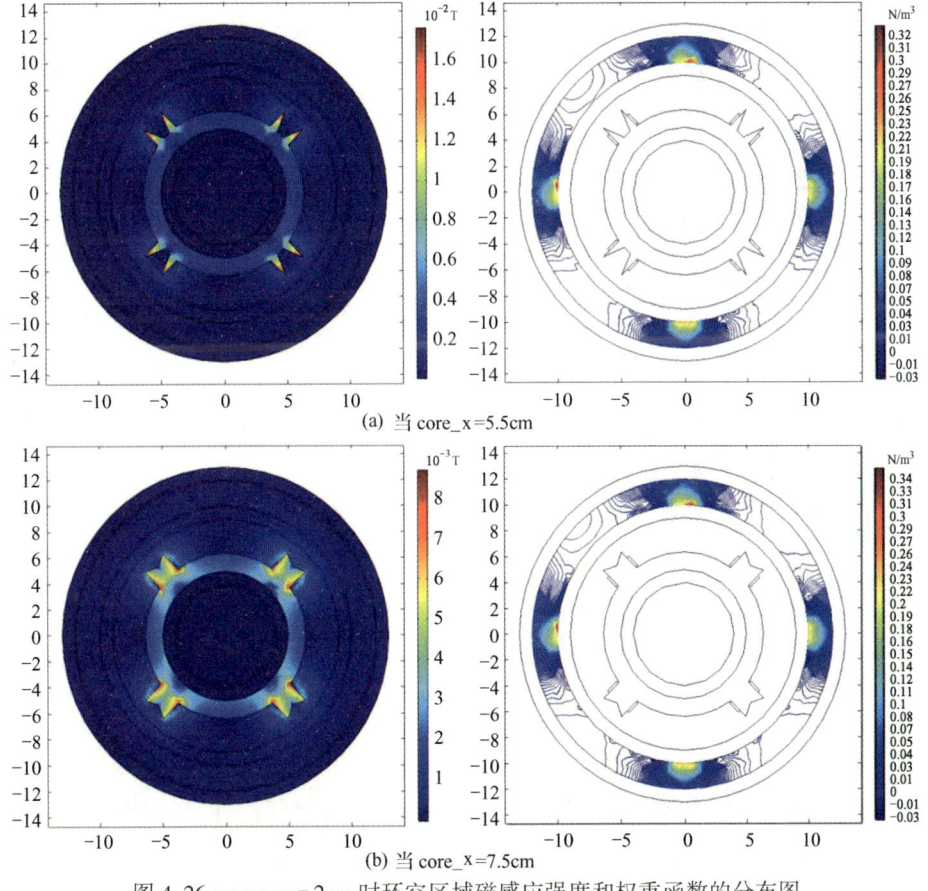

(a) 当 core_x=5.5cm

(b) 当 core_x=7.5cm

图 4.26 core_w=2cm 时环空区域磁感应强度和权重函数的分布图

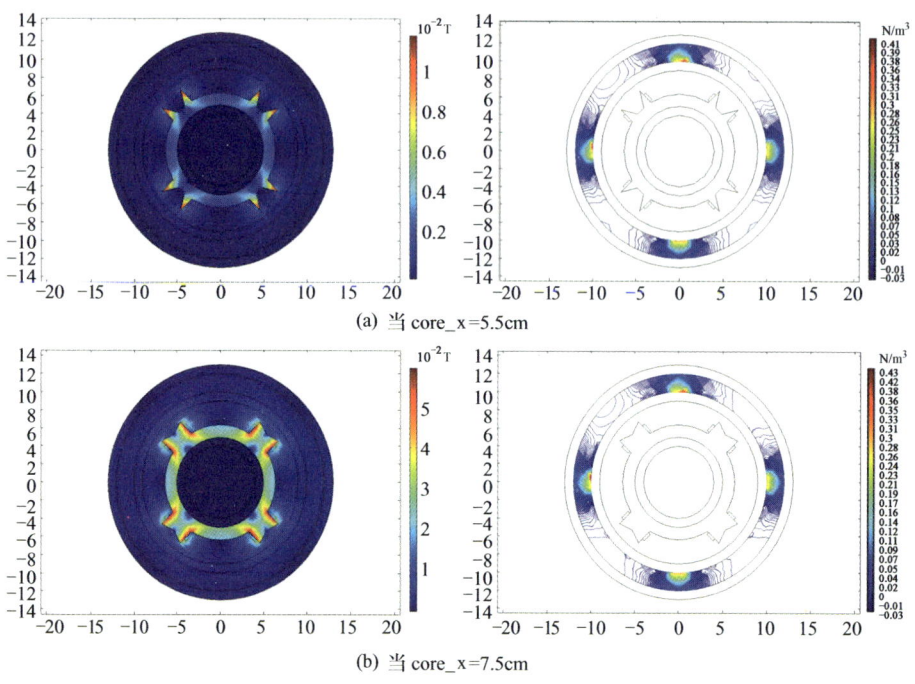

图 4.27 core_w=3cm 时环空区域磁感应强度和权重函数的分布图

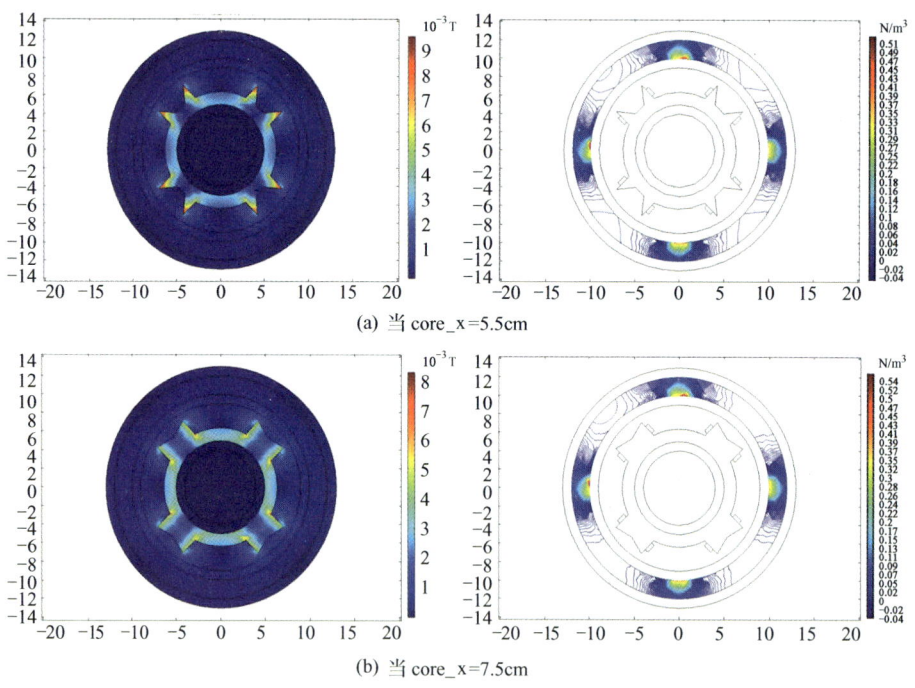

图 4.28 core_w=4cm 时环空区域磁感应强度和权重函数的分布图

仿真图,分别显示了不同磁芯宽度下对应不同的铁芯突出部位置时,环空区域磁感应强度和权重函数的部分分布情况。

从仿真图形图 4.26 到图 4.29 中可知铁芯突出部位置和铁芯宽度不同时,测量区域的

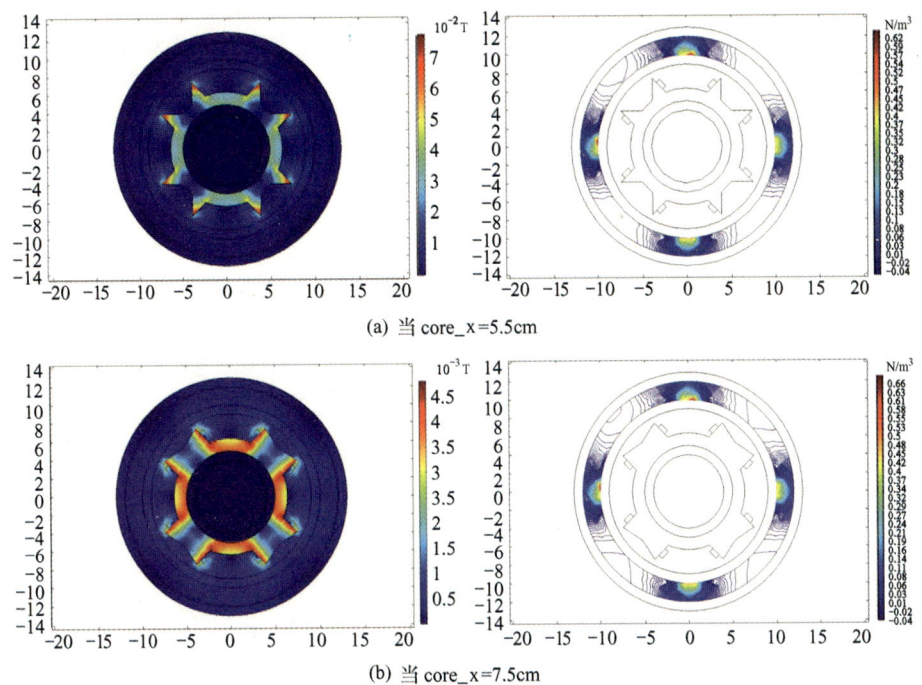

图 4.29 core_w = 5cm 时环空区域磁感应强度和权重函数的分布图

磁场分布和矢量权重函数的分布将发生变化。考虑到矢量权重函数分布是优化结果好坏的主要体现,研究针对图 4.26 到图 4.29 中的对环域上的权重函数的分布图进行仔细分析。分析发现在优化过程中,当 core_x = 5.5cm, core_w = 2cm 时,环空流道截面的矢量权重函数的分布范围最小,为 -0.03 ~ 0.32;当 core_x = 8.5cm, core_w = 5cm 时,环空流道截面的矢量权重函数的分布范围最大,为 -0.05 ~ 0.66;增加线圈的宽度或者增加铁芯突出部位置高度都会增加矢量权重函数的分布范围,增加线圈的宽度对于扩大环空流道截面的矢量权重函数的分布范围效果更明显。

为了更加客观地评价铁芯突出部位置和铁芯宽度对环空测量区域矢量权重函数的分布影响,基于 4.1 节中的引入矢量权重函数的标准差指标对单线圈结构下的权重函数分布情况进行分析研究。如图 4.30 所示为铁芯突出部位置和铁芯宽度不同时矢量权重函数分析曲线,图中横轴为铁芯突出部位置,纵轴为矢量权重函数的标准差,图例中代表不同的铁芯宽度。

从铁芯突出部位置和铁芯宽度不同时矢量权重函数的标准差分析曲线图 4.30 可知在双对线圈铁芯宽度不变时,矢量权重函数的标准差随铁芯突出部位置 core_x 增加而增大。此外,当铁芯突出部位置不变时,矢量权重函数的标准差基本随线圈铁芯的宽度的增加而增加。

基于图 4.30 可知,当 core_x = 5.5cm, core_w = 2cm 时,矢量权重函数的标准差最小。同理,基于仿真数据及相应的运算,可以得到均匀范围比例、矢量权重函数变异系数及输出电压灵敏度的变化曲线分别如图 4.31 至图 4.33 所示。

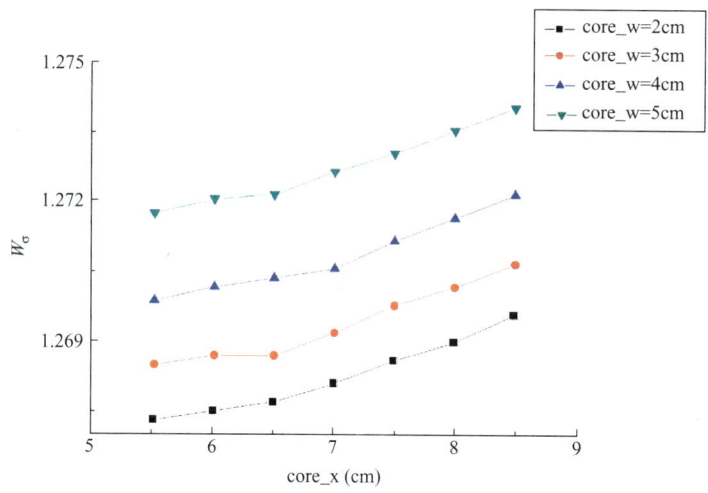

图 4.30 不同铁芯突出部位置和铁芯宽度时矢量权重函数标准差曲线图(core_w 为 2~5cm)

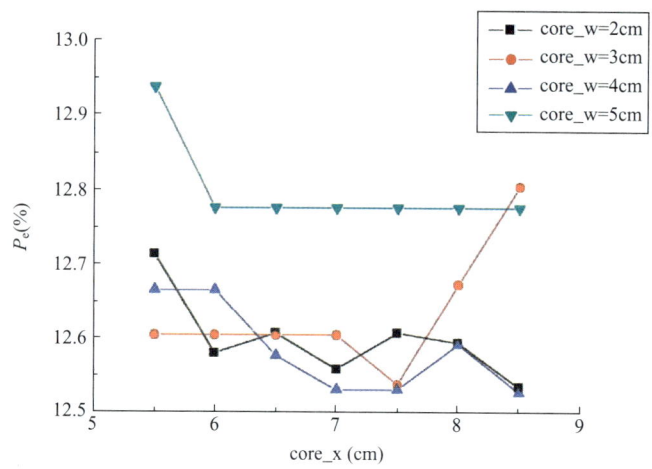

图 4.31 铁芯突出部位置和铁芯宽度不同时均匀范围比例曲线图(core_w 为 2~5cm)

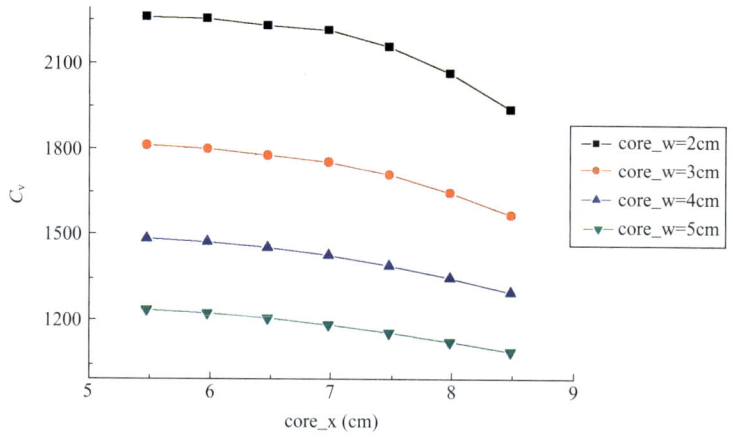

图 4.32 铁芯突出部位置和铁芯宽度不同时矢量权重函数变异系数曲线图(core_w 为 2~5cm)

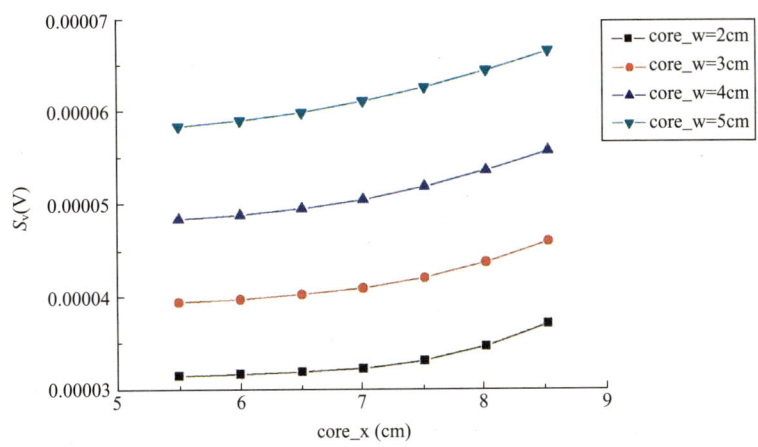

图 4.33 铁芯突出部位置和铁芯宽度不同时输出电压灵敏度曲线图(core_w 为 2~5cm)

分析图 4.28 到图 4.30 可知,当 core_x=5.5cm,core_w=2cm 时,虽然输出电压灵敏度较小,矢量权重函数变异系数大,但是这个时候矢量权重函数标准差最小,均匀范围比例值最大,基于前面的优化标准可知当铁芯突出部位置为 5.5cm,且铁芯宽度为 2cm 时,此参数为当前激励结构及当前有限结构空间下的最优励磁结构。在实际的设计过程中,也可以根据优化的目的来确定参数,比如在以提高信号的灵敏度为主要设计目的时,可以考虑以输出电压灵敏度为首要考虑指标。仔细观察标准差的变化范围发现,通过标准差数值大小变化范围可知,不同铁芯突出部位置和铁芯宽度对环空流量电磁测量系统的矢量权重函数标准差的影响很小,优化效果有限。

对比本章 4.4 节中的单对对线圈的励磁结构优化结果中的评价指标发现,双对线圈的励磁结构优化结果在矢量权重函数的标准差、均匀范围比例及输出电压灵敏度等 4 个优化效果评价指标上都优于单对对线圈的励磁结构优化结果。因此,最终的设计以双对线圈的励磁结构作为实验对象。

4.6 电极形状和大小对矢量权重函数分布的影响

电极作为环空流量电磁测量系统的关键部件,其形状和大小,甚至电极上的材料的磁性对测量结果都有着十分重要的影响。目前,作为电磁流量计来说,其电极形状有平头形、尖头形、半球形和弧面矩形,研究将针对最常见的半球形和弧面矩形电极进行仿真分析。

4.6.1 半球形电极大小对矢量权重函数分布的影响

针对前面仿真得到的双线圈的最优励磁系统结构,当采用的是 2 对半球形电极,当半球半径从 1cm 逐渐增加到 5cm 的时候,可以得到如图 4.34 和图 4.35 所示的虚电流分布及 z 轴方向权重函数分布。图 4.34(a)、图 4.34(c)、图 4.34(e)为电极半球半径分别为 1cm、3cm 和 5cm 时虚电流密度 xy 平面等值分布图,图 4.34(b)、图 4.34(d)、图 4.34(f)为对应时虚电流密度 yz 平面等值分布图。图 4.35(a)、图 4.35(c)、图 4.35(e)为电极半球半径分别为 1cm、3cm 和 5cm 时 z 轴方向权重函数 xy 平面等值分布图,图 4.35(b)、图 4.35(d)、图 4.35(f)为对应的 z 轴方向权重函数 yz 平面等值分布图。

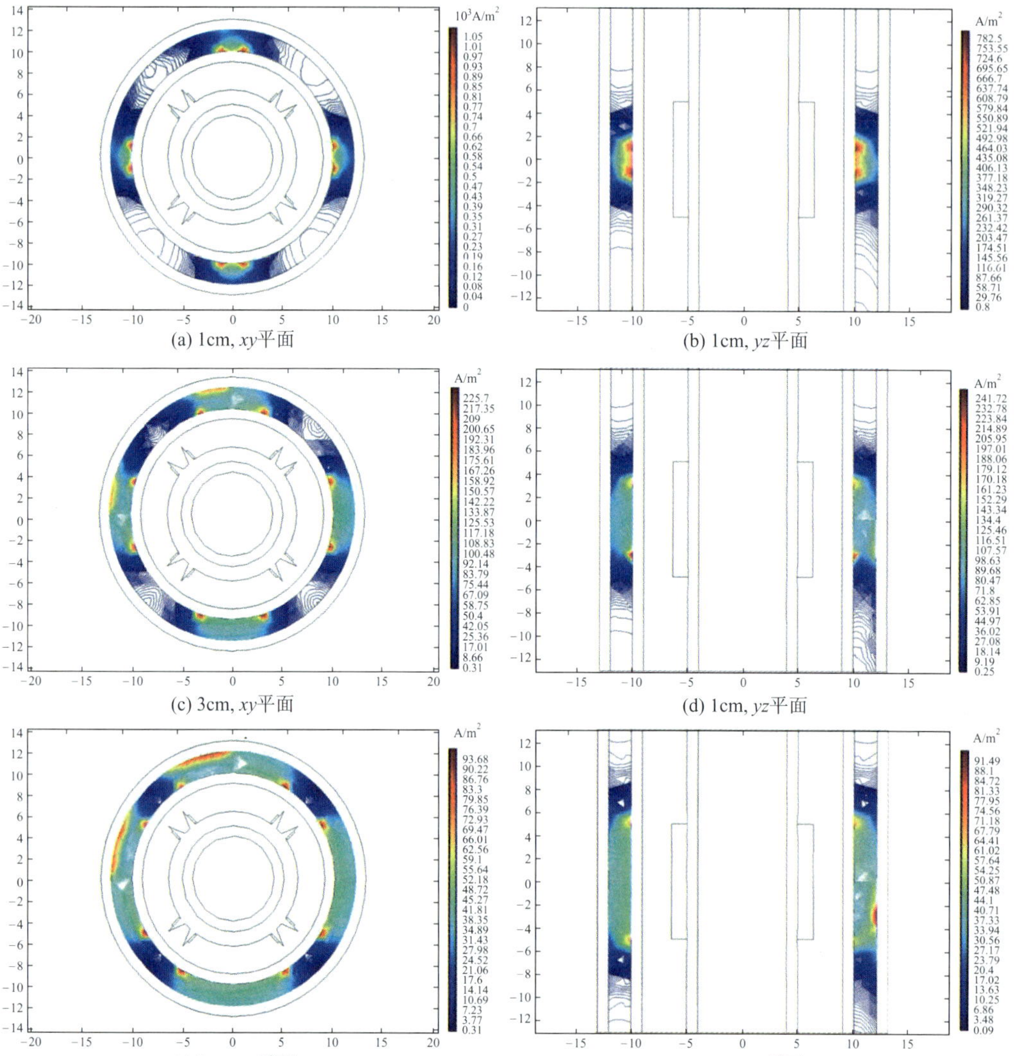

(a) 1cm, xy平面　　(b) 1cm, yz平面

(c) 3cm, xy平面　　(d) 1cm, yz平面

(e) 5cm, xy平面　　(f) 1cm, yz平面

图 4.34　电极半球半径分别为 1cm、3cm 和 5cm 时虚电流密度等值分布图

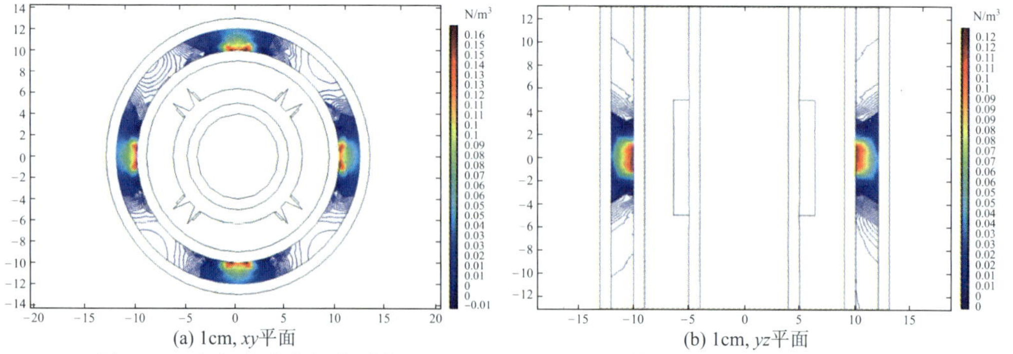

(a) 1cm, xy平面　　(b) 1cm, yz平面

图 4.35　电极半球半径分别为 1cm、3cm 和 5cm 时 z 轴方向权重函数等值分布图

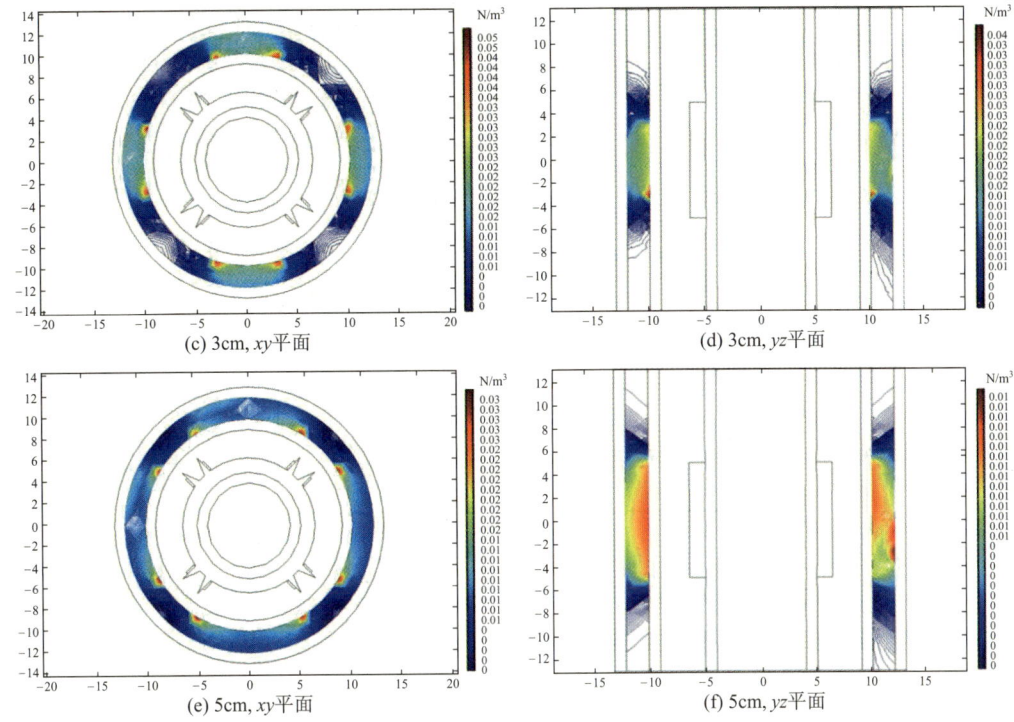

图 4.35 电极半球半径分别为 1cm、3cm 和 5cm 时 z 轴方向权重函数等值分布图(续)

通过图 4.34 和图 4.35 可知，当电极半球半径发生变化时，环空流体域上的虚电流密度和矢量权重函数分布会发生非常明显的变化。通过分析发现，当电极半径为 5cm 时，虚电流密度分布范围为 $0.09 \sim 91.49 \text{A/m}^2$，此时矢量权重函数的分布范围最小，为 $0 \sim 0.03$；当电极半径为 1cm 时，虚电流密度分布范围为 $0.8 \sim 782.5 \text{A/m}^2$，此时矢量权重函数的分布范围最大，为 $-0.01 \sim 0.16$；增加半径会减小矢量权重函数的分布范围。

为了定量分析电极半球半径对环空流量电磁测量系统的影响，本书对电极半球半径分别为 0.5cm 到 6cm 时的 12 种情况进行参数扫描分析，用 COMSOL 的派生值功能进行求解矢量权重函数的标准差，得到如图 4.36 所示。从图 4.36 上可知，随着电极半球半径增大

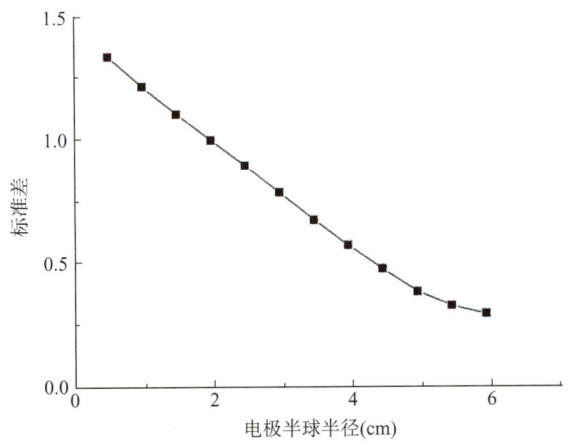

图 4.36 电极半球半径变化时的矢量权重函数的标准差走势图

过程中，矢量权重函数的标准差由 1.33 降到 0.26，系统测量精度提高。

同理，基于仿真数据及相应的运算，可以得到均匀范围比例、矢量权重函数变异系数及输出电压灵敏度的变化曲线分别如图 4.37 至图 4.39 所示。由图 4.37 至图 4.38 可知，增加半球形电极的半径均匀范围比例和有利于减小矢量权重函数变异系数，但是对于输出电压灵敏度而言呈现先增加后减小的趋势。

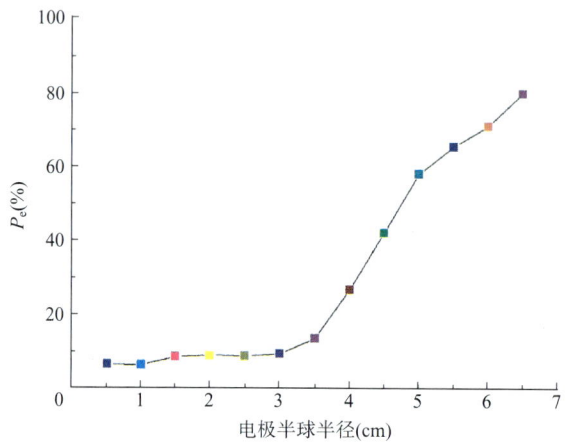

图 4.37 电极半球半径变化时的均匀范围比例分析图

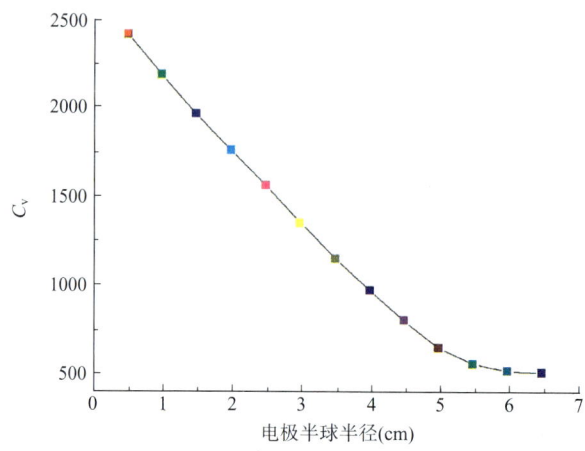

图 4.38 电极半球半径变化时的矢量权重函数变异系数分析曲线图

4.6.2 弧面矩形电极形状和大小对矢量权重函数分布的影响

针对前面仿真得到的双线圈的最优励磁系统结构，采用弧面矩形电极时，当电极弧面张角为 10°逐渐增加到 50°的时候，图 4.40(a)、图 4.40(c)、图 4.40(e) 为电极弧面张角分别为 10°、30°和 50°时虚电流密度 xy 平面($z=0$ 处)等值分布图，图 4.40(b)、图 4.40(d)、图 4.40(f) 为对应时虚电流密度 yz 平面($x=0$ 处)等值分布图。图 4.41(a)、图 4.41(c)、图 4.41(e) 为电极弧面张角分别为 10°、30°和 50°时 z 轴方向权重函数 xy 平面($z=0$ 处)等值分布图，图 4.41(b)、图 4.41(d)、图 4.41(f) 为对应的 z 轴方向权重函数 yz 平面($x=0$ 处)等值分布图。

4 环空流量电磁测量系统优化设计

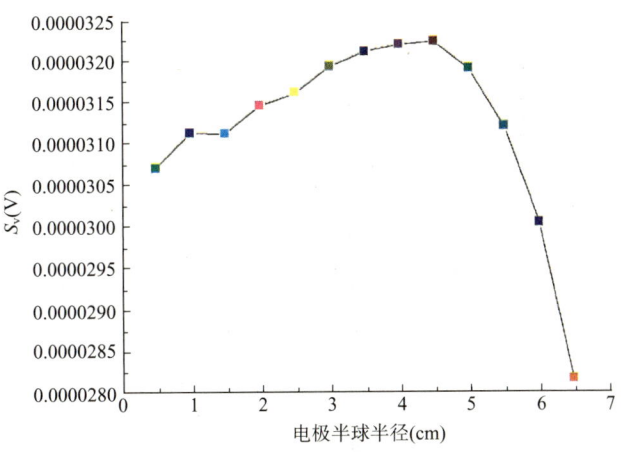

图 4.39 电极半球半径变化时的输出信号灵敏度走势图

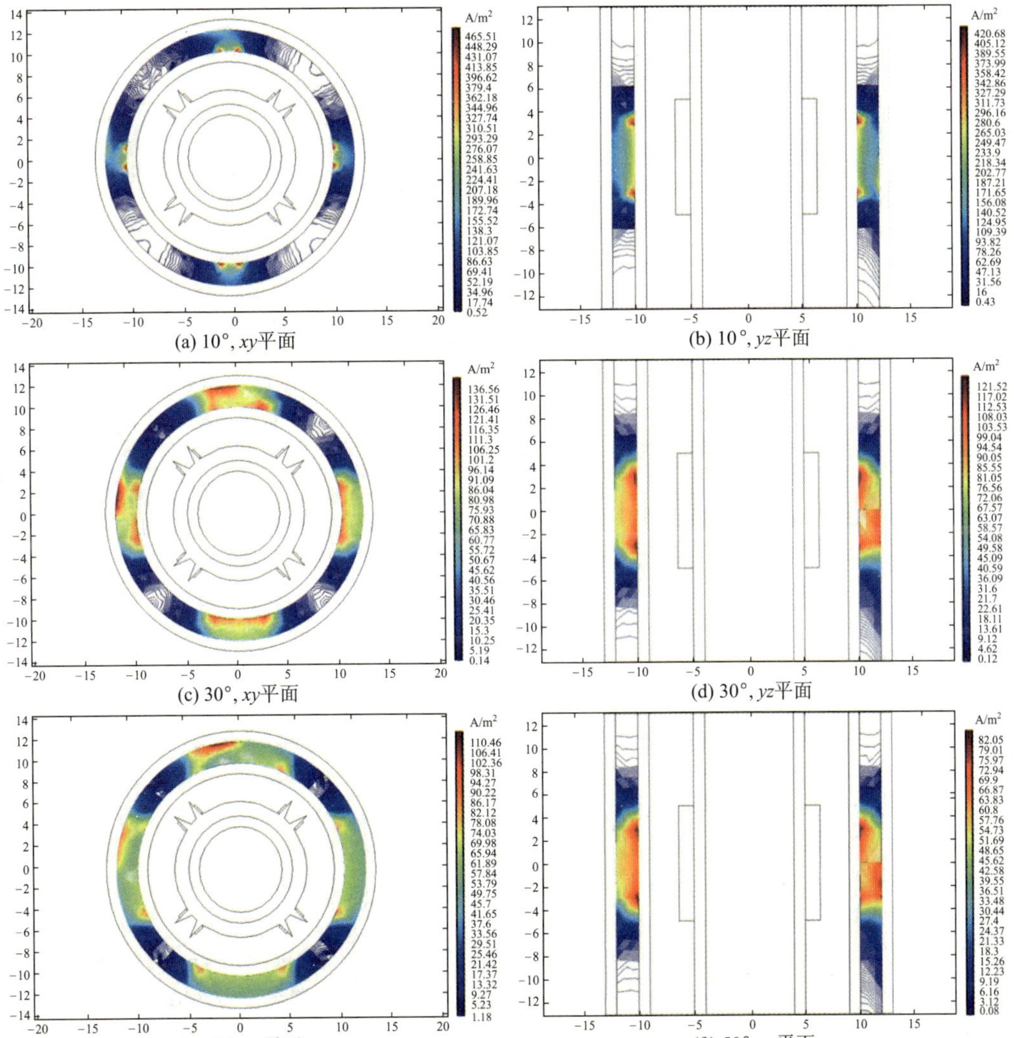

(a) 10°, xy 平面

(b) 10°, yz 平面

(c) 30°, xy 平面

(d) 30°, yz 平面

(e) 50°, xy 平面

(f) 50°, yz 平面

图 4.40 电极弧面张角分别为 10°、30° 和 50° 时虚电流密度等值分布图

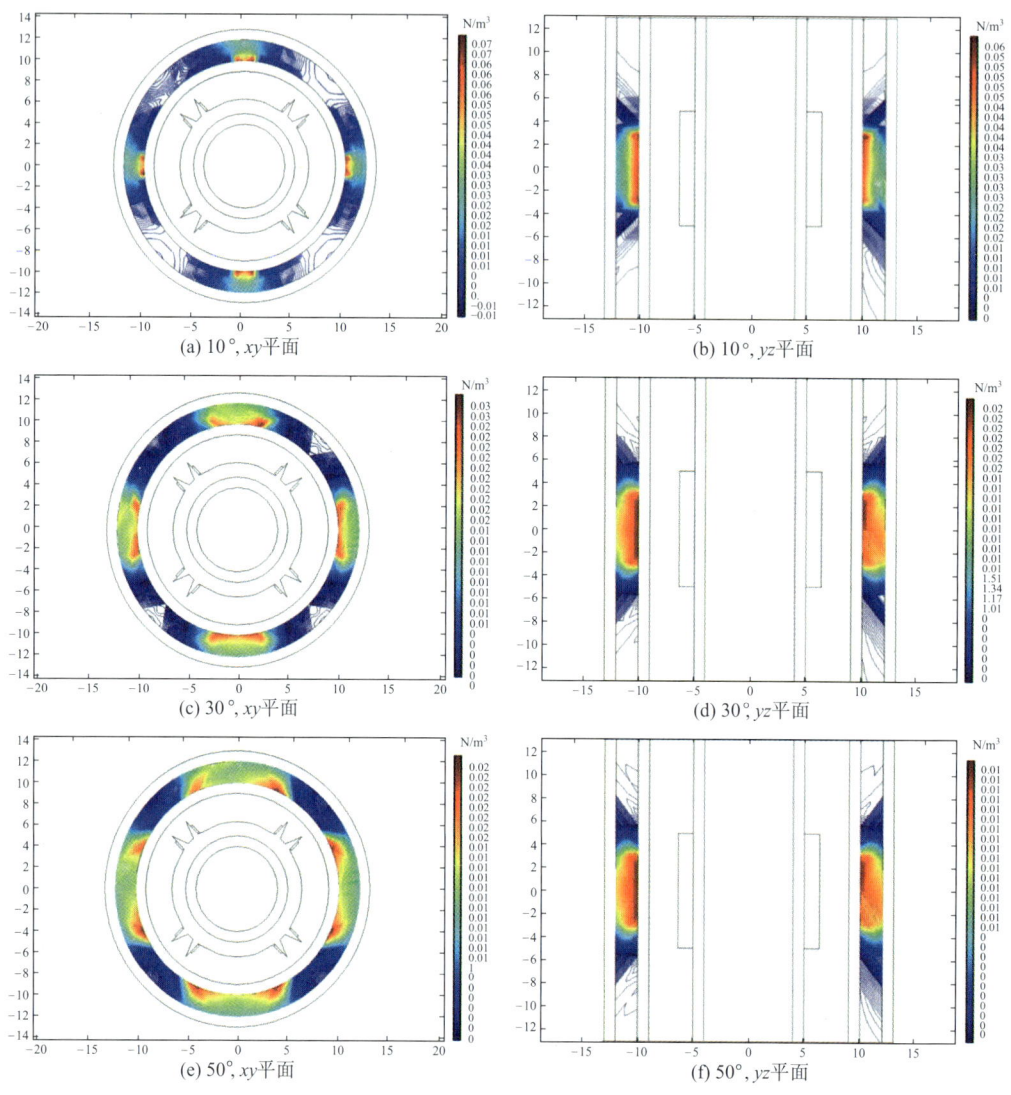

图 4.41　电极弧面张角分别为 10°、30° 和 50° 时 z 轴方向权重函数等值分布图

通过图 4.40 和图 4.41 可知,当电极弧面张角发生变化时,环空流体域上的虚电流密度和矢量权重函数分布会发生非常明显的变化。通过对图 4.40 和图 4.41 中分析发现,当电极弧面张角分别为 50° 时,虚电流密度分布范围为 $0.08 \sim 82.05\text{A/m}^2$,此时矢量权重函数的分布范围最小,为 $0 \sim 0.02$;当电极弧面张角分别为 10° 时,虚电流密度分布范围为 $0.43 \sim 420.68\text{A/m}^2$,此时矢量权重函数的分布范围最大,为 $-0.01 \sim 0.07$;增加半径会减小矢量权重函数的分布范围。

为了定量分析电极弧面张角对环空流量电磁测量系统的影响,本书对电极弧面张角分别为 10° 到 70° 时的 7 种情况进行参数扫描分析,用 COMSOL 的派生值功能进行求解矢量权重函数的标准差,得到如图 4.42 所示结果。从图 4.42 上可知,随着电极弧面张角增大过程中,矢量权重函数的标准差由 1.11 减到 0.27,系统测量精度提高。

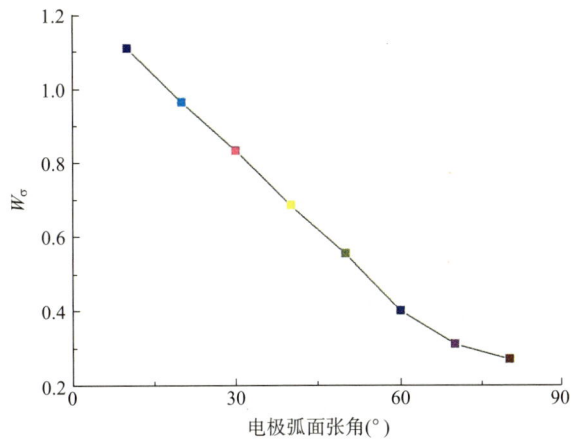

图 4.42 电极弧面张角变化时的矢量权重函数的标准差表趋势图

同理，基于仿真数据及相应的运算，可以得到均匀范围比例、矢量权重函数变异系数及输出电压灵敏度的变化曲线分别如图 4.43 至图 4.45 所示。由图 4.43 至图 4.45 可知，增加半球形电极的半径有利于均匀范围比例和减小矢量权重函数变异系数，但是对于输出电压灵敏度而言呈现先增加后减小的趋势。

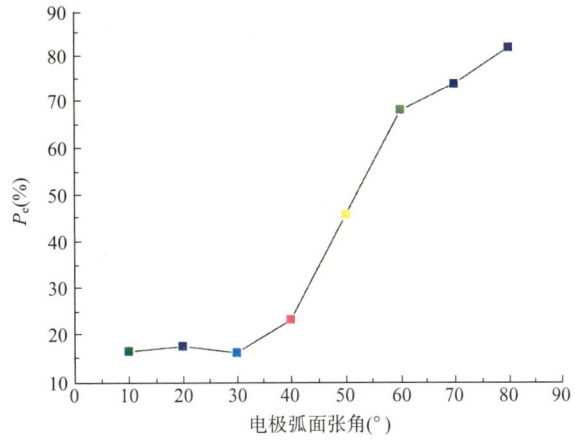

图 4.43 电极弧面张角变化时的均匀范围比例分析图

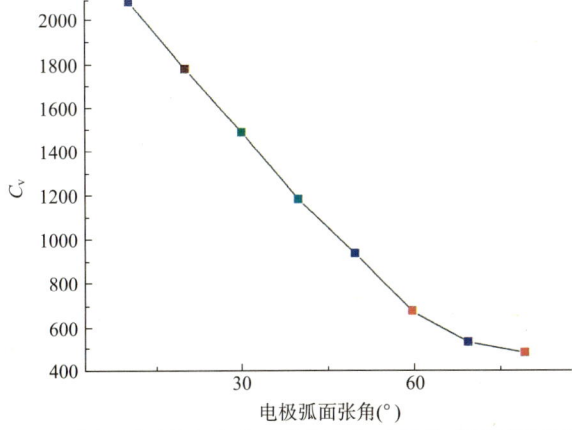

图 4.44 电极弧面张角变化时的矢量权重函数变异系数分析图

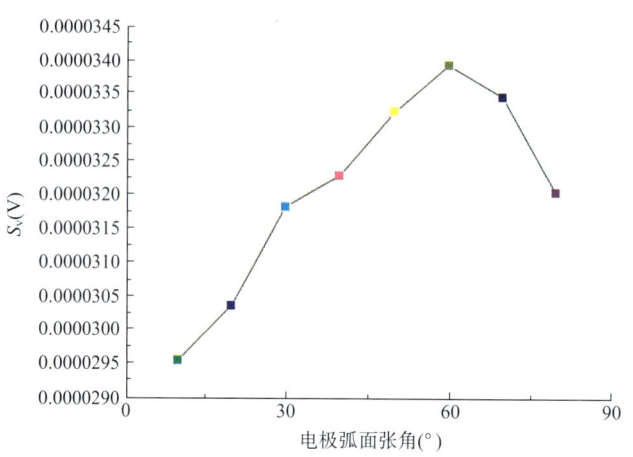

图 4.45 电极弧面张角变化时的输出信号灵敏度分析图

4.7 小结

在钻井过程中，井下环境工况复杂，受钻柱的振动及泵压的波动等因素的影响，环形流道的流速可能不成对称分布。为了减少流速分布不均对测量精度的影响，通过使得环空电磁流量测量系统的权重函数更加均匀，研究利用有限元模型，基于矢量权重函数标准差等4个评价指标对单对线圈励磁结构和双对线圈励磁结构的磁场影响关键结构尺寸因素及电极形状、大小进行 COMSOL 仿真。通过对单对线圈励磁结构和双对线圈励磁结构的 COMSOL 仿真数据进行分析，结合系统优化效果评价指标进行综合权衡，得到环空电磁流量测量系统的最优励磁结构参数；通过对电极形状、大小进行的 COMSOL 仿真，可知电极大小在提高测量精度方面的重要作用。

5 环空流量电磁测量系统响应特性仿真

在第 3 章和第 4 章对环空流量电磁测量系统的权重函数进行了研究讨论。但在实际测量中，除了权重函数外，环空流道内各种影响因素也直接决定着传感器的响应特性。环空流量电磁测量系统在应用于钻井测量时，将面临许多干扰因素的挑战，气体或油等非导电物质、固体颗粒物、钻井过程中出现的井径或偏心以及流体的性质使得流体的流动特性存在很大的差异。为了深入研究环空流量电磁测量系统的响应特性，本章以环空流量电磁测量系统为研究对象，在稳恒磁场下，将其权重函数与流场进行耦合研究，分析了影响环空流量电磁测量系统响应特性的因素，并给出了具有指导意义研究结论。

影响环空流量电磁测量系统测量精度因素很多，目前从虚电流密度、磁感应强度分布及矢量权重函数角度综合分析环空流量电磁测量系统的响应特性仍然是研究的热点[118-120]，尤其是近年来随着 COMSOL 等计算流体力学及电磁场有限元多耦合场分析技术迅速发展，为解决井下复杂条件下的环空多相流电磁测量系统响应预测问题提供了良好机遇。由于流体内的油气泡或者固体颗粒、系统的倾斜与偏心、流体电磁特性发生变化等因素都会给环空电磁流量测量响应带来影响。这些因素对电磁流量计响应特性影响的研究，从传统角度进行理论分析难度很大，比如理论推导困难或 PDE 方程无法求解等问题。如果可以基于本书前面章节的理论建立系统的有限元多耦合场模型，利用现代计算机强大的运算能力从数值模拟角度予以仿真理论分析，可以为环空流量电磁测量系统的实现提供强有力的基础。

基于 Bevir 的矢量权重函数理论有式(5.1)：

$$U = \int_\tau [(\boldsymbol{B} \times \boldsymbol{j}) \cdot \boldsymbol{V}] \mathrm{d}\tau \tag{5.1}$$

当环空流体只有 z 轴方向有流速时，可以简化为式(5.2)：

$$U = \int_\tau [(\boldsymbol{B}_x \times \boldsymbol{j}_y - \boldsymbol{B}_y \times \boldsymbol{j}_x) \cdot \boldsymbol{V}_z] \mathrm{d}\tau \tag{5.2}$$

式中：U 为两电极间电位差；$\boldsymbol{V}$ 为环空流体流速；τ 为环空流体所在空间；$\boldsymbol{B}$ 为磁感应强度；$\boldsymbol{j}$ 为虚电流密度矢量。

为了定量表征环空流量电磁测量系统由于流体内的油气泡或者固体颗粒、流体电磁特性发生变化等因素给环空电磁流量测量响应带来影响，考虑到这些影响因素影响的不是虚电流的密度就是磁感应强度的分布，可以通过分析最后的矢量权重函数来分析外界因素变化对系统测量的影响，因此本研究提出了矢量权重函数灵敏度 S_w 这一定义，定义了式(5.3)，式中 W_z 和 W_{z0} 分别为有无外界影响时候的矢量权重函数在 z 轴方向上的分量，τ 为在三维情况下环空流量电磁测量系统的有效体积；矢量权重函数灵敏度 S_w 有正负之分，为正说明该影响因素会使得系统信号的输出增加，为负说明该影响因素会使得系统的信号输出减少。

$$S_w = \frac{\int_\tau W_z \mathrm{d}\tau - \int_\tau W_{z0} \mathrm{d}\tau}{\int_\tau W_{z0} \mathrm{d}\tau} \quad (5.3)$$

5.1 气体或者油等非导电物质对环空流量电磁测量的影响

在钻井过程中，环空流道内可能会出现气体或者是油等非导电物质。为了研究出现的气体和油等非导电物质对环空电磁流量测量的影响，通过 COMSOL 有限元软件仿真非导电介质(气泡或油等)对环空流量电磁测量系统的响应特性[118-120]。

在仿真过程中，采用球形来模拟油和气泡等非导电物质(电导率为0，相对磁导率为1)，在环形流道空间不同位置放置不同个数的非导电物质，建立磁场分析的有限元模型，如图 5.1 所示，图中 12 个小球即为油和气泡等非导电物质(由于有 4 个电极，为了便于进行对称分析取 4 的倍数个球体)。在研究过程中，由于油和气泡等非导电物质在流动过程中对线圈磁场不构成影响，这些非导电物质主要将会影响偏微分方程的边界条件，主要会对虚电流密度的分布构成影响。基于式(5.2)考虑到虚电流密度的分布的 x 轴和 y 轴分量都会影响 z 轴方向的矢量权重函数的分布，研究可以不对虚电流密度的分布的 x 轴和 y 轴分量，直接对最终的 z 轴方向的矢量权重函数进行分析。

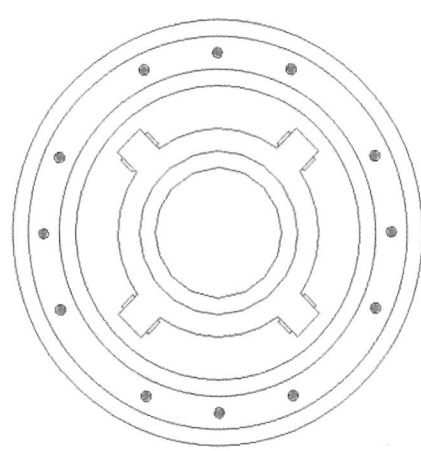

图 5.1 油和气泡等非导电物质在环形流道中的分布

当含有油气泡的流体在环空流道内部流动时，油或者气泡的个数或者相对环空电磁测量系统的位置都是不断变化的。当气泡或油个数和位置不同等对环空流量电磁测量系统虚电流密度分布及矢量权重函数的影响情况是不相同的，下面将分别进行分析。

5.1.1 轴向位置对测量的影响

当环形流道的流道上存在 4 个相同大小对称分布的油气泡时，对环空电磁测量系统相应的虚电流密度分布和矢量权重函数的影响情况做了下面的仿真实验。设定 4 个气泡或油在环形流道的中线上自下而上运动，小球半径均为 0.6cm。为了显示环空流量测量系统虚电流密度分布和矢量权重函数的变化情况，选用了 4 个小球球心中心点在 z 轴坐标位置分别在 -10cm、-5cm、0cm、5cm 和 10cm 等 5 个轴向位置时的仿真图图 5.2 和图 5.3，仿真图在一定程度上反映了气泡或油在上升的过程中，为了便于分析虚电流的分布的变化情

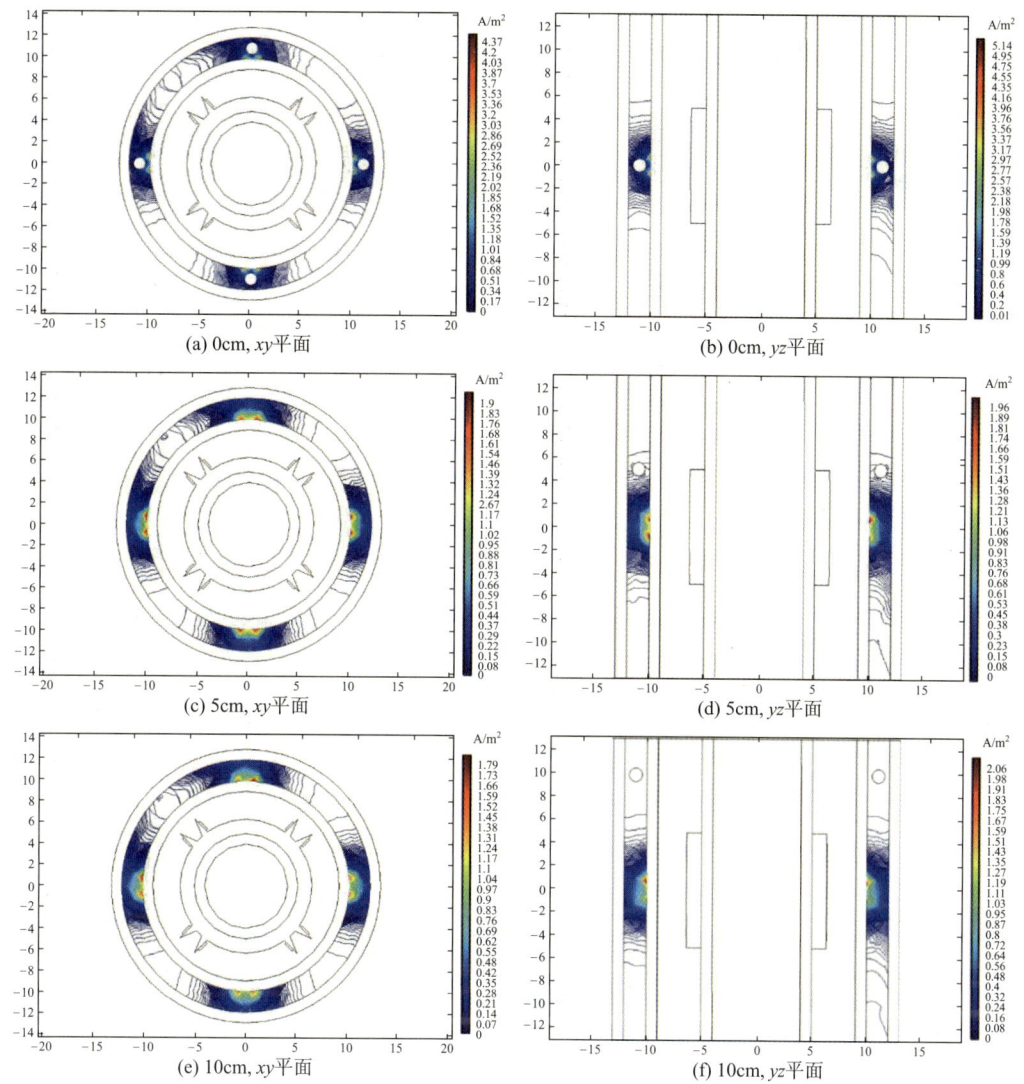

图 5.2 非导电物质位于 z 为 0cm、5cm 和 10cm 时虚电流密度等值分布图

况,研究取环形流道 xy 平面 $z=0$ 位置的截面和 yz 平面 $x=0$ 位置的截面作为对象进行分析。

图 5.2(a)、图 5.2(c)、图 5.2(e)为四个小球球心中心点位置分别在 0cm、5cm 和 10cm 时虚电流密度 xy 平面($z=0$ 处)等值分布图,图 5.2(b)、图 5.2(d)、图 5.2(f)为虚电流 yz 平面($x=0$ 处)等值分布图。图 5.3(a)、图 5.3(c)、图 5.3(e)为四小球球心中心点位置分别在 0cm、5cm 和 10cm 时 z 轴方向矢量权重函数 xy 平面($z=0$ 处)等值分布图,图 5.3(b)、图 5.3(d)、图 5.3(f)为对应的 z 轴方向矢量权重函数的 yz 平面($x=0$ 处)等值分布图。

通过图 5.2 和图 5.3 可以看出,当 4 个油气泡中心沿着轴向从 $z=0$cm、$z=5$cm 到 $z=10$cm 的过程中,环空流体域上的虚电流密度和矢量权重函数分布会发生明显的变化。考虑到虚电流密度分布的 x 轴和 y 轴分量都会影响 z 轴方向的矢量权重函数的分布,无法进

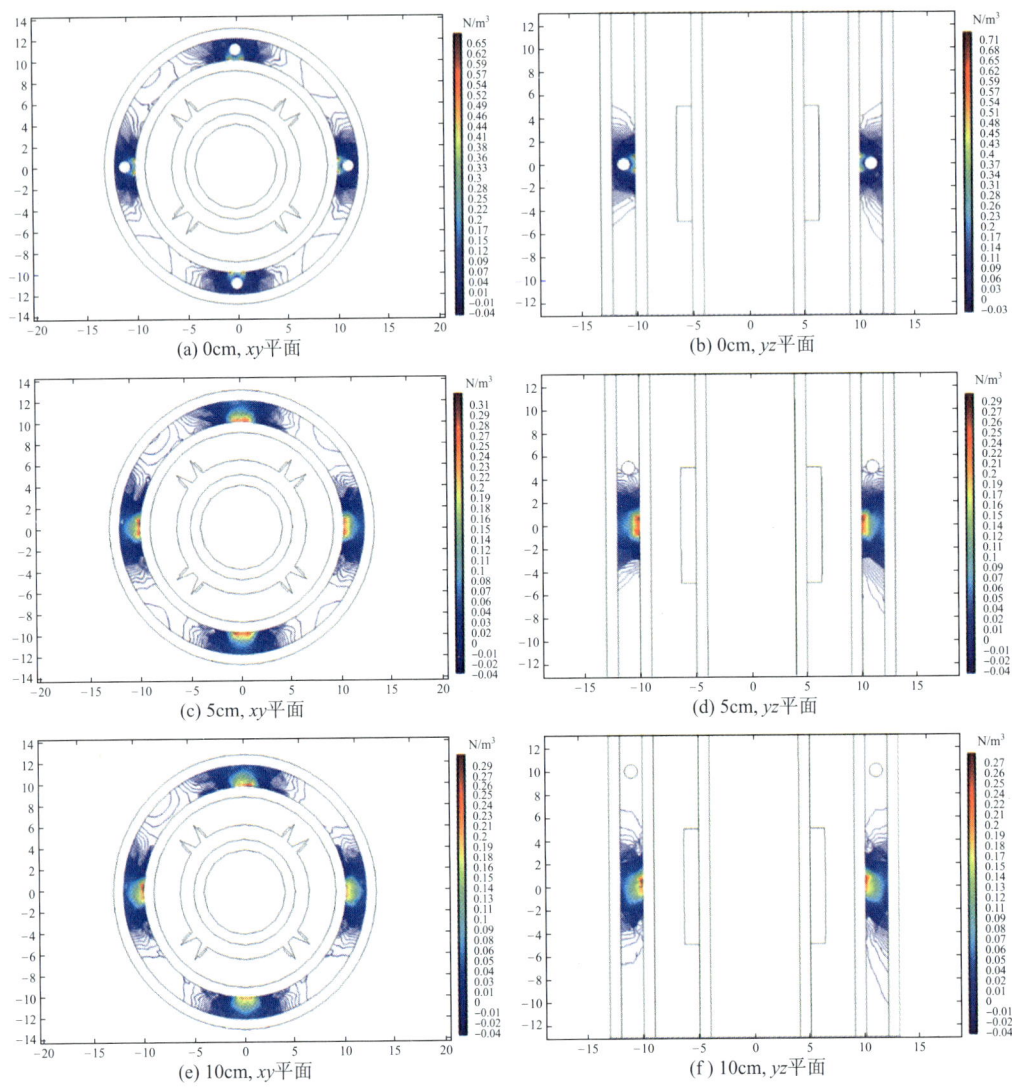

图 5.3 非导电物质位于 z 为 0cm、5cm 和 10cm 时 z 轴方向权重函数等值分布图

行定量分析，分析中可以直接考虑影响因素对最终的 z 轴方向的矢量权重函数的影响进行定量分析。

为了定量分析 4 个油气泡中心沿着环空轴向从下往上运动的过程中对环空流量电磁测量系统的影响，本书对从 z 轴的 -40cm 处到 40cm 处进行仿真模型的扫描分析，并根据矢量权重函数灵敏度 S_w 的式 (5.3) 用 COMSOL 的派生值功能进行求解，得到了矢量权重函数灵敏度响应特性如图 5.4 所示。从图 5.4 可以看出，当油气泡中心在距电极所在位置中的轴向中心距离大于 10cm 时，环空流量电磁测量系统的矢量权重函数灵敏度变化不是很大；当油气泡中心在距轴向中心距离所在位置中的轴向距离小于 10cm 时，环空流量电磁测量系统的矢量权重函数灵敏度开始迅速增加；当油气泡中心在距电极所在位置中的轴向距离为 0cm 时，环空流量电磁测量系统的矢量权重函数灵敏度是最大的，通过矢量权重函数灵敏度的方向可以判断气泡经过电极附近会引起系统输出的波动，且主要是引起信号幅值的增加。

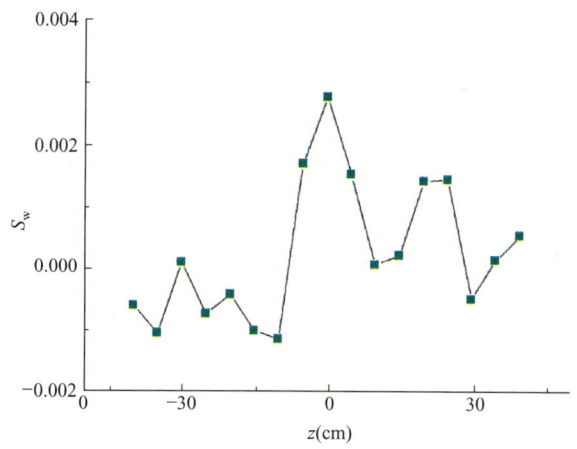

图 5.4 轴向距离变化时的矢量权重函数灵敏度变化曲线

5.1.2 油气泡大小对测量的影响

为了研究环形流道轴线上存在大小不同的油气泡时对环空电磁测量系统相应的影响，做了下面的仿真实验。设定多个不同大小油气泡在环形流道的轴线上运动，油气泡的半径分别为 0.1cm、0.3cm、0.5cm、0.7cm 和 0.9cm，每次取同一半径的 4 个油气泡经过环形流道。基于前面的分析已知油气泡在经过电极附近时对测量系统是最敏感的，为了显示环空流量电磁测量系统敏感场的变化情况，选用油气泡经过电极附近位置时的虚电流密度的变化情况来分析(为了便于分析，研究取环形流道 xy 平面 $z=0$ 位置的截面和 yz 平面 $x=0$ 位置的截面作为对象进行分析)。

图 5.5(a)、图 5.5(c)、图 5.5(e)为油气泡半径分别为 0.1cm、0.5cm 和 0.9cm 时虚电流 xy 平面等值分布图，图 5.5(b)、图 5.5(d)、图 5.5(f)为对应时虚电流 yz 平面等值分布图。图 5.6(a)、图 5.6(c)、图 5.6(e)为油气泡半径分别为 0.1cm、0.5cm 和 0.9cm 时 z 轴方向权重函数 xy 平面等值分布图，图 5.6(b)、图 5.6(d)、图 5.6(f)为对应的 z 轴方向权重函数 yz 平面等值分布图。

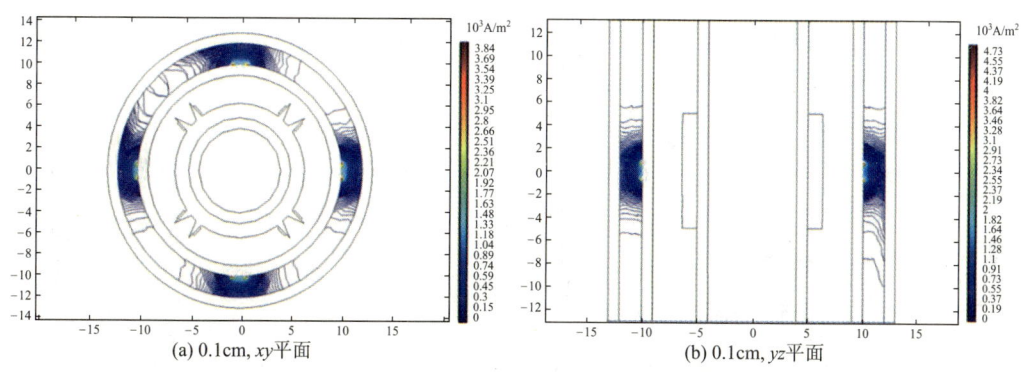

图 5.5 油气泡半径分别为 0.1cm、0.5cm 和 0.9cm 时虚电流密度等值分布图

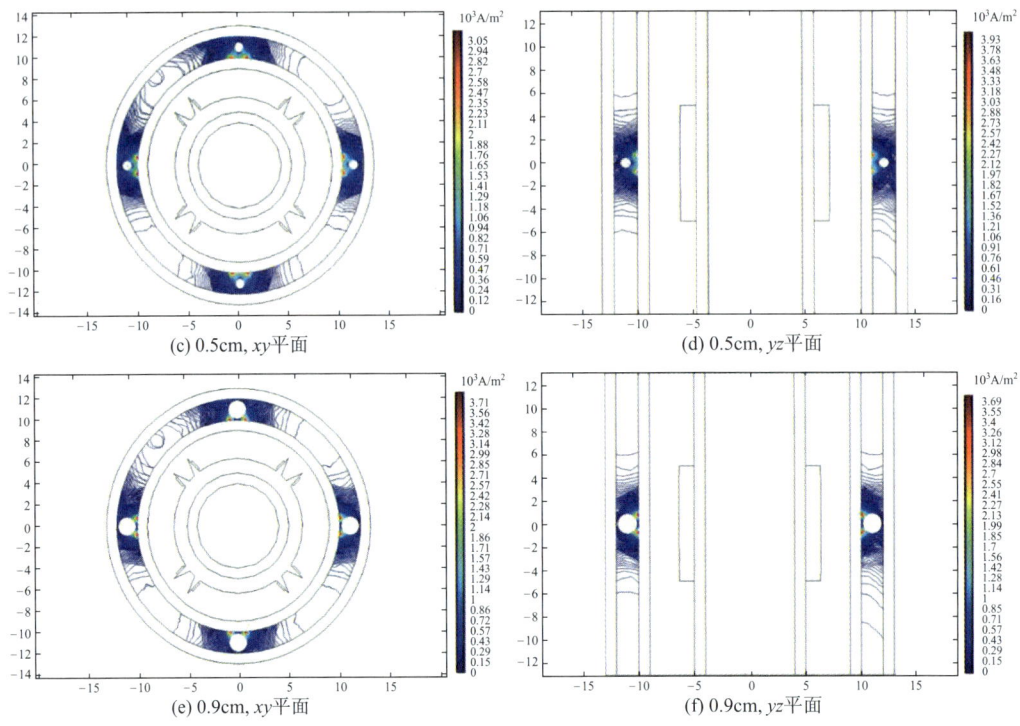

图 5.5 油气泡半径分别为 0.1cm、0.5cm 和 0.9cm 时虚电流密度等值分布图(续)

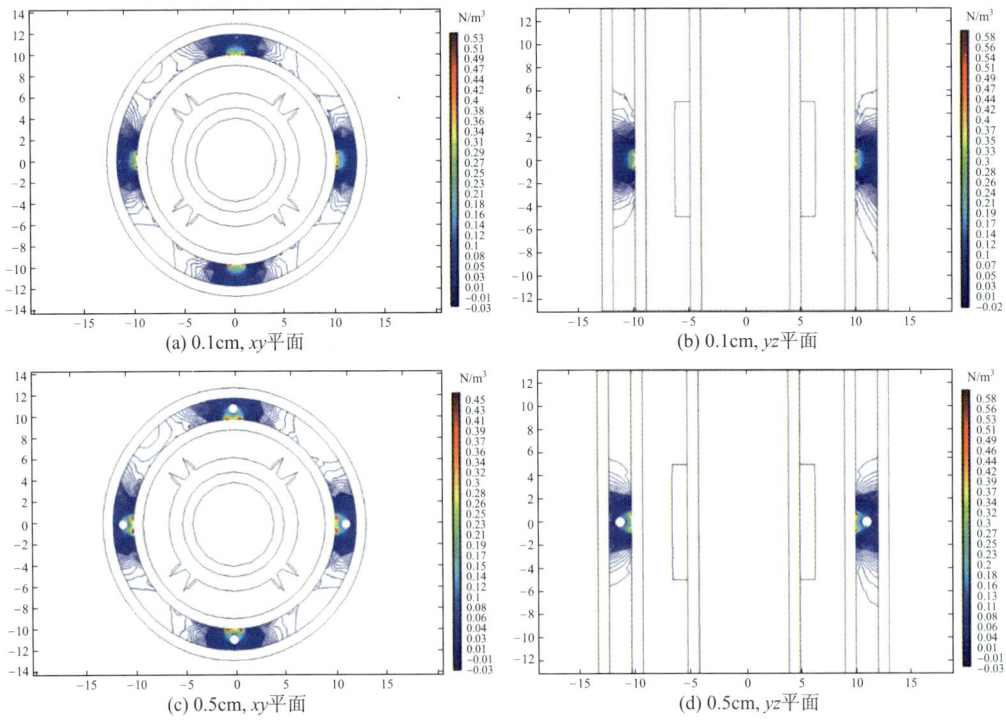

图 5.6 油气泡半径分别为 0.1cm、0.5cm 和 0.9cm 时 z 轴方向权重函数等值分布图

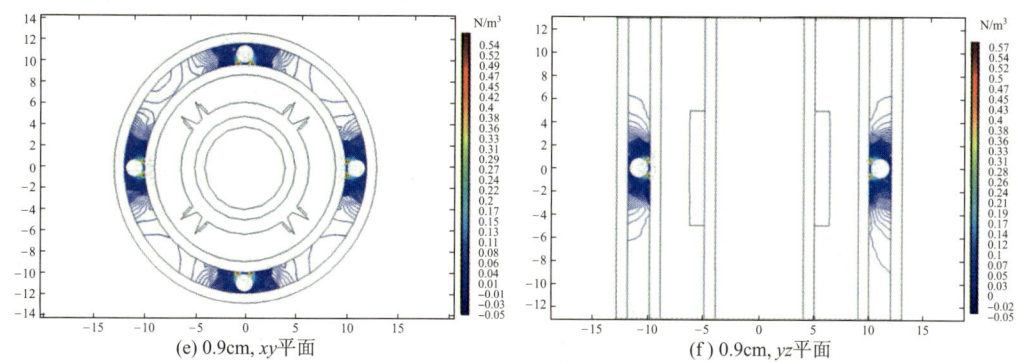

图 5.6 油气泡半径分别为 0.1cm、0.5cm 和 0.9cm 时 z 轴方向权重函数等值分布图(续)

通过图 5.5 和图 5.6 可以看出,当油气泡半径分别为 0.1cm、0.5cm 和 0.9cm 时,环空流体域上的虚电流密度和矢量权重函数分布会发生明显的变化。考虑到虚电流密度分布的 x 轴和 y 轴分量都会影响 z 轴方向的矢量权重函数的分布,无法进行定量分析,分析中可以直接考虑影响因素对最终的 z 轴方向的矢量权重函数的影响进行定量分析。

为了定量分析 4 个在 $z=0$ 处半径分别为 0.1cm、0.3cm、0.5cm、0.7cm 和 0.9cm 油气泡对环空流量电磁测量系统的影响,本书对球体的半径从 0.1cm 处到 0.9cm 处进行仿真模型的扫描分析(间隔 0.2cm),得到了矢量权重函数灵敏度响应特性如图 5.7 所示。从图 5.7 上可以看出,当油气泡半径小于 0.3cm 的时候,环空流量电磁测量系统的矢量权重函数灵敏度变化很小;当油气泡的半径大于 0.3cm 以后,伴随着油气泡的半径的增加环空流量电磁测量系统的矢量权重函数灵敏度开始迅速增加。通过矢量权重函数灵敏度的方向可以判断油气泡半径大于 0.3cm 以后引起的系统波动主要会引起信号幅值的增加。

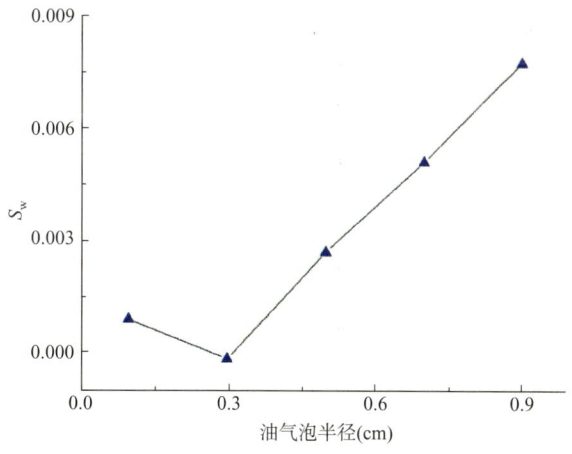

图 5.7 油气泡半径变化时的矢量权重函数灵敏度变化曲线

5.1.3 油气泡个数对测量的影响

为了研究环形流道轴线上存在不同个数油气泡时对环空电磁测量系统产生的影响,进行如下仿真研究。设定小球半径为 0.6cm 的不同个数油气泡在环形流道的轴线上运动,油气泡的个数分别为 4 个、8 个和 12 个,每次取不同个数油气泡分别经过环形流道。基于前面的分析已知油气泡在经过电极附近时对测量是最敏感的,为了直观分析气泡个数对井下环空流量电磁测量系统敏感场的情况,选用油气泡经过电极附近位置时的虚电流密度和矢量权重函数变化情况来分析。

图 5.8(a)、图 5.8(c)、图 5.8(e) 为环形流道上同时经过电极附近油气泡个数分别为 4、8 和 12 时 xy 平面($z=0$ 处)虚电流密度的等值分布图,图 5.8(b)、图 5.8(d)、图 5.8(f) 为对应的 z 轴方向权重函数等值分布图。

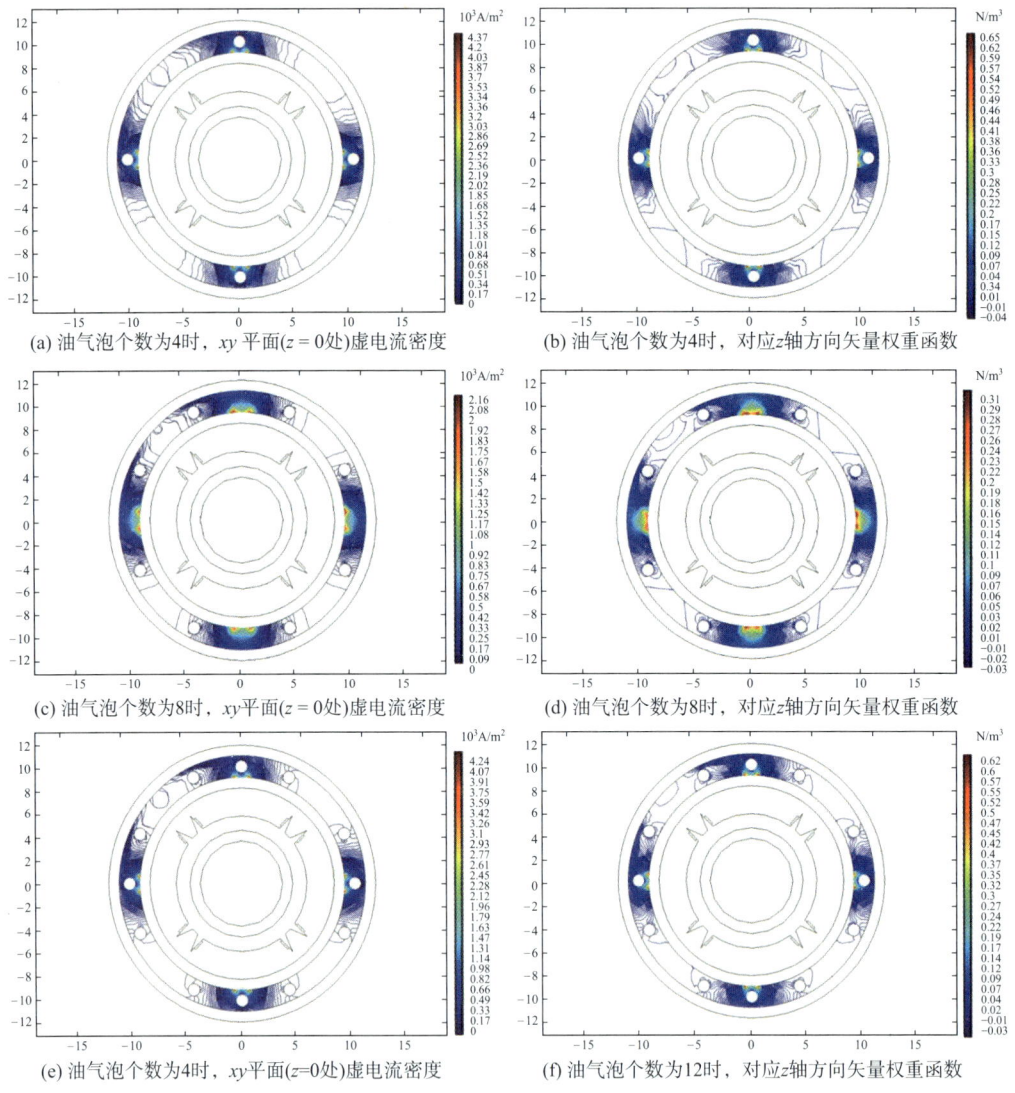

图 5.8　油气泡个数分别为 4、8 和 12 时 xy 平面($z=0$ 处)虚电流
密度和对应 z 轴方向矢量权重函数等值分布图

通过图 5.8 可以看出,当电极附近油气泡个数分别为 4、8 和 12 时,环空流体域上的虚电流密度和矢量权重函数分布会发生明显的变化。为了定量分析电极附近油气泡个数对

环空流量电磁测量系统的影响,本书对电极附近油气泡个数分别为4、8和12时的3种情况进行仿真分析,得到了矢量权重函数灵敏度响应特性如图5.9所示。从图5.9上可以看出,油气泡个数增加,对系统有影响,但不是油气泡越多影响越大,还和油气泡分布位置有关。

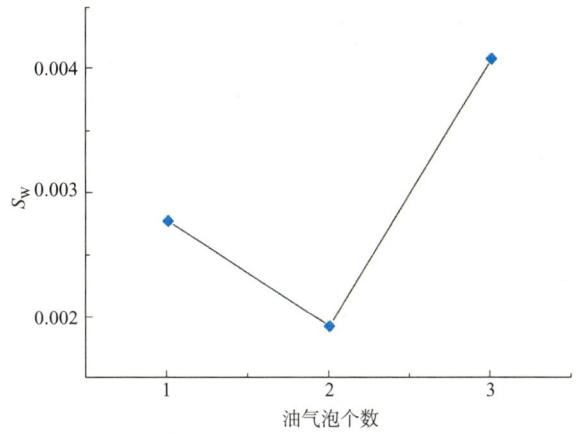

图5.9 油气泡个数变化时的矢量权重函数灵敏度变化曲线

5.1.4 油气泡距离轴向中心的位置对测量的影响

为了研究环形流道轴线上存在距离轴向中心位置不同的油气泡时对环空电磁测量系统相应影响,做了下面的仿真实验。设定半径均为0.6cm的多个油气泡在环形流道的轴线上运动,但油气泡距离轴向中心位置不同,分别为10.70cm、10.85cm、11.00cm、11.15cm和11.30cm。基于前面的分析已知油气泡在经过电极附近时对测量是最敏感的,为了直观分析油气泡距离中心的位置对井下环空流量电磁测量系统敏感场的影响情况,选用油气泡经过电极附近位置时的虚电流和虚电流势的变化情况来分析。

图5.10(a)、图5.10(c)、图5.10(e)为油气泡距离轴向中心位置分别为10.70cm、11.00cm和11.30cm时虚电流密度xy平面($z=0$处)等值分布图,图5.10(b)、图5.10(d)、图5.10(f)为对应时虚电流密度yz平面($x=0$处)等值分布图。图5.11(a)、图5.11(c)、图5.11(e)为油气泡与轴向中心位置距离分别为10.70cm、11.00cm和11.30cm时z轴方向权重函数xy平面($z=0$处)等值分布图,图5.11(b)、图5.11(d)、图5.11(f)为对应的z轴方向权重函数yz平面($x=0$处)等值分布图。

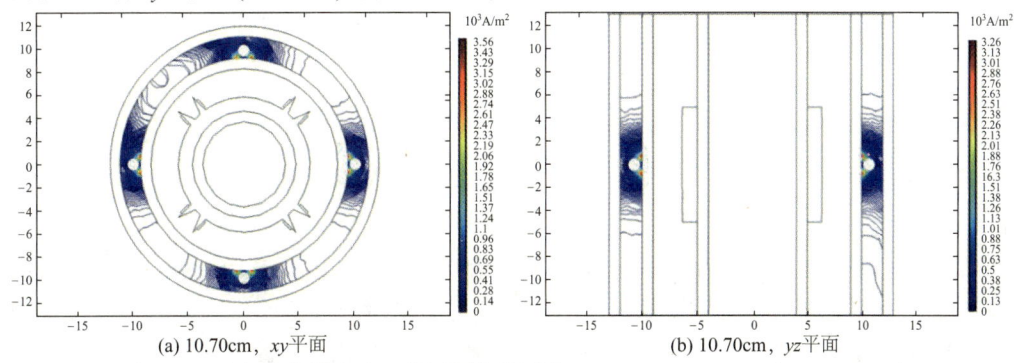

图5.10 油气泡与轴向中心位置距离分别为10.70cm、11.00cm和11.30cm时
xy平面($z=0$处)虚电流密度等值分布图

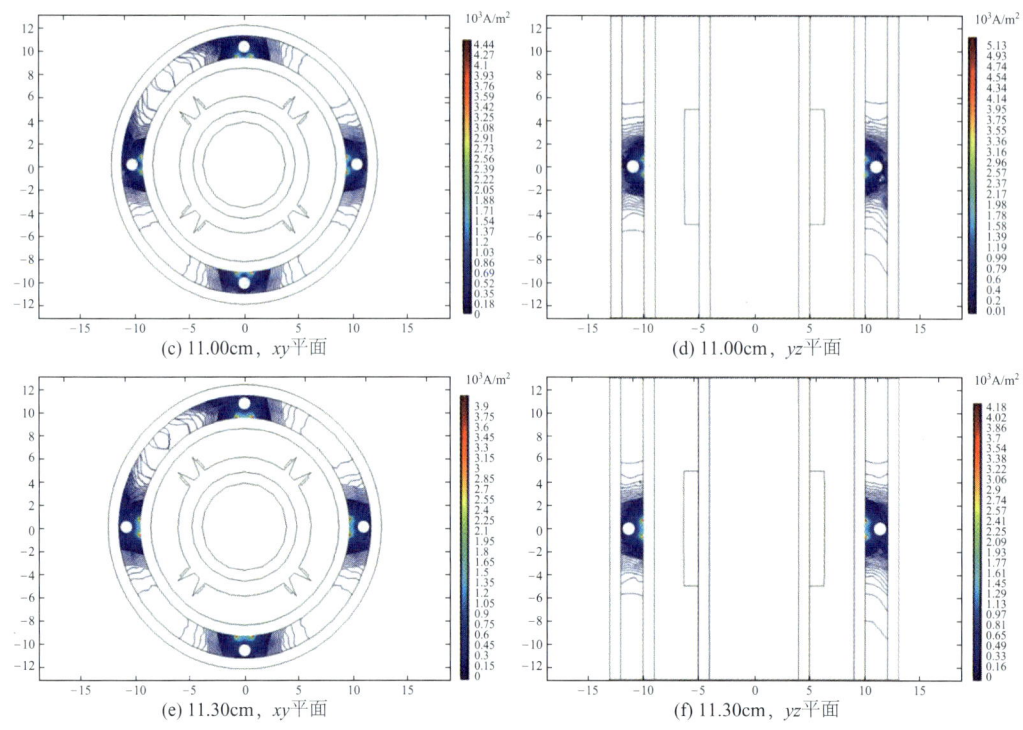

图 5.10 油气泡与轴向中心位置距离分别为 10.70cm、11.00cm 和 11.30cm 时
xy 平面（$z=0$ 处）虚电流密度等值分布图（续）

通过图 5.10 和图 5.11 可以看出，当油气泡距离轴向中心位置分别为 10.70cm、10.85cm、11.00cm、11.15cm 和 11.30cm 时，环空流体域上的虚电流密度和矢量权重函数分布会发生明显的变化。为了定量分析油气泡与轴向中心位置距离对环空流量电磁测量系统的影响，本书对 5 种情况进行参数扫描分析，得到了矢量权重函数灵敏度响应特性如图 5.12 所示。从图 5.12 上可以看出，气泡离电极最近的时候，并不是矢量权重函数影响最大的时候，相对来说油气泡离电极的距离越近矢量权重函数越敏感。

对于井下而言，井内油或者气泡过多时，油气泡附着在环空电磁流量测量系统电极上，可能使测量系统不能正常工作。环空内会存在不同程度的游离油滴或者气泡，当通过环空流量电磁测量系统电极油滴半径大于电极半径时，可以完全隔开电极，会导致电极瞬时停止工作，产生测量误差。

5.1.5 油气泡间距离对测量的影响

为了研究环形流道轴线上油气泡间距离不同时对环空电磁测量系统相应影响，做了下面的仿真实验。设定半径均为 0.6cm 的 12 个油气泡在环形流道的轴线上运动，但油气泡间距离不同，油气泡间的分布夹角分别为 40°、50°、60°、70° 和 80°。基于前面的分析已知油气泡在经过电极附近时对测量是最敏感的，为了显示油气泡间距离不同对环空流量电磁测量系统敏感场的变化情况，仍然选用油气泡经过电极附近位置时的虚电流密度和矢量权重函数的变化情况来分析。

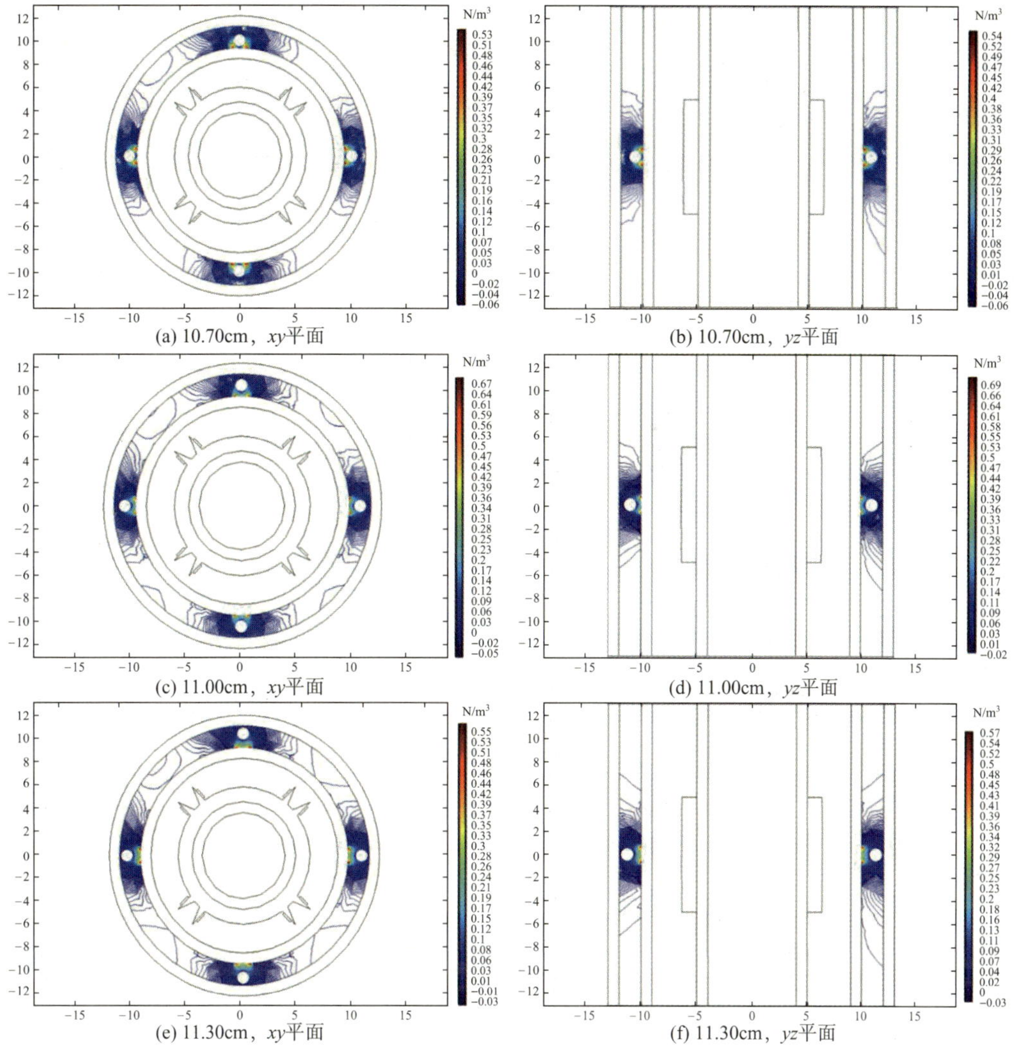

图 5.11 油气泡与轴向中心位置距离分别为 10.70cm、11.00cm 和 11.30cm 时 yz 平面($x=0$ 处)z 轴方向矢量权重函数等值分布图

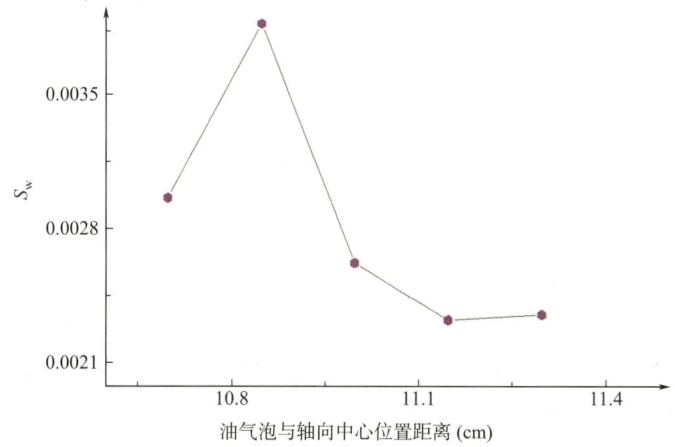

图 5.12 油气泡与轴向中心位置距离变化时的矢量权重函数灵敏度变化曲线

图 5.13(a)、图 5.13(c)为油气泡间的分布夹角分别为 40°和 80°时虚电流密度 xy 平面 ($z=0$ 处)等值分布图，图 5.13(b)、图 5.13(d)为对应时虚电流密度 yz 平面($x=0$ 处)等值分布图。图 5.14(a)、图 5.14(c)为图 5.13 对应的 z 轴方向权重函数 xy 平面($z=0$ 处)等值分布图，图 5.14(b)、图 5.14(d)为图 5.13 对应的 z 轴方向权重函数 yz 平面($x=0$ 处)等值分布图。

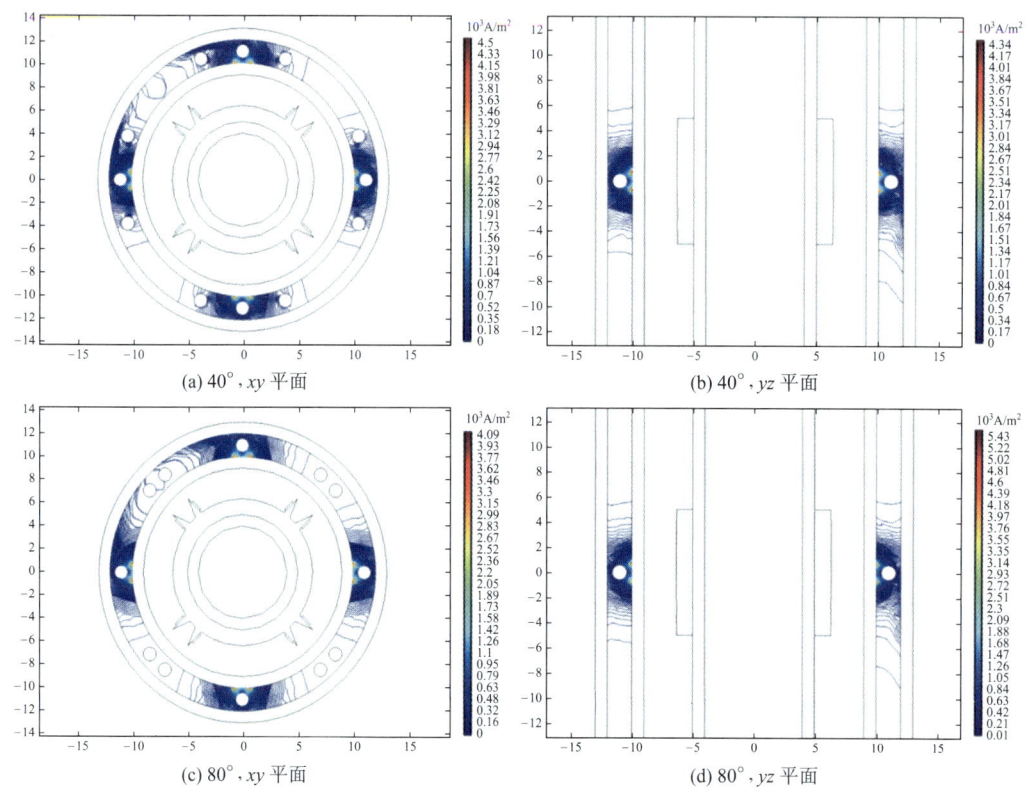

图 5.13　油气泡间的分布夹角分别为 40°和 80°时虚电流密度等值分布图

通过图 5.13 和图 5.14 可以看出，当油气泡间的分布夹角分别为 40°和 80°时，环空流体域上的虚电流密度和矢量权重函数分布会发生明显的变化。为了定量分析油气泡间的分布夹角对环空流量电磁测量系统的影响，本书对油气泡间夹角的 5 种情况进行参数扫描分析，得到了矢量权重函数灵敏度响应特性如图 5.15 所示。从图 5.15 上可以看出，气泡的分布夹角不同会引起矢量权重函数的变化。

通过对前面的系统性分析可以发现，气体或者油等非导电物质对环空流量电磁测量系统的影响主要表现为使得测量系统的输出会增加，特别当气泡体积增加、距离电极较近的时候对系统的影响更大，只有在气体刚进入测量系统时会引起输出的减少。最重要的是，气体或者油等非导电物质对环空流量电磁测量系统的影响和油气泡等非导电物质的分布有密切关系。

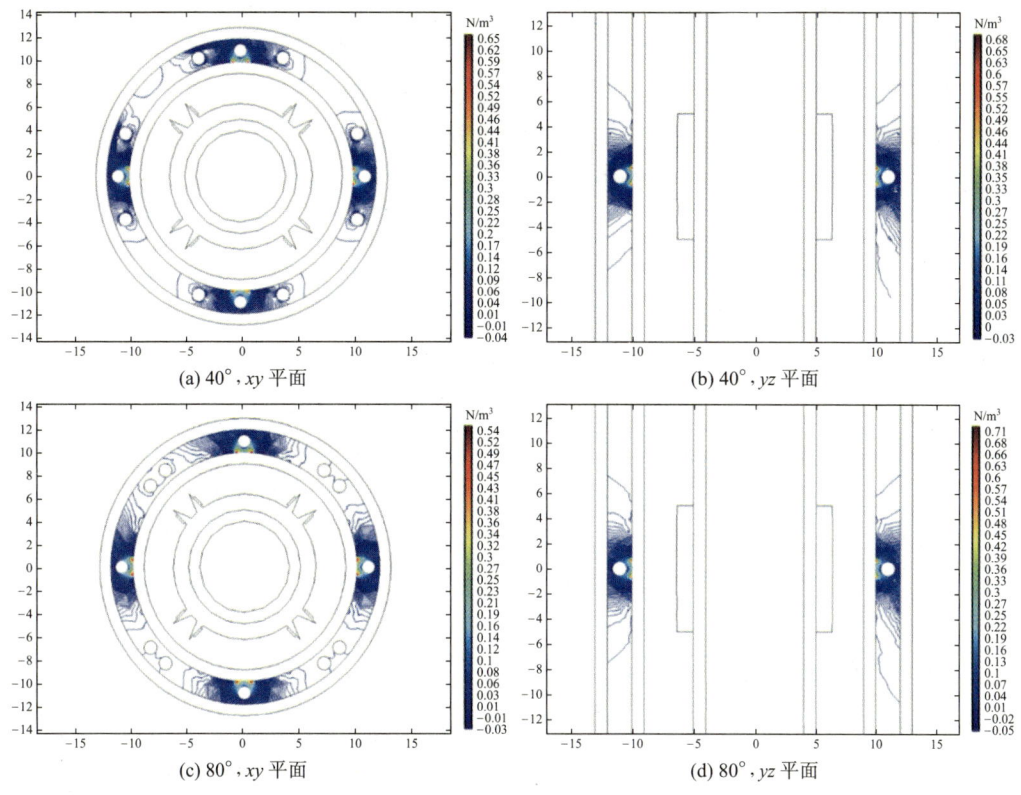

图 5.14 油气泡间的分布夹角为 40°和 80°时 z 轴方向权重函数等值分布图

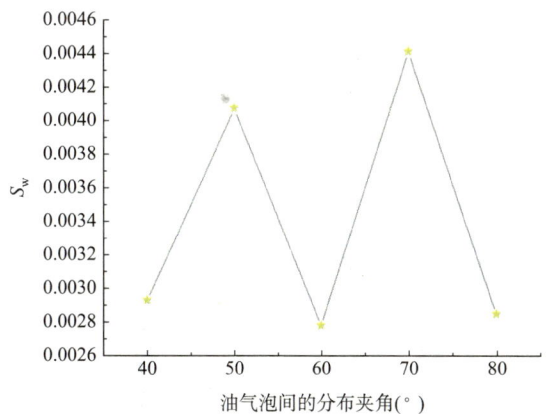

图 5.15 油气泡间的分布夹角变化时的矢量权重函数灵敏度变化曲线

5.2 固体颗粒对环空流量电磁测量的影响

在钻井过程中，环空中返回的钻井液中会携带有黏土、钻屑和重晶石等固体颗粒，可能具有导磁和导电作用(初步假设固体颗粒电导率为 0.1S/m，相对磁导率为 1)，将对电磁流量测量产生的磁场和电场产生影响,进而对测量结果精度也可能造成影响。所以,有必要对存在不同磁导率和电导率、不同尺寸和不同位置的固体颗粒情况下的磁场分布进行考察。在研究过程中,固体颗粒在流动过程中对虚电流密度和磁感应强度分布都构成影响,因此在研究中不单独分析虚电流密度和磁感应强度分布,而是对两者共同作用而产生的 z 轴方向的矢量权重函数进行研究和分析。

5.2.1 轴向位置对测量的影响

当环形流道内存在 4 个相同大小的固体颗粒时,为了研究轴向位置对环空电磁测量系统相应的影响,进行以下仿真实验。设定 4 个固体颗粒均匀分布在电极边上,且在环形流道的中间线上自下而上运动,4 个固体颗粒用小球来建模,小球半径均为 0.6cm。为了显示环空流量测量系统矢量权重函数的变化情况,选用了 4 个小球球心中心点在 z 轴坐标位置在 -10cm、-5cm、0cm、5cm 和 10cm 等 5 个轴向位置时上方固体颗粒截面的仿真图(图 5.16 和图 5.17),仿真图在一定程度上反映了固体颗粒在上升的过程中,虚电流密度和磁感应强度的分布情况(为了便于分析,研究取环形流道 yz 平面 $x=0$ 位置的截面作为对象进行分析)。

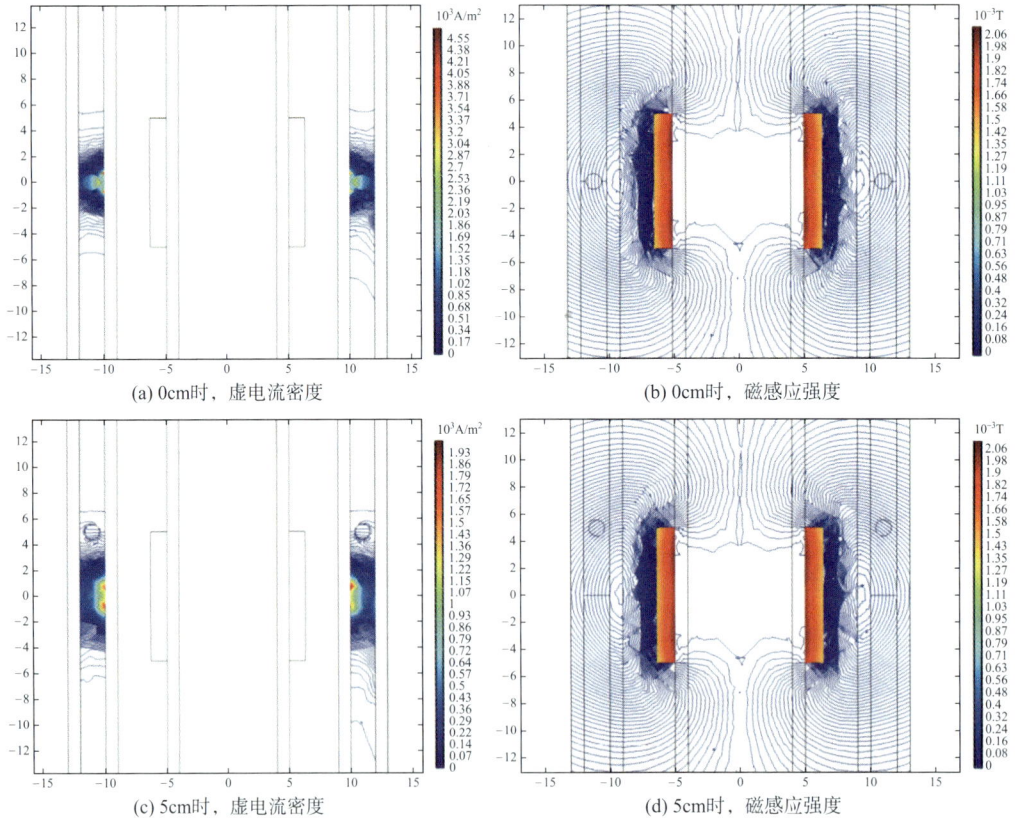

图 5.16 固体颗粒位于 z 为 0cm、5cm 和 10cm 时虚电流密度和磁感应强度等值分布图

5 环空流量电磁测量系统响应特性仿真

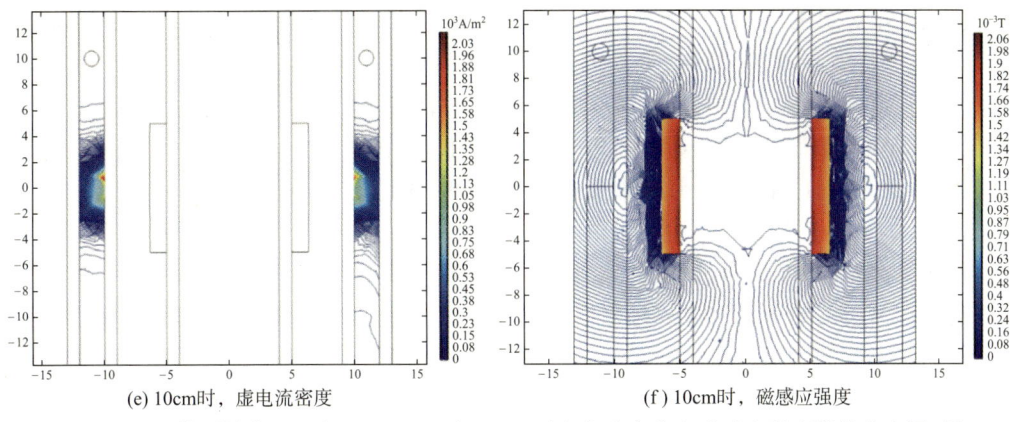

(e) 10cm时,虚电流密度　　　　　(f) 10cm时,磁感应强度

图 5.16　固体颗粒位于 z 为 0cm、5cm 和 10cm 时虚电流密度和磁感应强度等值分布图(续)

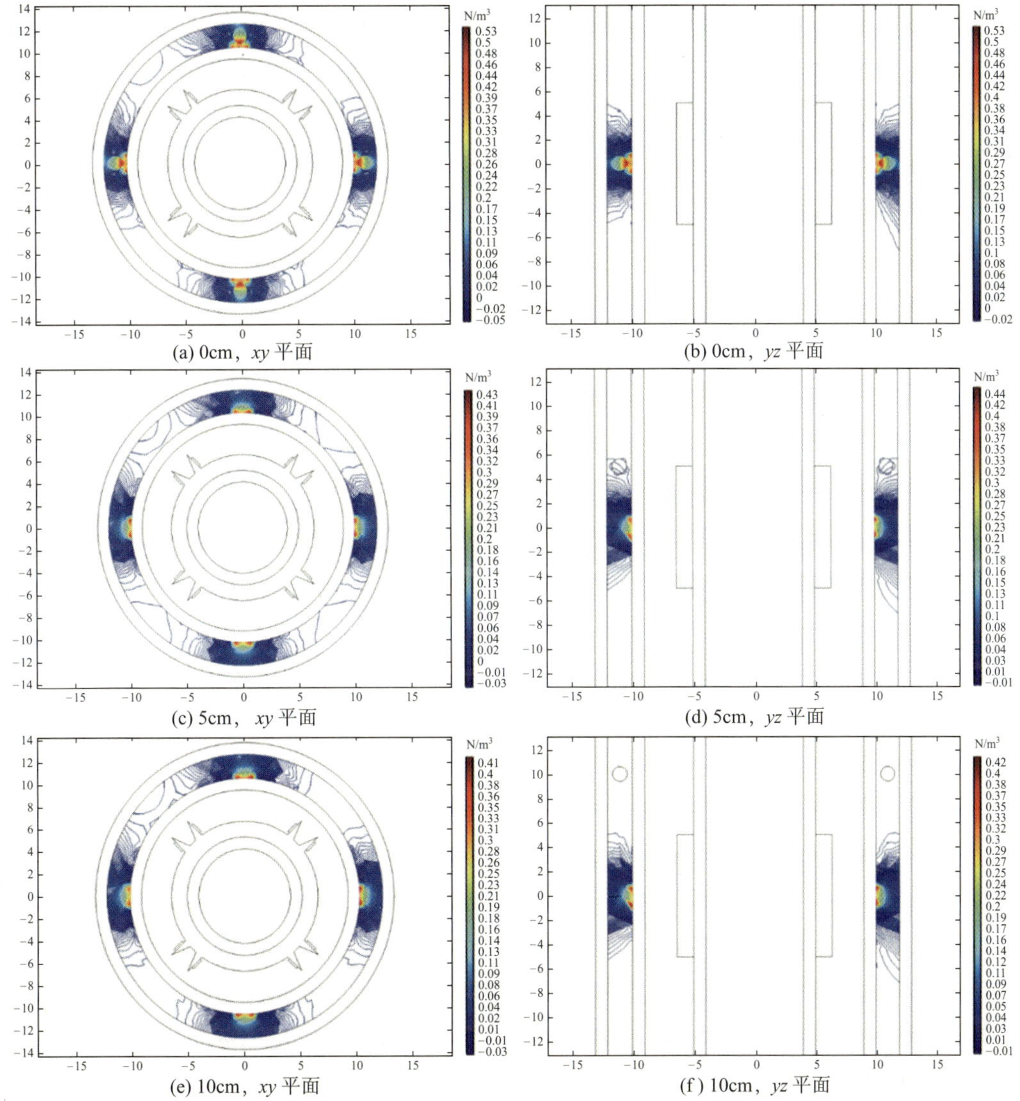

(a) 0cm,xy 平面　　　　　(b) 0cm,yz 平面

(c) 5cm,xy 平面　　　　　(d) 5cm,yz 平面

(e) 10cm,xy 平面　　　　　(f) 10cm,yz 平面

图 5.17　固体颗粒位于 $z=$ 0cm、5cm 和 10cm 时 z 轴方向权重函数等值分布图

图 5.16(a)、图 5.16(c)、图 5.16(e)为两球球心中心点位置在 0cm、5cm 和 10cm 时虚电流密度 yz 平面 x=0 位置等值分布图,图 5.16(b)、图 5.16(d)、图 5.16(f)为对应的磁感应强度等值分布图。图 5.17(a)、图 5.17(c)、图 5.17(e)为四球球心中心点位置在 0cm、5cm 和 10cm 时 z 轴方向权重函数 xy 平面等值分布图,图 5.17(b)、图 5.17(d)、图 5.17(f)为对应的 z 轴方向权重函数的 yz 平面等值分布图。

通过图 5.16 和图 5.17 可以看出,当固体颗粒位于 z=0cm、5cm 和 10cm 时,环空流体域上的虚电流密度和磁感应强度分布都会发生变化,最终导致矢量权重函数分布会发生明显的变化。为了定量分析 4 个固体颗粒中心沿着环空轴向从下往上运动的过程中对环空流量电磁测量系统的影响,本书对从 z 轴的 -40cm 处到 40cm 处进行仿真模型的扫描分析,得到了矢量权重函数灵敏度响应特性如图 5.18 所示。从图 5.18 上可以看出,当固体颗粒中心在距电极所在位置中的轴向中心距离大于 10cm 时,环空流量电磁测量系统的矢量权重函数灵敏度变化不是很大;当固体颗粒中心在距轴向中心距离所在位置中的轴向距离小于 10cm 时,环空流量电磁测量系统的矢量权重函数灵敏度开始迅速增加;当固体颗粒中心在距电极所在位置中的轴向距离为 0cm 时,环空流量电磁测量系统的矢量权重函数灵敏度是最大的,通过矢量权重函数灵敏度的方向可以判断固体颗粒经过电极附近会引起系统输出的波动,且主要是引起信号幅值的减少。

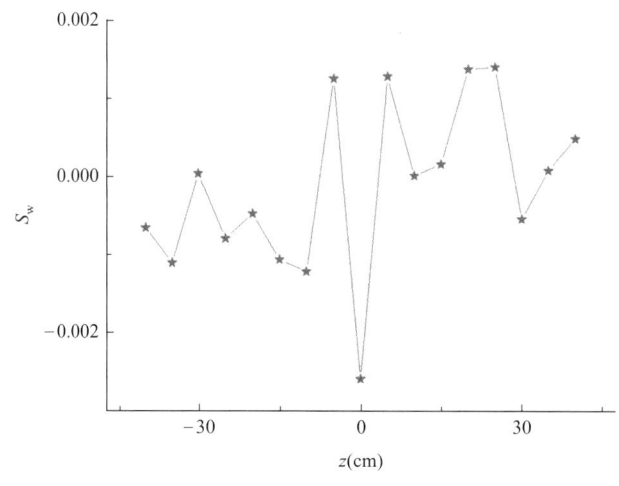

图 5.18 轴向距离变化时的矢量权重函数灵敏度变化曲线

5.2.2 固体颗粒大小对测量的影响

为了研究环形流道轴线上存在不同大小固体颗粒时对环空电磁测量系统相应的影响,做了下面的仿真实验。设定多个不同大小固体颗粒在环形流道的轴线上运动,固体颗粒的半径分别为 0.1cm、0.3cm、0.5cm、0.7cm 和 0.9cm,每次取同一半径的 4 个固体颗粒经过环形流道。基于前面的分析已知固体颗粒在经过电极附近时对测量系统是最敏感的,为了显示环空流量电磁测量系统输出的变化情况,选用固体颗粒经过电极附近位置时的虚电流密度和磁场强度的变化情况来分析(为了便于分析,研究取环形流道 yz 平面 x=0 位置的截面为对象进行分析)。

图 5.19(a)、图 5.19(c)、图 5.19(e)为固体颗粒半径分别为 0.1cm、0.5cm 和 0.9cm 时虚电流密度 yz 平面 x=0 位置等值分布图,图 5.19(b)、图 5.19(d)、图 5.19(f)为对应时磁感应强度等值分布图。图 5.20(a)、图 5.20(c)、图 5.20(e)为固体颗粒半径分别为 0.1cm、0.5cm 和 0.9cm 时 z 轴方向权重函数 xy 平面等值分布图,图 5.20(b)、图 5.20(d)、图 5.20(f)为对应的 z 轴方向权重函数 yz 平面等值分布图。

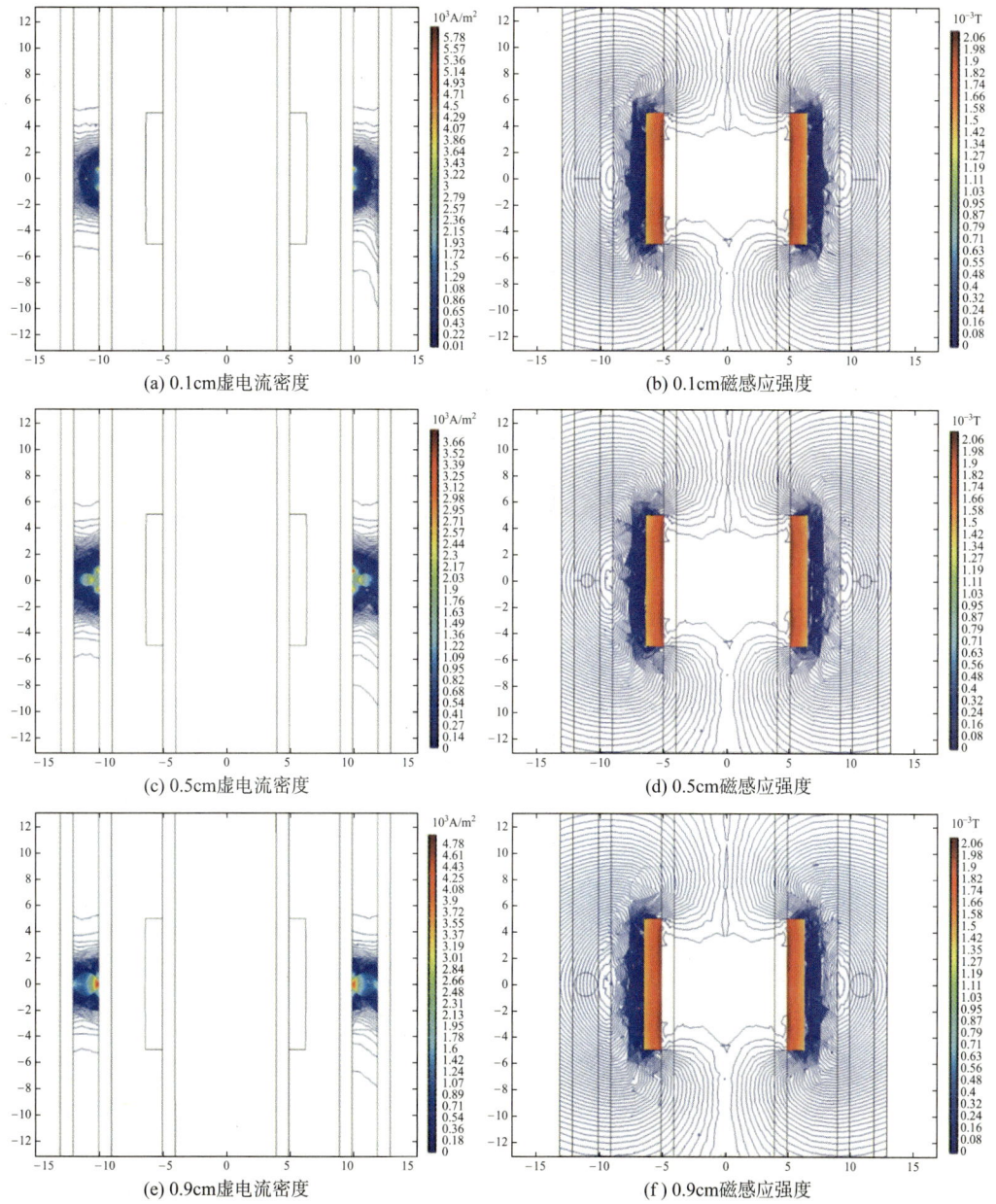

图 5.19 半径分别为 0.1cm、0.5cm 和 0.9cm 时虚电流密度和磁感应强度等值分布图

通过图 5.19 和图 5.20 可以看出,当固体颗粒半径分别为 0.1cm、0.5cm 和 0.9cm 时,环空流体域上的虚电流密度、磁感应强度和矢量权重函数分布会发生明显的变化。考虑到

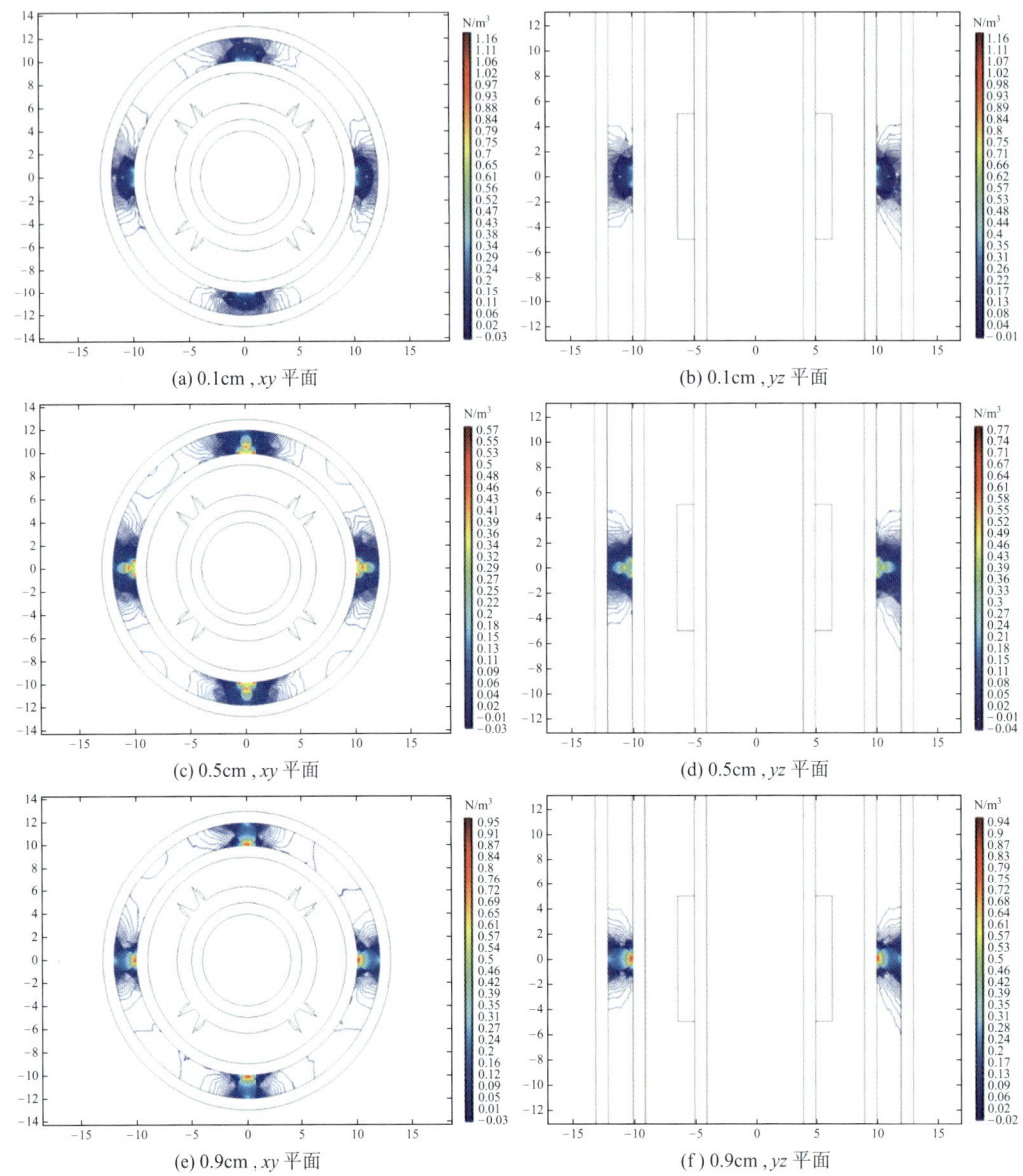

图 5.20 半径分别为 0.1cm、0.5cm 和 0.9cm z 轴方向权重函数等值分布图

虚电流密度和磁感应强度都会影响 z 轴方向的矢量权重函数的分布,无法进行单独的定量分析,因此在分析中直接考虑影响因素对最终 z 轴方向的矢量权重函数的影响进行整体的定量分析。

为了定量分析在 z = 0 处半径分别为 0.1cm、0.3cm、0.5cm、0.7cm 和 0.9cm 固体颗粒对环空流量电磁测量系统的影响,本书对球体的半径从 0.1cm 处到 0.9cm 处进行仿真模型的扫描分析(间隔 0.2cm),得到了矢量权重函数灵敏度响应特性如图 5.21 所示。从图 5.21 上可以看出,当固体颗粒半径小于 0.5cm 的时候,环空流量电磁测量系统的矢量权重函数灵敏度变化很小;当固体颗粒的半径大于 0.5cm 以后,特别是固体颗粒半径接近电极半径以后,伴随着固体颗粒的半径的增加环空流量电磁测量系统的矢量权重函数灵敏度开始迅速增加。通过矢量权重函数灵敏度的方向可以判断固体颗粒半径大于 0.5cm 以后引起的系统波动主要会引起信号幅值的减小。考虑到对于环空流道内的流体中的固体而言,固体颗粒的尺寸会比较小,因此,专门针对固体颗粒的半径从 0.01cm 处到 0.09cm 处进行仿真模型的扫描分析(间隔 0.02cm),并根据矢量权重函数灵敏度 S_w 的式(5.3)用 COMSOL 的派生值功能进行求解,得到了矢量权重函数灵敏度响应特性如图 5.22 所示。由图 5.22 可知,固体颗粒较小的时候,会引起信号幅值的增加。

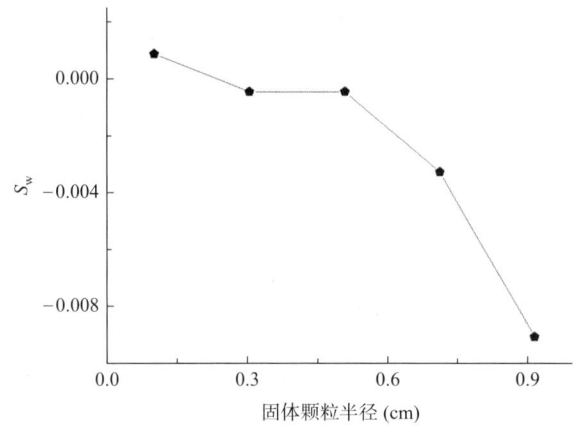

图 5.21 固体颗粒半径变化时的矢量权重函数灵敏度变化曲线

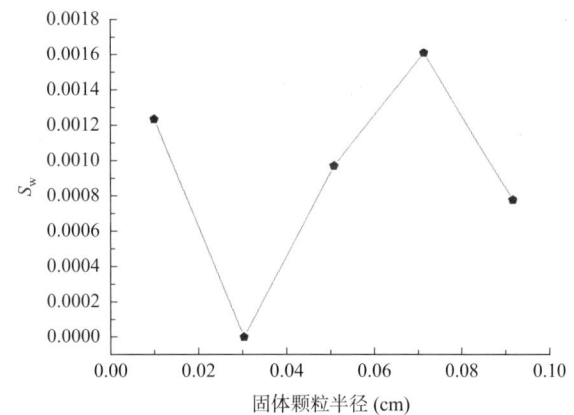

图 5.22 小固体颗粒半径变化时的矢量权重函数灵敏度变化曲线

5.2.3 固体颗粒个数对测量的影响

为了研究环形流道轴线上存在不同个数固体颗粒时对环空电磁测量系统相应的影响,进行如下仿真实验。设定小球半径为 0.6cm 的不同个数固体颗粒在环形流道的轴线上运动,固体颗粒的个数分别为 4 个、8 个和 12 个,每次取不同个数固体颗粒分别经过环形流道。基于前面的分析已知固体颗粒在经过电极附近时对测量是最敏感的,选用固体颗粒经过电极附近位置时的虚电流密度、磁感应强度和矢量权重函数变化情况来分析。

图 5.23(a)、图 5.23(d)、图 5.23(g)为环形流道上同时经过电极附近固体颗粒个数分别为 4、8 和 12 时 xy 平面($z=0$ 处)磁感应强度的等值分布图,图 5.23(b)、图 5.23(e)、图 5.23(h)为对应的虚电流密度等值分布图,图 5.23(c)、图 5.23(f)、图 5.23(i)为对应的 z 轴方向权重函数等值分布图。

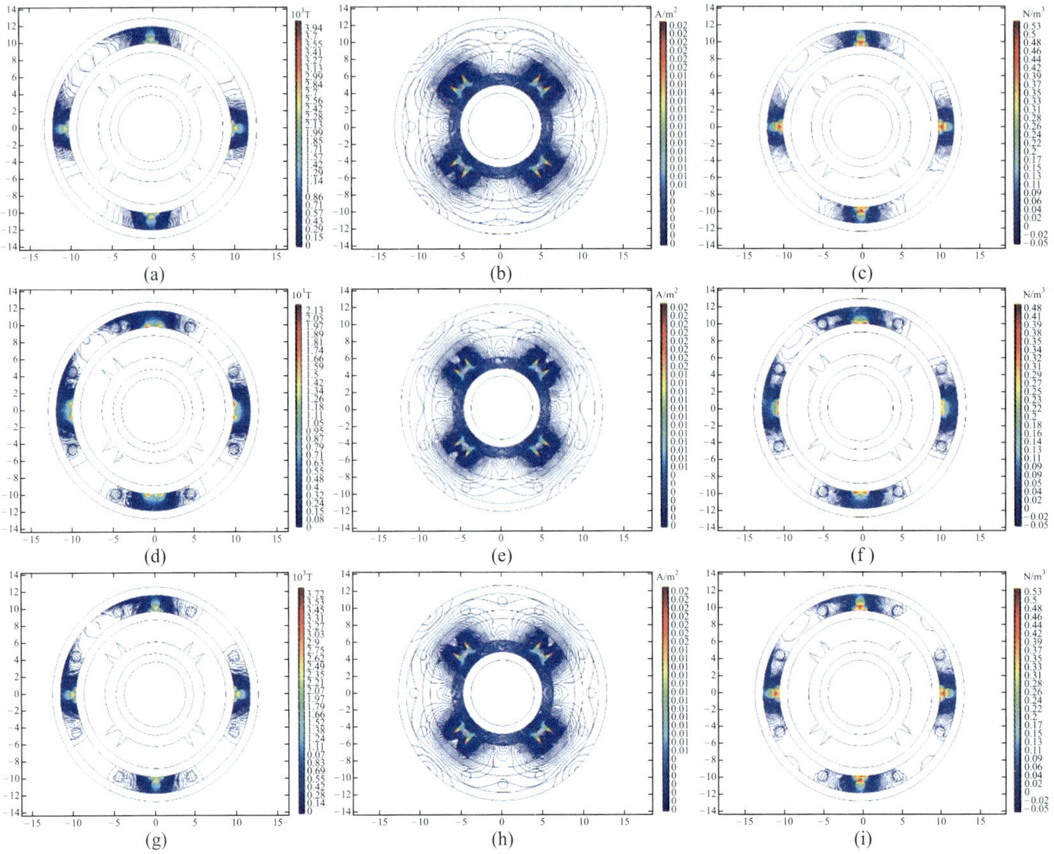

图 5.23　固体颗粒个数分别为 4、8 和 12 时 xy 平面($z=0$ 处)磁感应强度、虚电流密度和 z 轴方向权重函数等值分布图

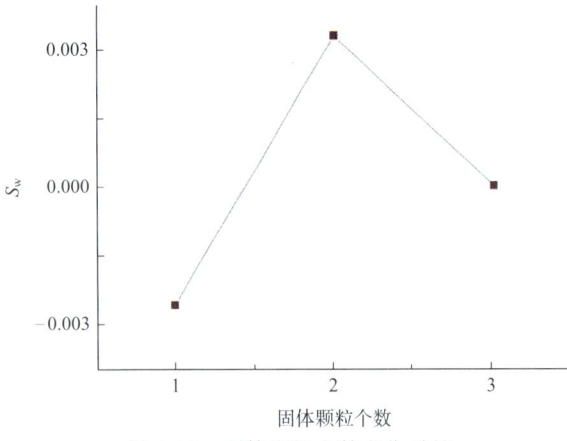

图 5.24　固体颗粒个数变化时的矢量权重函数灵敏度变化曲线

通过图 5.23 可以看出,当电极附近固体颗粒个数分别为 4、8 和 12 时,环空流体域上的磁感应强度、虚电流密度和矢量权重函数分布会发生明显的变化。为了定量分析电极附近固体颗粒个数分别为 4、8 和 12 时对环空流量电磁测量系统的影响,对电极附近固体颗粒个数分别为 4、8 和 12 时的 3 种情况进行仿真分析,得到了矢量权重函数灵敏度响应特性如图 5.24 所示。从图 5.24 上可以看出,固体颗粒个数增加,对系统产生一定的影响,但不是固体颗粒越多影响越大,还和固体颗粒分布的位置有关。

5.2.4 固体颗粒距离中心的位置对测量的影响

为了研究环形流道轴线上存在距离轴向中心位置不同的固体颗粒时对环空电磁测量系统相应影响，做了下面的仿真实验。设定半径均为 0.6cm 的多个固体颗粒在环形流道的轴线上运动，但固体颗粒距离轴向中心位置不同，分别为 10.70cm、10.85cm、11.00cm、11.15cm 和 11.30cm。基于前面的分析已知固体颗粒在经过电极附近时对测量是最敏感的，为了直观分析固体颗粒距离中心的位置对井下环空流量电磁测量系统敏感场的影响情况，选用固体颗粒经过电极附近位置时的虚电流密度和磁感应强度的变化情况来分析。

图 5.25(a)、图 5.25(c)、图 5.25(e) 为固体颗粒距离轴向中心位置距离分别为

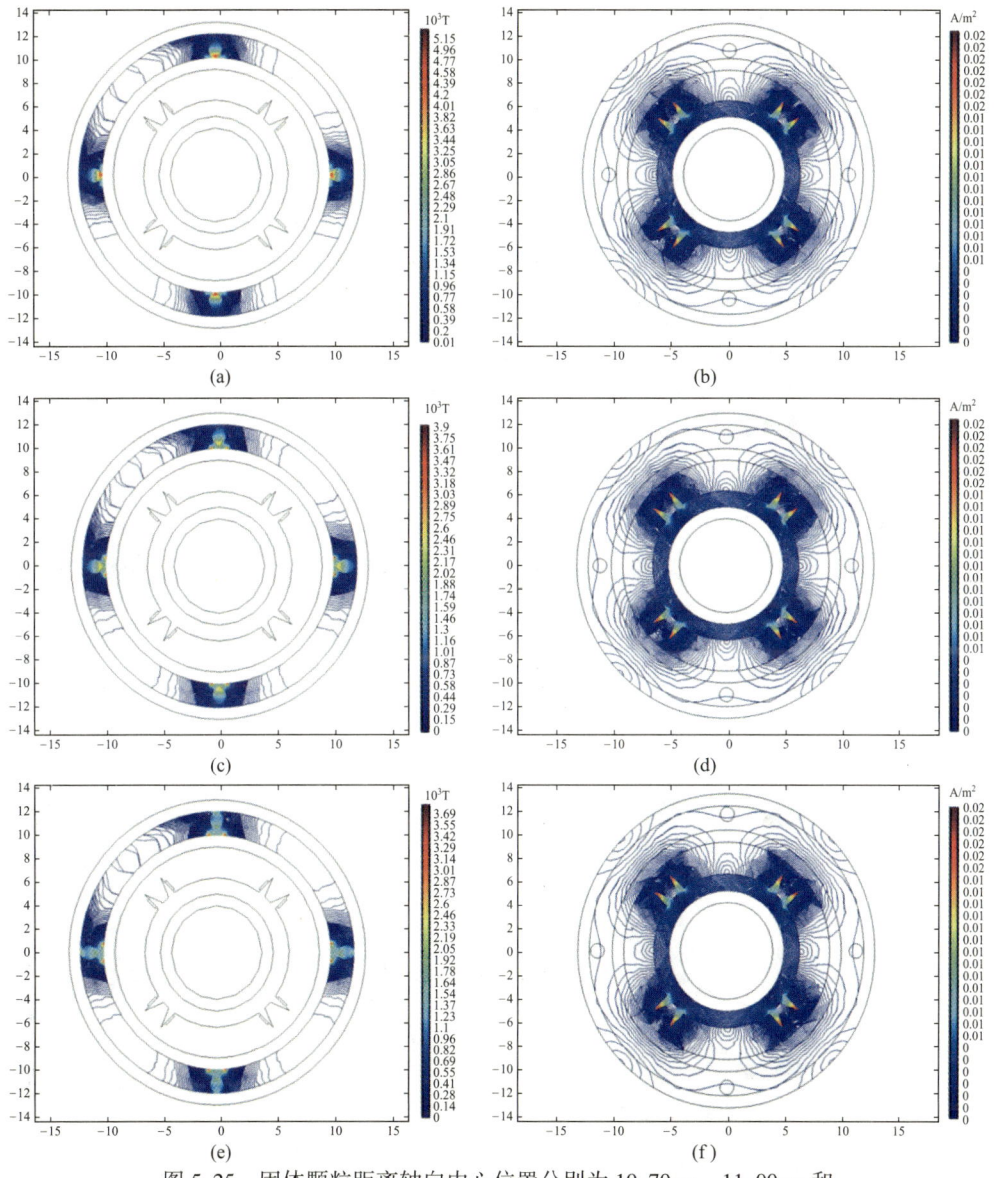

图 5.25　固体颗粒距离轴向中心位置分别为 10.70cm、11.00cm 和
11.30cm 时磁感应强度和虚电流密度的等值分布图

10.70cm、11.00cm 和 11.30cm 时磁感应强度 xy 平面($z=0$ 处)等值分布图,图 5.25(b)、图 5.25(d)、图 5.25(f)为虚电流密度对应时 xy 平面($z=0$ 处)等值分布图。图 5.26(a)、图 5.26(c)、图 5.26(e)为固体颗粒与轴向中心位置距离分别为 10.70cm、11.00cm 和 11.30cm 时 z 轴方向权重函数 xy 平面($z=0$ 处)等值分布图,图 5.26(b)、图 5.26(d)、图 5.26(f)为对应的 z 轴方向权重函数 yz 平面($x=0$ 处)等值分布图。

通过图 5.25 和图 5.26 可以看出,当固体颗粒距离轴向中心位置分别为 10.70cm、11.00cm 和 11.30cm 时,环空流体域上的虚电流密度、磁感应强度和矢量权重函数分布会发生明显的变化。为了定量分析固体颗粒与轴向中心位置距离分别为 10.70cm、10.85cm、

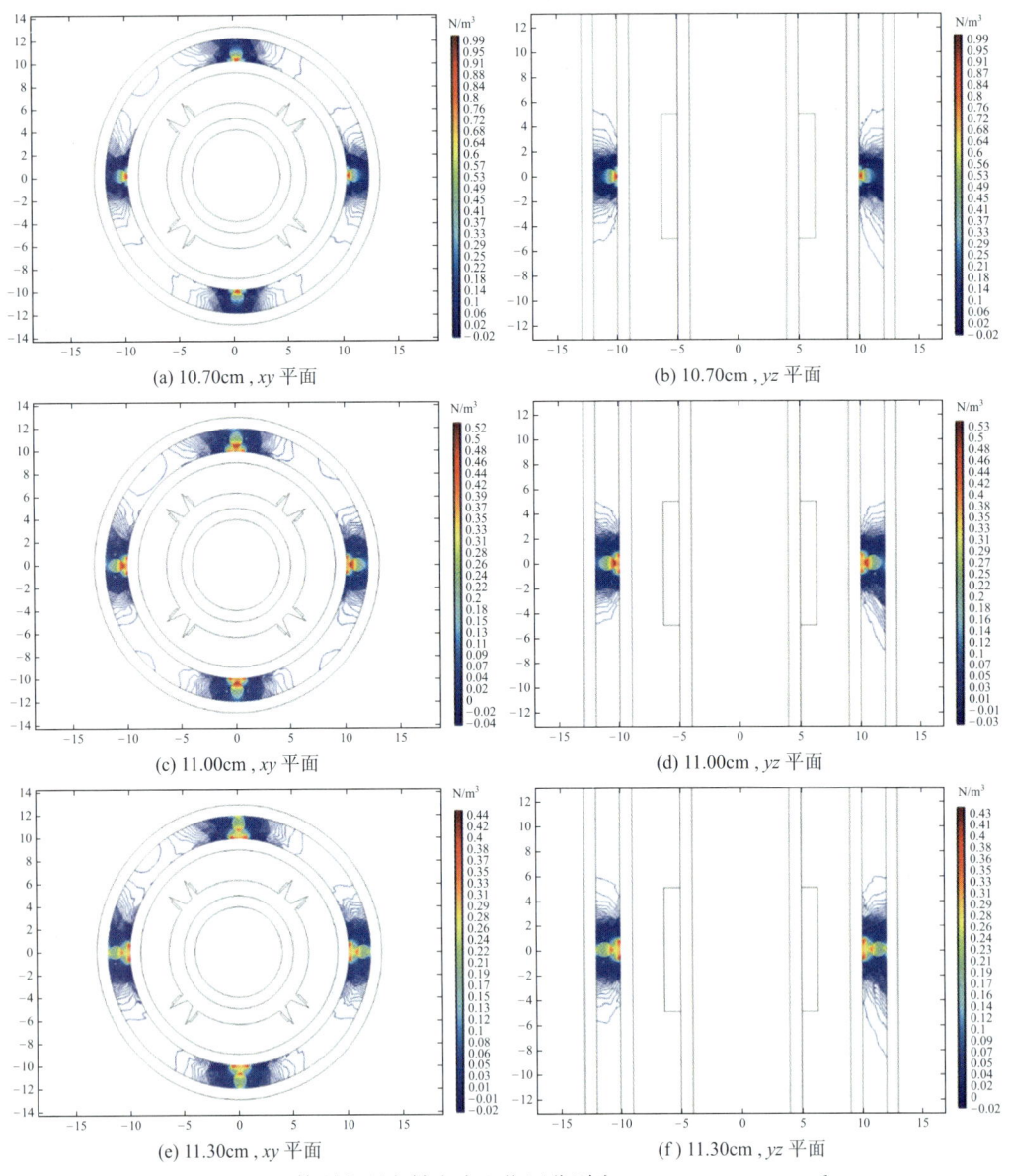

图 5.26 固体颗粒距离轴向中心位置分别为 10.70cm、11.00cm 和 11.30cm 时 z 轴方向权重函数等值分布图

11.00cm、11.15cm 和 11.30cm 时对环空流量电磁测量系统的影响，本书对这 5 种情况进行参数扫描分析，得到了矢量权重函数灵敏度响应特性如图 5.27 所示。从图 5.27 上可以看出，固体颗粒随着距离的增加时，对结果产生的影响大小变化为先减小后增加。

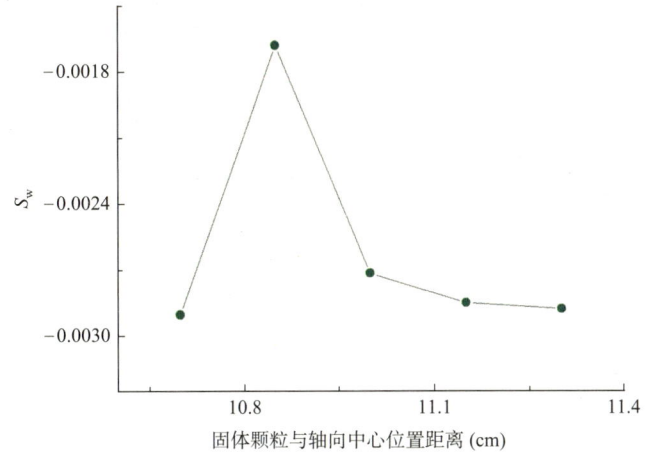

图 5.27 固体颗粒径向距离变化时的矢量权重函数灵敏度变化曲线

5.2.5 固体颗粒间距离对测量的影响

为了研究环形流道轴线上固体颗粒间距离不同时对环空电磁测量系统影响，做了下面的仿真实验。设定半径均为 0.6cm 的 12 个固体颗粒在环形流道的轴线中间上运动，但固体颗粒间距离不同，固体颗粒间的分布夹角为 40°、50°、60°、70° 和 80°。基于前面的分析已知固体颗粒在经过电极附近时对测量是最敏感的，为了直观分析固体颗粒间距离不同对环空流量电磁测量系统敏感场的影响情况，仍然选用固体颗粒经过电极附近位置时的虚电流密度、磁感应强度和矢量权重函数的变化情况来分析。

图 5.28(a)、图 5.28(c) 为固体颗粒间的分布夹角分别为 40° 和 80° 时磁感应强度 xy 平面($z=0$ 处)等值分布图，图 5.28(b)、图 5.28(d) 为对应虚电流密度等值分布图。图 5.29

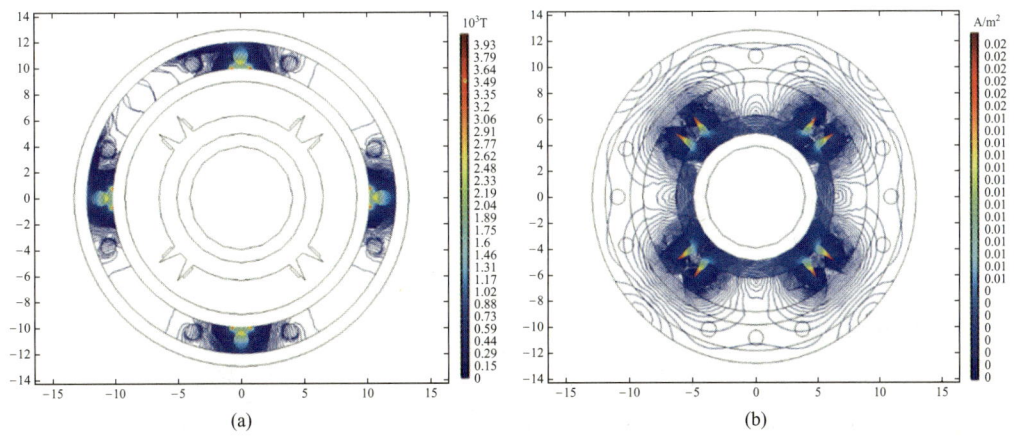

图 5.28 固体颗粒间的分布夹角分别为 40° 和 80° 时磁感应强度和虚电流密度等值分布图

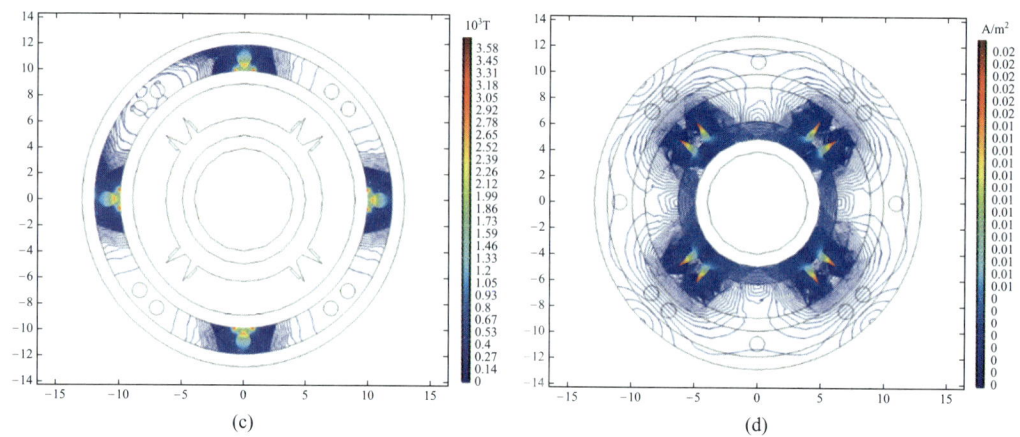

(c) (d)

图 5.28 固体颗粒间的分布夹角分别为 40°和 80°时磁感应强度和虚电流密度等值分布图(续)

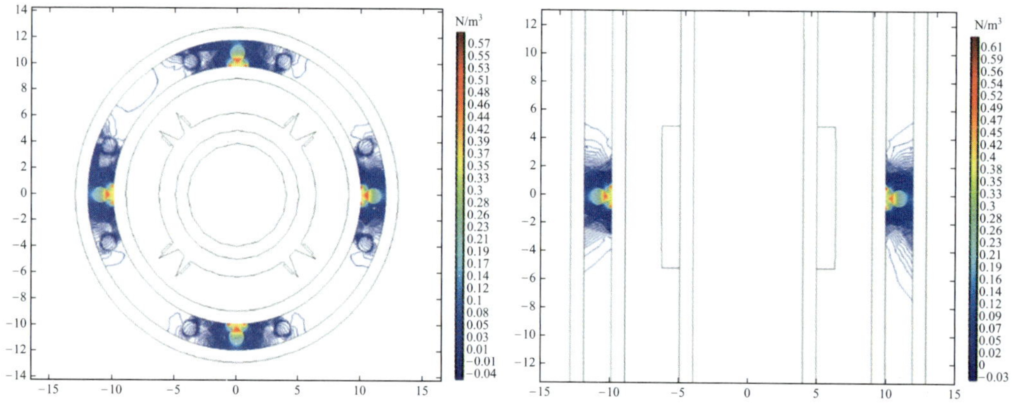

(a) 40°, xy 平面 (b) 40°, yz 平面

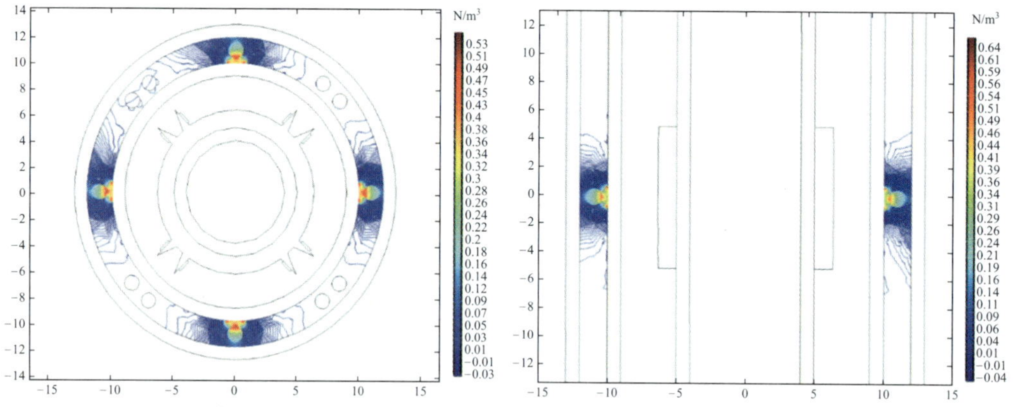

(c) 80°, yz 平面 (d) 80°, yz 平面

图 5.29 固体颗粒间的分布夹角分别为 40°和 80°时 z 轴方向权重函数等值分布图

(a)、图 5.29(c)为图 5.28 对应的 z 轴方向权重函数 xy 平面($z=0$ 处)等值分布图,图 5.29(b)、图 5.29(d)为对应的 z 轴方向权重函数 yz 平面($x=0$ 处)等值分布图。

通过图 5.28 和图 5.29 可以看出,当固体颗粒间的分布夹角分别为 40°和 80°时,环空流体域上的虚电流密度、磁感应强度和矢量权重函数分布会发生明显的变化。为了定量分析固体颗粒间的分布夹角对环空流量电磁测量系统的影响，本书对固体颗粒间夹角的 5 种情况进行参数扫描分析，得到了矢量权重函数灵敏度响应特性如图 5.30 所示。从图 5.30 上可以看出，固体颗粒间分布夹角不同会引起矢量权重函数的变化。

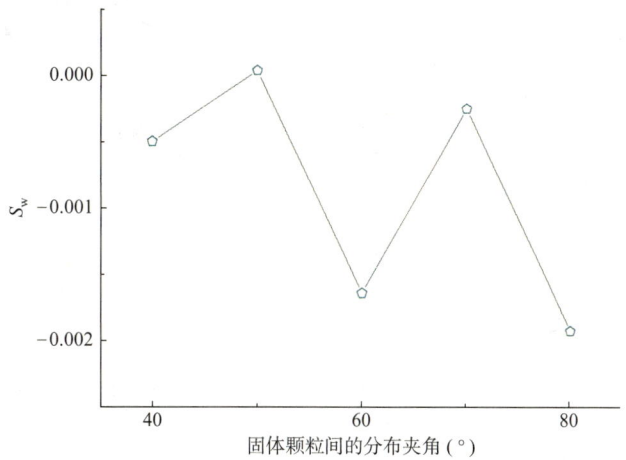

图 5.30　固体颗粒间的分布夹角变化时的矢量权重函数灵敏度变化曲线

横截面上，两个分散的固体颗粒对井下环空流量电磁测量系统敏感场灵敏度的响应特性与其等同大小的一个固体颗粒对流量计敏感场灵敏度的响应特性是有差异的。除电极所在截面以外，总面积相同的情况下固体颗粒越分散，对井下环空流量电磁测量系统造成的影响就越小，固体颗粒越聚集，对环空电磁流量测量造成的影响就越大。

5.2.6　颗粒磁导率对测量的影响

为了分析环形流道轴线上固体颗粒相对磁导率不同时对环空电磁测量系统的影响，做了下面的仿真实验。设定半径均为 0.6cm 的固体小球颗粒在环形流道的轴线上运动，颗粒电导率为 0.1S/m，但固体颗粒相对磁导率不同，分别为 0.01、0.1、1、10 和 100。基于前面的分析已知固体颗粒在经过电极附近时对测量是最敏感的，为了显示颗粒磁导率对井下环空流量电磁测量系统敏感场的变化情况，选用固体颗粒经过电极附近位置时的磁感应强度、虚电流密度和矢量权重函数的变化情况来分析。

图 5.31(a)、图 5.31(c)、图 5.31(e) 为固体颗粒相对磁导率分别为 0.01、1 和 100

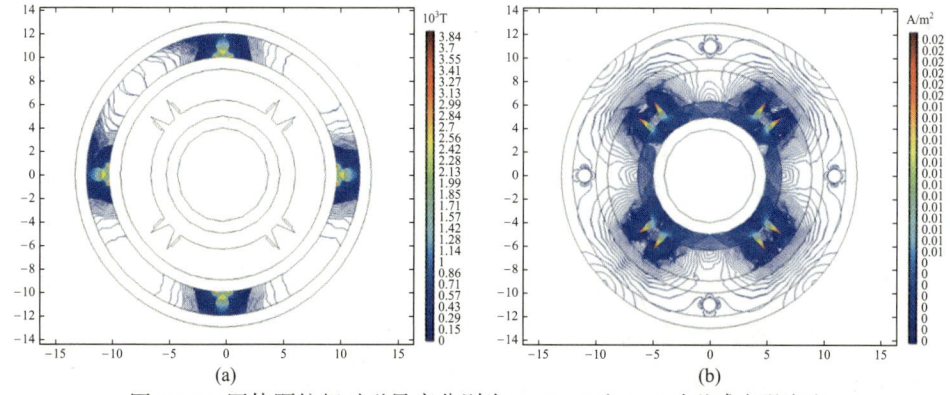

图 5.31　固体颗粒相对磁导率分别为 0.01、1 和 100 时磁感应强度和
虚电流密度等值分布图

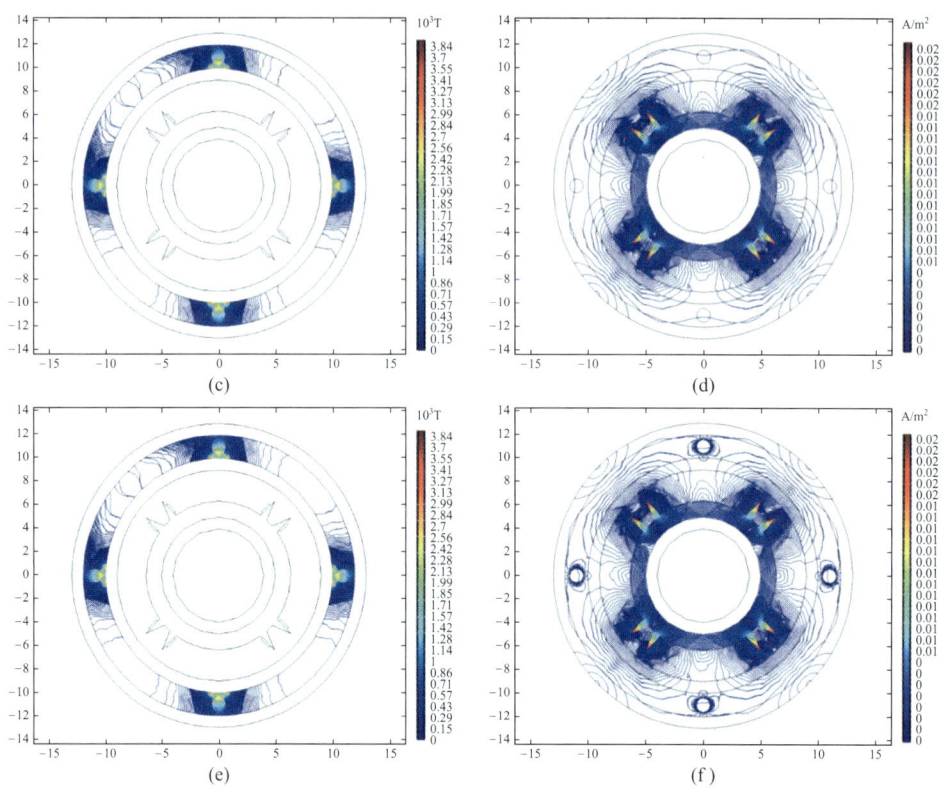

图 5.31 固体颗粒相对磁导率分别为 0.01、1 和 100 时磁感应强度和
虚电流密度等值分布图(续)

时磁感应强度 xy 平面等值分布图，图 5.31(b)、图 5.31(d)、图 5.31(f)为对应时虚电流密度分布。图 5.32(a)、图 5.32(c)、图 5.32(e)为固体颗粒相对磁导率分别为 0.01、1 和 100 时 z 轴方向权重函数 xy 平面等值分布图，图 5.32(b)、图 5.32(d)、图 5.32(f)为对应的 z 轴方向权重函数 yz 平面等值分布图。

通过图 5.31 和图 5.32 可以看出，当固体颗粒相对磁导率分别为 0.01、1 和 100 时，相对磁导率的变化对虚电流分布不构成影响，环空流体域上的磁感应强度和矢量权重函数分布会发生非常明显的变化。为了定量分析固体颗粒间的磁导率对环空流量电磁测量系统的影响，对固体颗粒相对磁导率分别为 0.01、0.1、1、10 和 100 时的 5 种情况进行参数扫描分析，得到了矢量权重函数灵敏度响应特性如图 5.33 所示。从图 5.33 上可以看出，随着固体颗粒相对磁导率由 0.01 到 1 的过程中，矢量权重函数灵敏度由负变为正，且变化很快。当相对磁导率小于 1 的时候，固体颗粒会使得系统输出信号减弱；当相对磁导率大于 1 的时候，固体颗粒会使得系统输出信号变大。除极少数特殊情况下的铁磁性物质外，大部分情况下环空中流体中颗粒的相对磁导率一般为 1，对系统的影响可以忽略不计。

5.2.7 颗粒电导率对测量的影响

为了分析环形流道轴线上固体颗粒电导率不同时对环空电磁测量系统相应的影响，进行如下仿真实验。设定半径均为 0.6cm 的固体小球颗粒在环形流道的轴线上运动，颗粒相

(a) 相对磁导率为0.01, *xy* 平面　(b) 相对磁导率为0.01, *yz* 平面

(c) 相对磁导率为1, *xy* 平面　(d) 相对磁导率为1, *yz* 平面

(e) 相对磁导率为100, *xy* 平面　(f) 相对磁导率为100, *yz* 平面

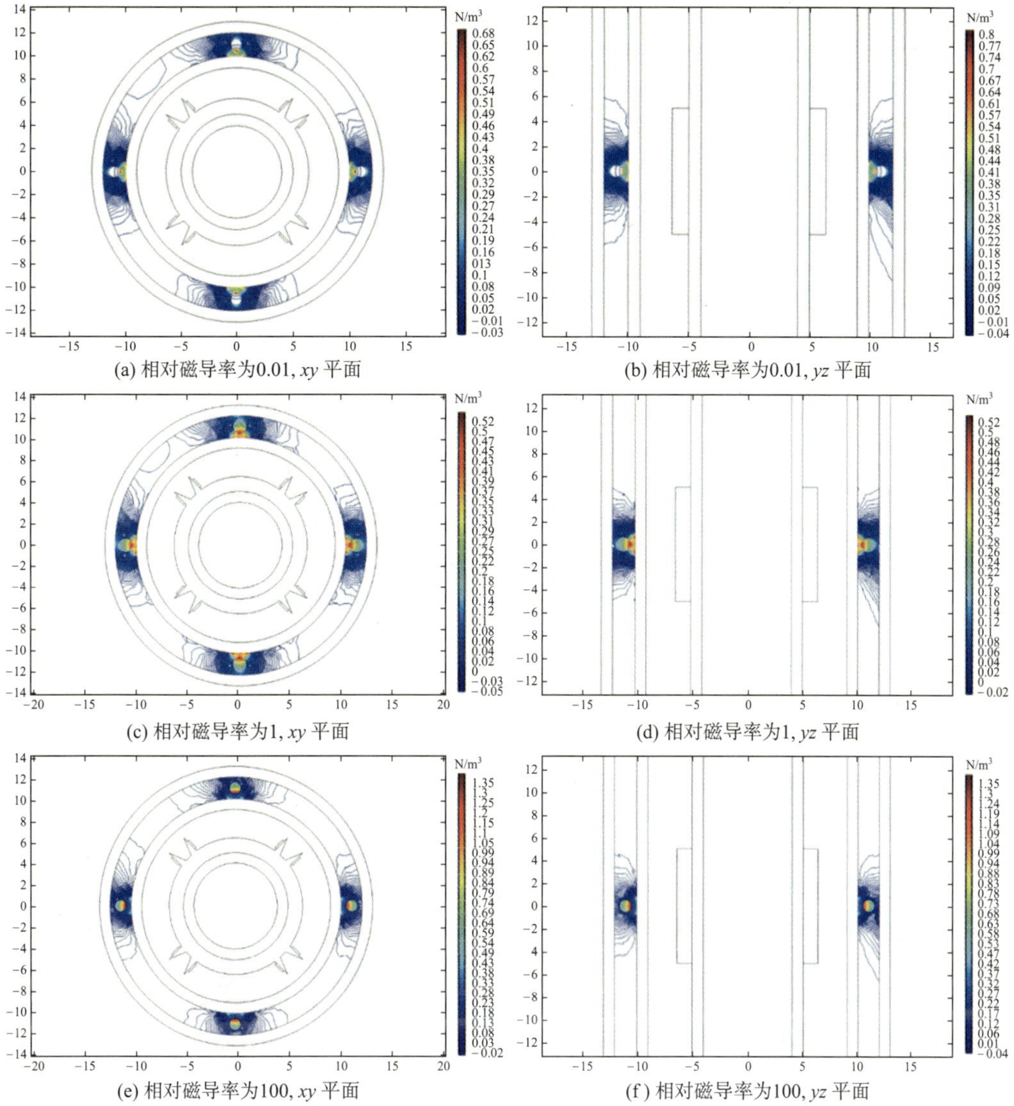

图 5.32　固体颗粒相对磁导率分别为 0.01、1 和 100 时 z 轴方向权重函数等值分布图

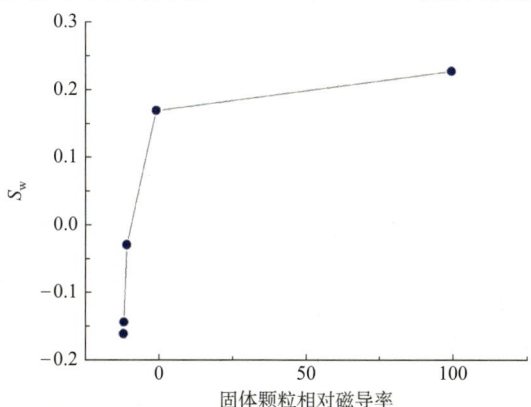

图 5.33　固体颗粒相对磁导率变化时的矢量权重函数灵敏度变化曲线

对磁导率为 1,但固体颗粒电导率不同,分别为 0.01S/m、0.1S/m、1S/m、10S/m 和 100S/m。基于前面的分析已知固体颗粒在经过电极附近时对测量是最敏感的,为了显示颗粒电导率对井下环空流量电磁测量系统的影响,选用固体颗粒经过电极附近位置时的磁感应强度、虚电流密度和矢量权重函数的变化情况来分析。

图 5.34(a)、图 5.34(c)、图 5.34(e)为固体颗粒电导率分别为 0.01S/m、1S/m 和 100S/m 时磁感应强度 xy 平面等值分布图,图 5.34(b)、图 5.34(d)、图 5.34(f)为对应时虚电流密度分布图。图 5.35(a)、图 5.35(c)、图 5.35(e)为固体颗粒电导率分别为 0.01S/m、1S/m 和 100S/m 时 z 轴方向权重函数 xy 平面等值分布图,图 5.35(b)、图 5.35

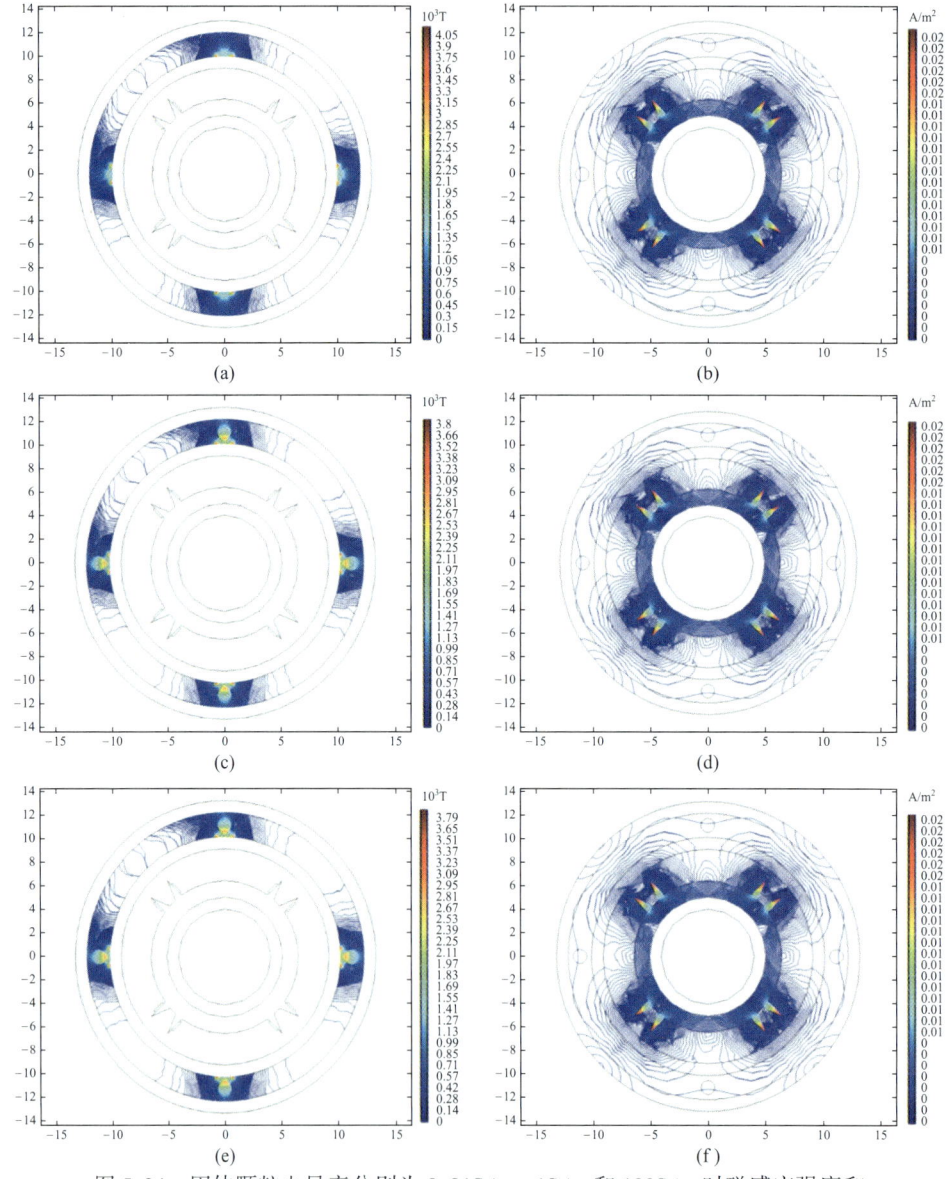

图 5.34 固体颗粒电导率分别为 0.01S/m、1S/m 和 100S/m 时磁感应强度和虚电流密度等值分布图

5 环空流量电磁测量系统响应特性仿真

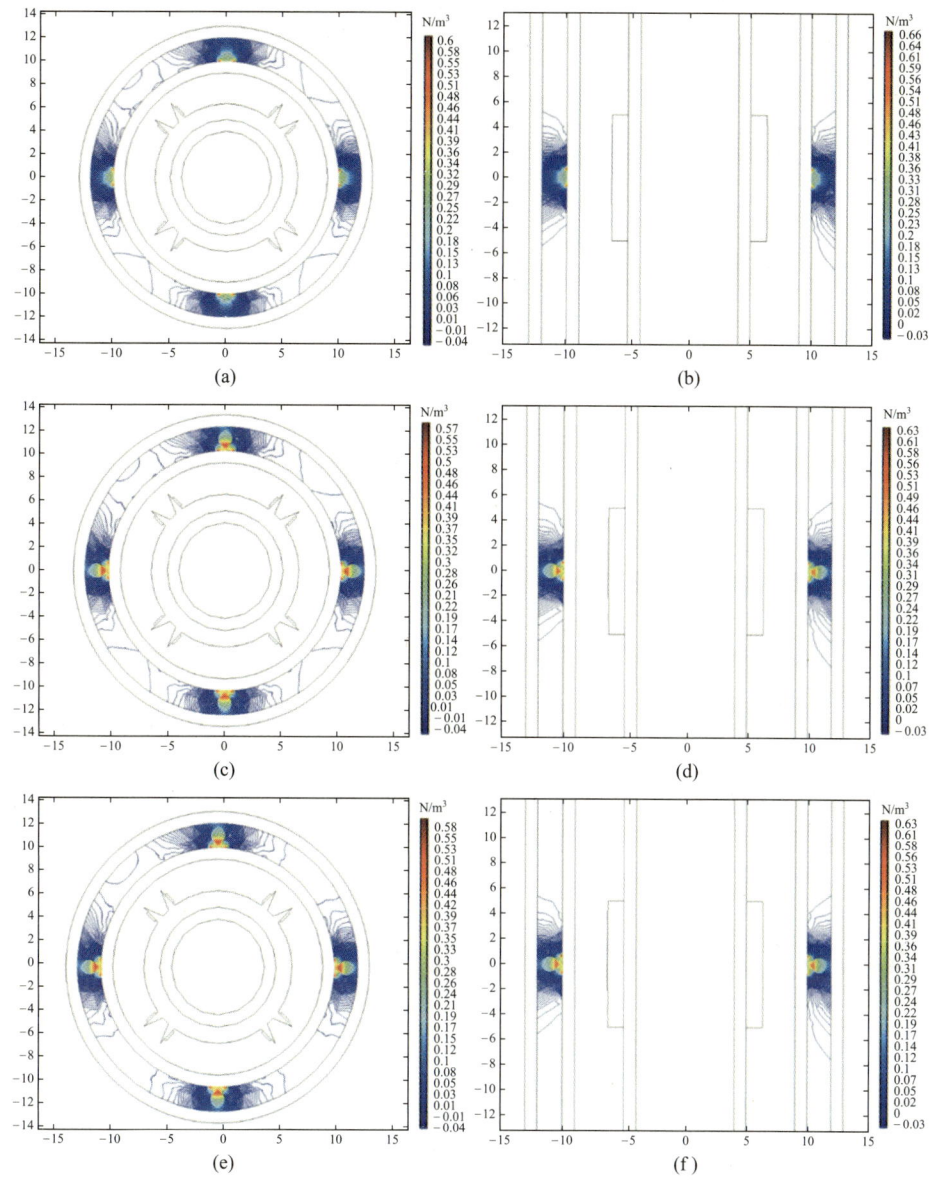

图 5.35 固体颗粒电导率分别为 0.01S/m、1S/m 和 100S/m 时 z 轴方向权重函数等值分布图

(d)、图 5.35(f) 为对应的 z 轴方向权重函数 yz 平面等值分布图。

通过图 5.34 和图 5.35 可以看出，当固体颗粒电导率分别为 0.01S/m、1S/m 和 100S/m 时，电导率的变化对磁感应强度分布不构成影响，环空流体域上的虚电流密度和矢量权重函数分布会发生明显的变化。

为了定量分析固体颗粒间的电导率对环空流量电磁测量系统的影响，本书对固体颗粒相对电导率分别为 0.01、0.1、1、10 和 100 时的 5 种情况进行仿真分析，得到了矢量权重函数灵敏度响应特性如图 5.36 所示。从图 5.36 上可以看出，随着固体颗粒电导率由 0.01S/m 到 100S/m 的过程中，固体颗粒电导率跟流体的电导率越接近，对系统影响越小，随着电导率增加，影响会增加，但当固体颗粒电导率达到 1 以后，再增加电导率，对系统

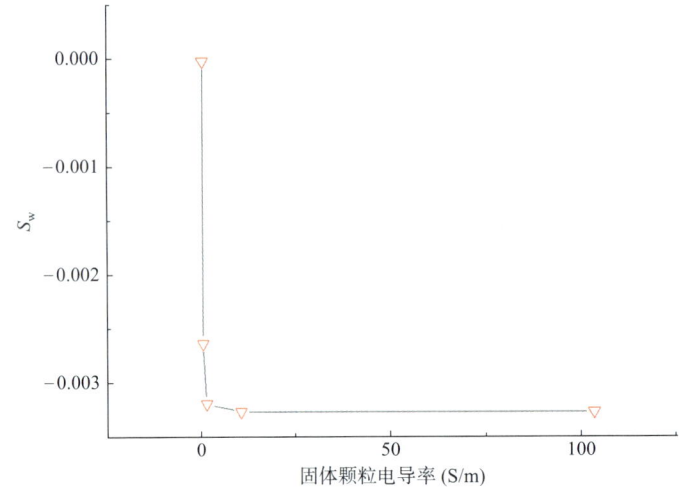

图 5.36　固体颗粒电导率变化时的矢量权重函数灵敏度变化曲线

的影响很小。通常而言，钻井中固体颗粒的电导率和钻井液的电导率相差都不大，因此大部分情况下固体颗粒的电导率对测量的影响很小。

综上所述：

（1）大部分情况下环空中流体中颗粒的相对磁导率一般为1，固体颗粒相对磁导率对系统的影响可以忽略不计。

（2）由于固体颗粒的尺寸一般较小，不会达到油气泡的半径级别，因此一般说来，固体颗粒的影响相对较小；但当有大体积的泥块或者石头经过测量系统时，会对测量构成一定的影响，影响的大小取决于泥块或者石头的导电和导磁特性。

（3）钻井中固体颗粒的电导率和钻井液的电导率相差都不大，因此大部分情况下固体颗粒的电导率对测量的影响很小。

5.3　偏心或者井眼变化对流量电磁测量的影响

5.3.1　井眼直径变化对测量的影响

为了模拟环空流量电磁测量系统不发生偏心，但井径发生变化时的情形，当钻井过程中排量稳定为30L/s时，分别改变井眼直径-0.4cm、-0.2cm、-0.1cm、0.05cm、0.3cm和0.4cm时，可以得到如下流速、虚电流密度、磁感应强度和矢量权重函数分布图如图5.37至图5.40所示。

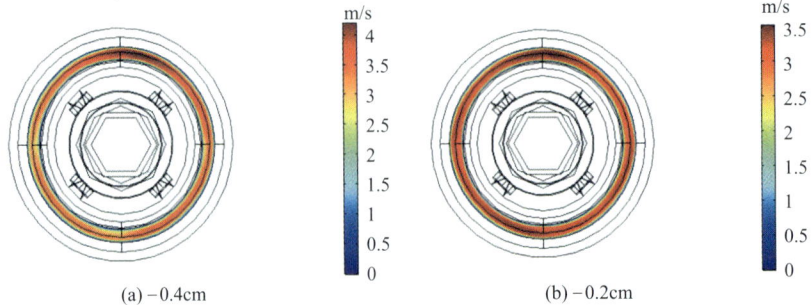

图 5.37　井眼直径变化-0.4cm、-0.2cm、-0.1cm、0.05cm、0.3cm 和 0.4cm 时环空流速分布图

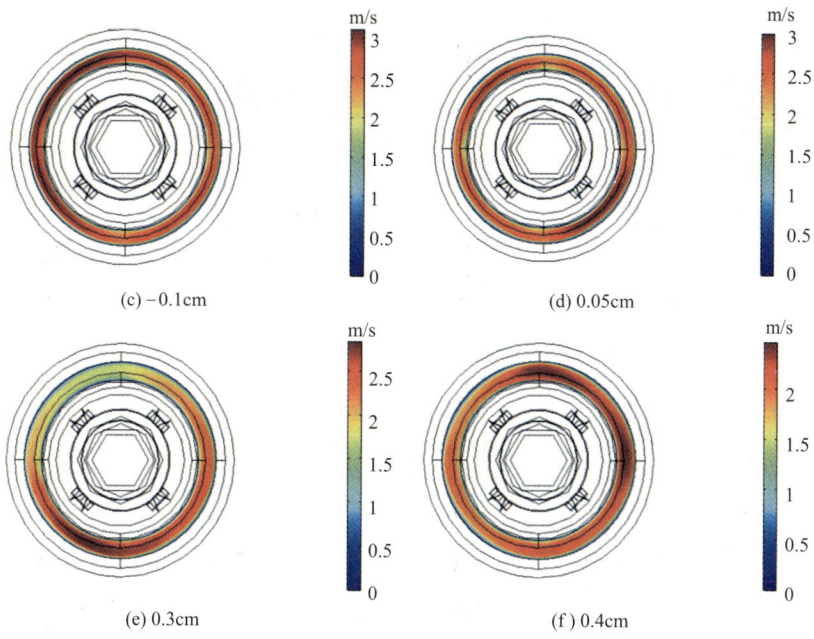

图 5.37 井眼直径变化-0.4cm、-0.2cm、-0.1cm、0.05cm、0.3cm 和 0.4cm 时环空流速分布图(续)

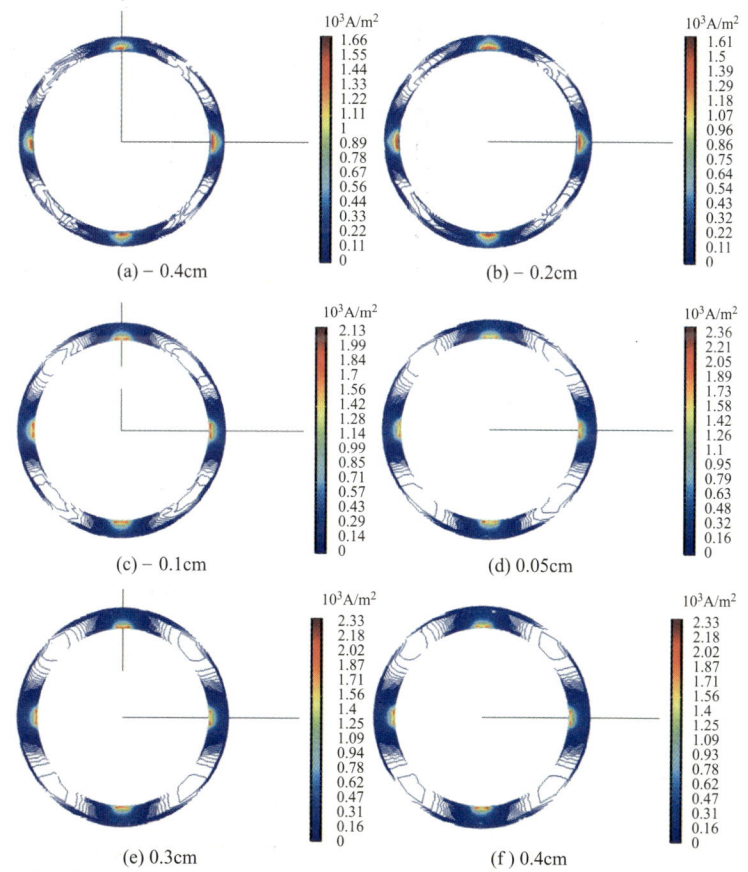

图 5.38 井眼直径变化-0.4cm、-0.2cm、-0.1cm、0.05cm、0.3cm 和 0.4cm 时虚电流密度分布图

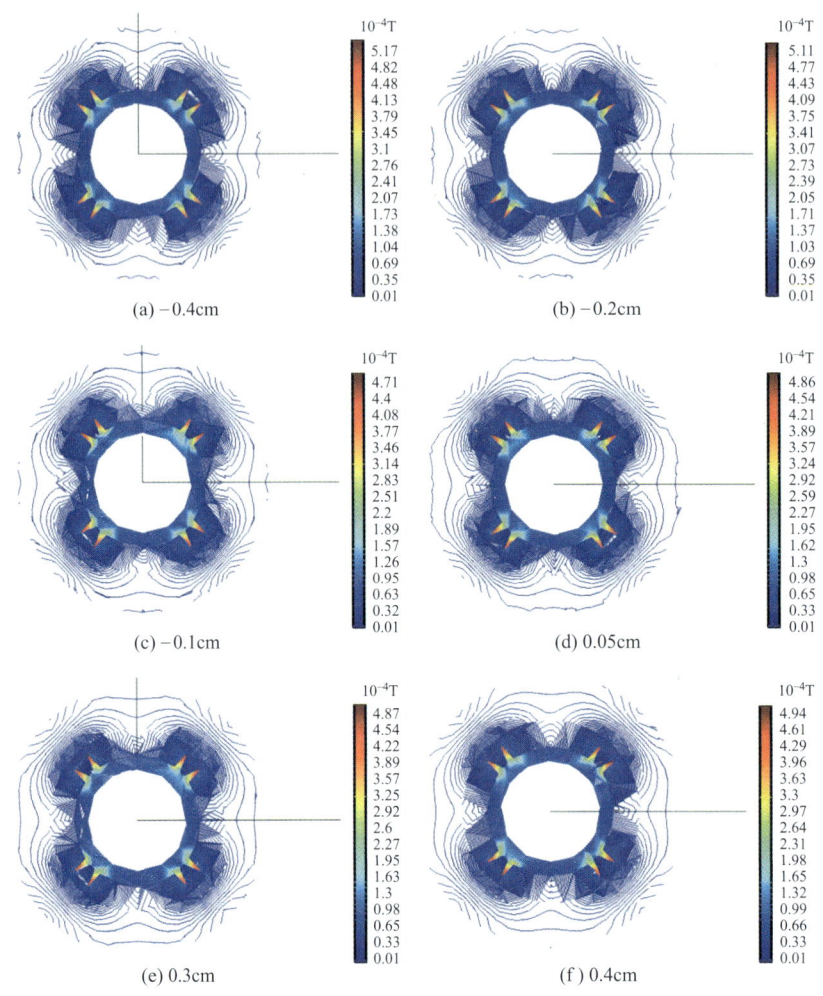

图 5.39 井眼直径变化-0.4cm、-0.2cm、-0.1cm、0.05cm、0.3cm 和
0.4cm 时磁感应强度等值分布图

由图 5.37 到图 5.40 可知，当井眼直径变化时，流速、虚电流密度、磁感应强度和矢量权重函数分布发生了变化。为了分析井径变化对环空流量电磁测量系统的输出电压的影响，基于仿真模型对井眼直径变化-0.4cm、-0.2cm、-0.1cm、0cm、0.05cm、0.3cm 和 0.4cm 时系统的仿真输出的电压绘制了曲线如图 5.41 所示。

由图 5.41 可知，当系统不偏心，井眼直径变化时，系统的输出会受到严重影响。随着井眼直径的减小，系统输出会减小；随着井眼直径的增大，系统输出会增加。因此，测量中通常尽量使得系统在井眼直径保持不变的测量区域，以消除井眼直径变化产生的影响。

5.3.2 井眼偏心对测量的影响

在井下环空流量电磁测量系统使用过程中，由于各种环境因素的影响（如旋转、井壁直径不均匀等），测量系统并不一定处于井眼的中心位置，而会偏离中心一定的距离，此

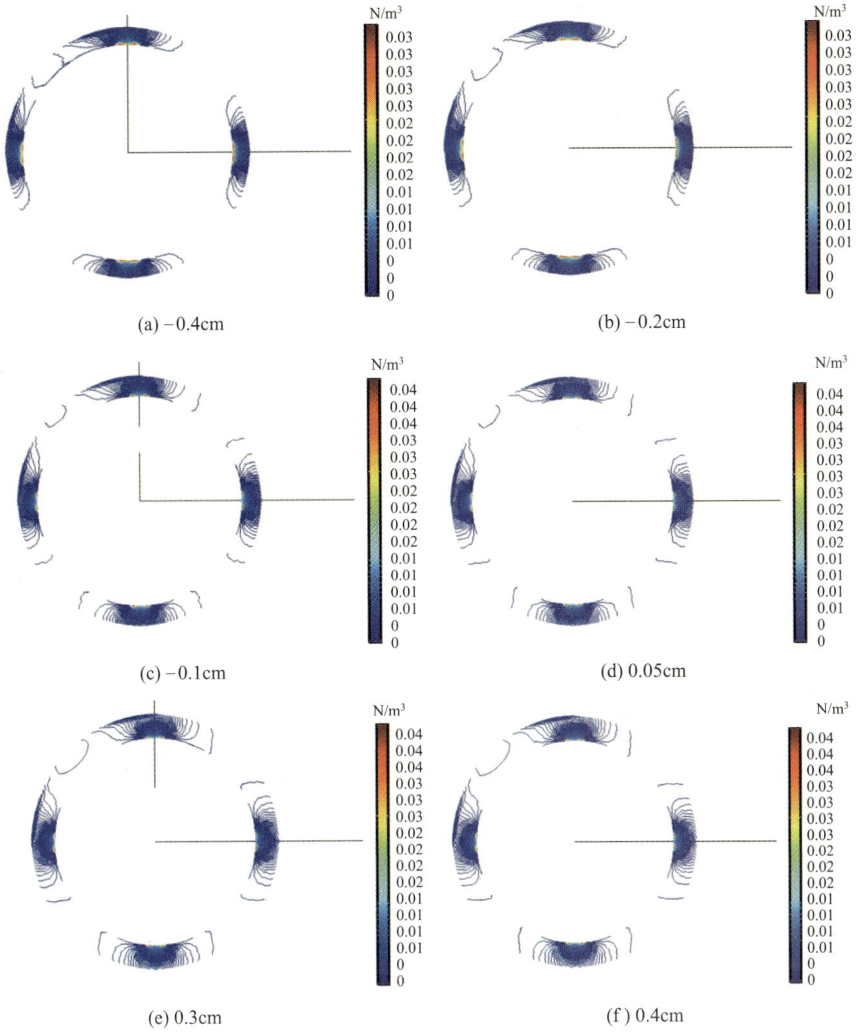

5 环空流量电磁测量系统响应特性仿真

(a) −0.4cm

(b) −0.2cm

(c) −0.1cm

(d) 0.05cm

(e) 0.3cm

(f) 0.4cm

图 5.40 井眼直径变化 −0.4cm、−0.2cm、−0.1cm、0.05cm、0.3cm 和 0.4cm 时矢量权重函数等值分布图

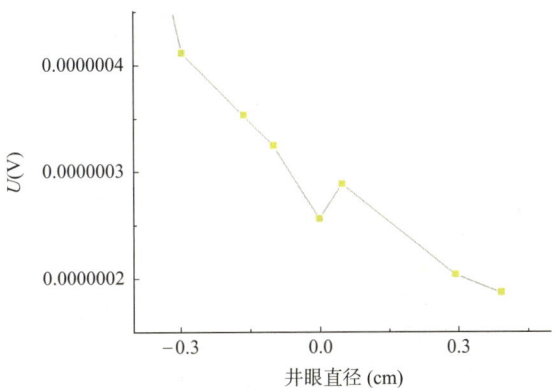

图 5.41 井眼直径变化时系统的仿真输出电压

时环空的流速、虚电流密度、磁感应强度和矢量权重函数分布图都会发生变化。为了研究偏心发生变化时的情形,当钻井过程中假设排量稳定为30L/s时,使得系统偏心0.1cm、0.2cm、0.3cm、0.4cm、0.5cm和0.6cm时,可以得到如下磁通密度、虚电流密度、环空流速和矢量权重函数分布图。

由图5.42可知,当系统偏心时,磁通密度、虚电流密度、环空流速和矢量权重函数分布发生了变化。为了分析系统偏心对环空流量电磁测量系统的输出电压的影响,基于仿真模型对系统偏心0.1cm、0.2cm、0.3cm、0.4cm、0.5cm和0.6cm时系统的仿真输出的电压绘制了曲线如图5.43所示。

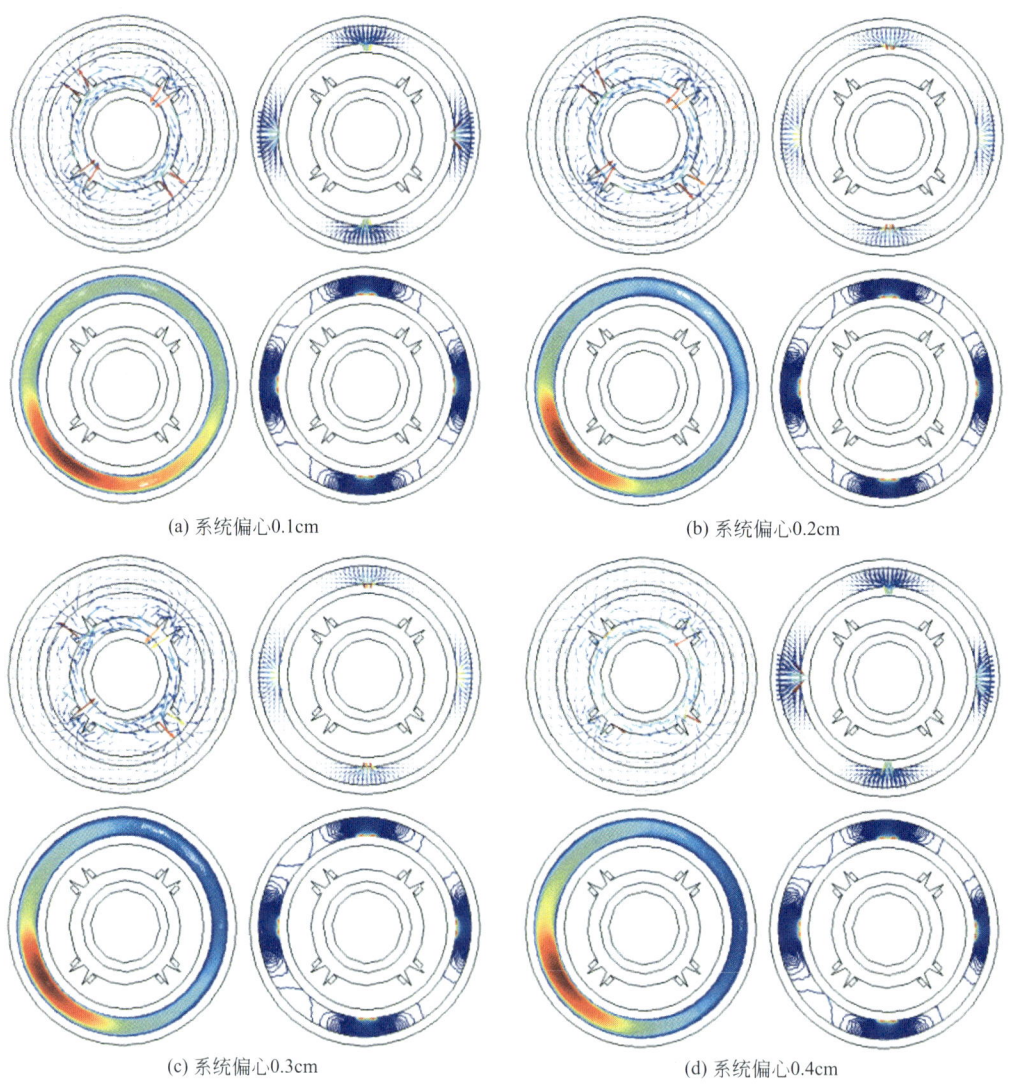

(a) 系统偏心0.1cm　　(b) 系统偏心0.2cm

(c) 系统偏心0.3cm　　(d) 系统偏心0.4cm

图5.42　系统偏心时磁通密度、虚电流密度、环空流速和矢量权重函数分布图

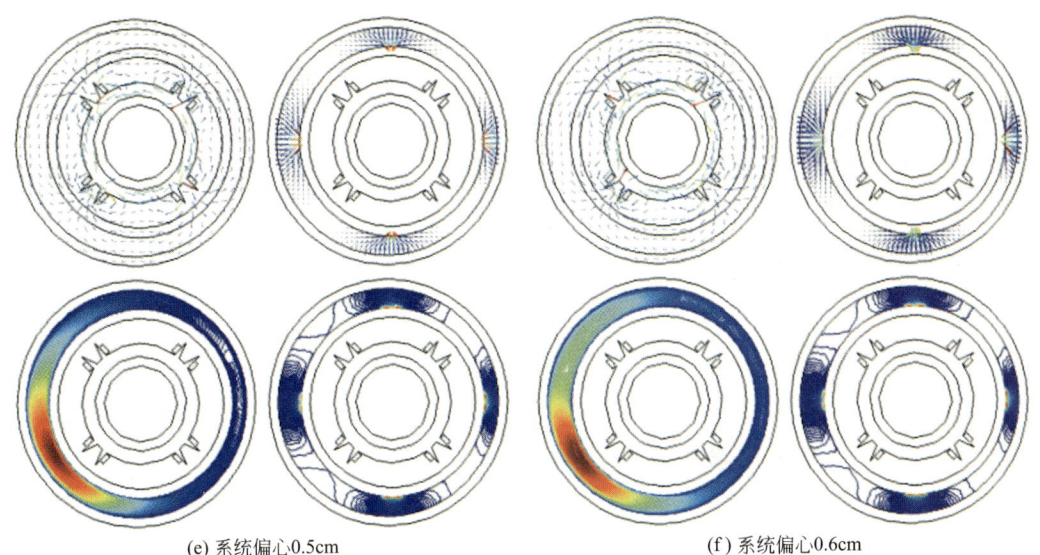

(e) 系统偏心0.5cm　　　　　　　　(f) 系统偏心0.6cm

图 5.42　系统偏心时磁通密度、虚电流密度、环空流速和矢量权重函数分布图(续)

由图 5.43 可知，当测量系统本身位置存在偏心时，会对测量系统的测量结果产生较大的影响。因此，可在测量系统的上下两端都装有扶正器，保证测量系统位于井眼中心位置，可以基本消除偏心产生的影响。

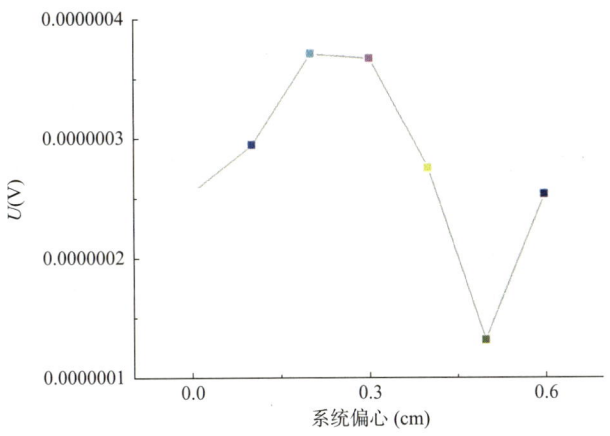

图 5.43　系统偏心 0.1cm、0.2cm、0.3cm、0.4cm、0.5cm 和 0.6cm 时系统仿真输出电压

5.4　流体性质对环空流量电磁测量的影响

5.4.1　流体电导率对测量的影响

为了研究流体的电导率变化对环空流量电磁测量系统的影响，进行如下仿真实验。设流体相对电导率为1，但电导率不同，分别为 $5.5×10^{-3}$ S/m、0.55S/m、55S/m 和 $5.5×10^{-3}$ S/m 进行仿真。考虑到电导率变化不会影响磁感应强度，因此选用电极附近 xy 平面

($z=0$ 处)位置的虚电流密度和矢量权重函数的变化情况来分析。通过仿真发现电导率、虚电流密度和矢量权重函数分布不会产生改变。

考虑到虚电流的总和为 1，改变流体的电导率，流体性质发生均匀改变不会影响虚电流密度分布。因此在电磁流量信号检测系统输入阻抗已有所提高的前提下，在测量导电性液体时一般不会因介质电导率稍有变化而引起误差，但对于一定的转换器输入阻抗，被测介质的电导率有一个下限值，不能低于该下限值。同时，被测介质的电导率太高也是不允许的，当被测介质的电导率很大时，外电路的电阻较小，这时不管转换器的输入阻抗有多高，并联的结果将取决于这部分液体外电路从而减小变送器与转换器之间的传输精度。

5.4.2 流体磁导率对测量的影响

为了研究流体的磁导率变化对环空流量电磁测量系统的影响，做了下面的仿真实验。设流体电导率为 $5.5×10^{-3}$ S/m，但相对磁导率不同，分别为 0.01、0.1、1、10 和 100 进行仿真。为了显示相对磁导率对环空流量电磁测量系统的影响，考虑到虚电流密度不会发生变化，因此选用电极附近 xy 平面($z=0$ 处)位置的磁感应强度和矢量权重函数的变化情况来分析。

图 5.44(a)、图 5.44(c)、图 5.44(e)为流体相对磁导率分别为 0.01、1 和 100 时磁感应强度 xy 平面等值分布图，图 5.44(b)、图 5.44(d)、图 5.44(f)为对应的 z 方向矢量

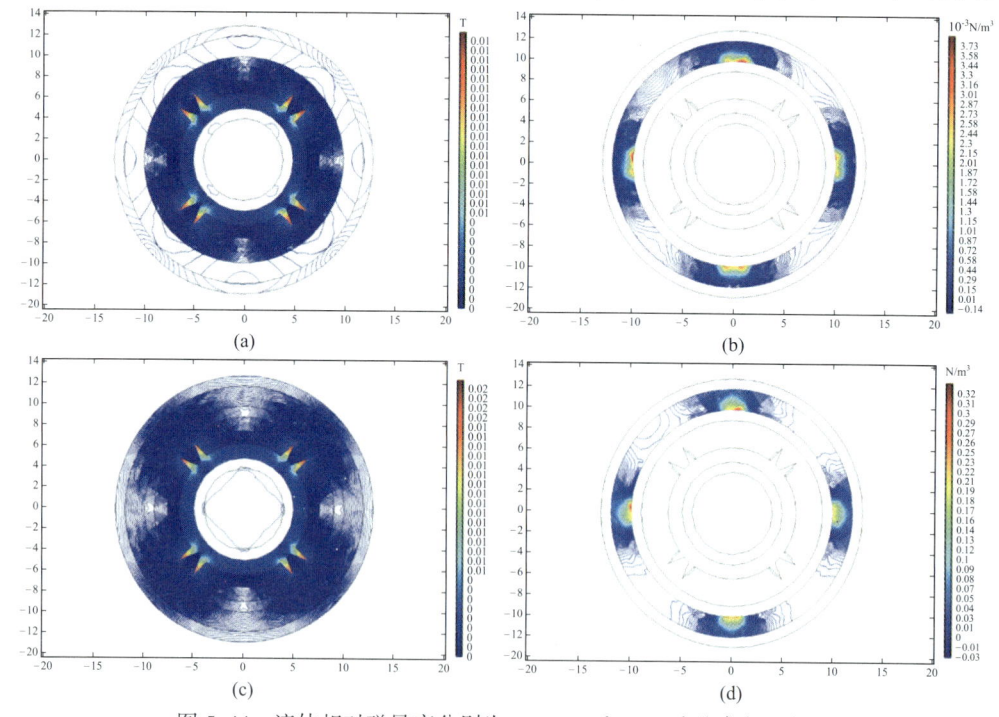

图 5.44 流体相对磁导率分别为 0.01、1 和 100 时磁感应强度和
z 轴方向矢量权重函数等值分布图

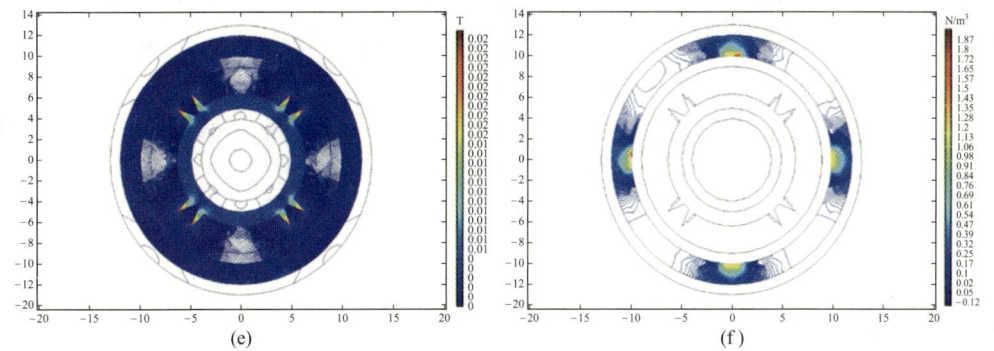

图 5.44 流体相对磁导率分别为 0.01、1 和 100 时磁感应强度和
z 轴方向矢量权重函数等值分布图(续)

权重函数分布图。

通过图 5.44 可以看出,当流体相对磁导率分别为 0.01、1 和 100 时,环空流体域上的磁感应强度和矢量权重函数分布会发生非常明显的变化。为了定量分析流体的磁导率对环空流量电磁测量系统的影响,本书对流体相对磁导率分别为 0.01、0.1、1、10 和 100 时的 5 种情况进行参数扫描分析,用 COMSOL 的派生值功能进行求解矢量权重函数,得到了矢量权重函数灵敏度变化曲线如图 5.45 所示。从图 5.45 上可以看出,随着流体相对磁导率由 0.01 到 1 的过程中,矢量权重函数增大很快。也就是说在同等电导率情况下,相对磁导率越高,矢量权重函数越大,对流速的响应就越明显,环空流量测量系统的输出信号就越大。

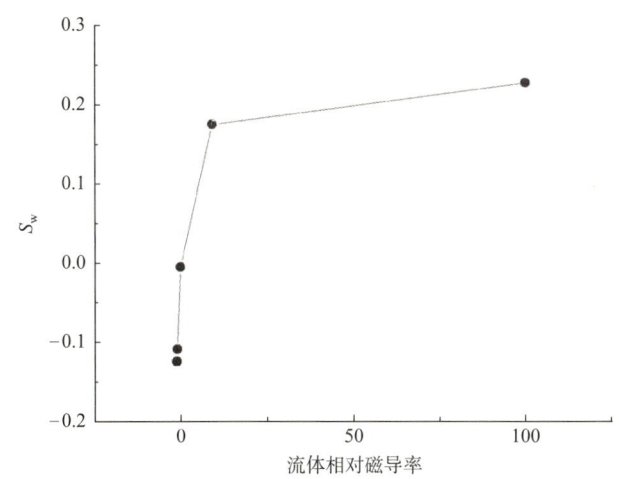

图 5.45 流体相对磁导率变化时的矢量权重函数灵敏度变化曲线

5.5 小结

本章主要研究在三维立体情况下,考察非导电介质、铁磁性固体颗粒和井径变化等因素对环空电磁流量传感器的响应特性的影响。为了研究环空流量电磁测量系统响应特性,

通过 COMSOL 软件对环空流量电磁测量系统进行仿真研究，基于对仿真结果的虚电流密度、磁感应强度及矢量权重函数的分布曲线和矢量权重函数灵敏度变化，依次分析了非导电介质、固体颗粒和井径变化或者偏心等因素对环空电磁流量传感器的响应特性的影响，探索了这些因素产生测量误差的规律，为日后实际应用过程中的数据分析打下了理论基础。

6 井下环空流量电磁测量系统设计

本章在前文环空流量电磁测量系统理论提出与分析的前提下,参考井筒型电磁流量计的技术参数,设计了井下环空流量电磁测量系统。重点从环空电磁流量检测传感器和流量信号采集与处理两个部分详细研究了环空流量电磁测量系统的实现过程。给出了井下环空流量电磁测量系统的可靠性设计要求,为进一步验证井下环空流量电磁测量系统分析方法的正确性提供依据。

6.1 井下环空流量电磁测量系统框架设计

通过第2章的分析已知,传统圆形流道的电磁流量测量系统的测量原理是基于法拉第电磁感应定律。而对于环空流量电磁测量系统的设计,除了需要继续应用传统流量电磁测量系统的感应测量机理外,还需要考虑环空流道的特殊性,即必须在多个方面进行设计和研究,才能实现环空流量电磁测量,具体需要考虑以下几个方面内容:

(1) 井下环空流量电磁测量系统的设计:传统的电磁流量测量系统针对的是圆形流道,流体在激励系统内流过,而本设计针对的是环空流道,流体在激励系统外流过,因此在传感器的设计上区别较大,主要表现在电极和线圈的设计方面。对于电极,传统的电磁流量测量系统的电极采用是朝内方式获取感应信号,而环空流量电磁测量的传感器电极采用的是朝外的方式;对于线圈,传统的电磁流量测量系统的线圈激发的磁场主要在线圈内圈的内部范围,而环空流量电磁测量系统的线圈激发的磁场在线圈外圈的外部范围。

(2) 环空流量电磁测量精度:流量测量系统测量精度的高低是衡量流量测量系统研发成功与否的一个重要标准,对于井下环空流量电磁测量系统这种用于溢流检测为目的的流量测量系统来说更是如此。因此,在提高环空流量电磁测量精度时应从系统结构优化、硬件电路设计、软件处理(数字滤波、非线性补偿和实验标定修正等)、抗干扰设计及优化设计仿真等方面入手,综合考虑各方面影响因素,将影响流量检测的干扰因素作必要的技术处理。

(3) 环空流量电磁测量可靠性:所谓环空流量电磁测量可靠性是指环空流量电磁测量在规定的条件下和规定的时间内,完成规定环空流量测量功能的能力。对于井下环空流道流量测量仪器而言,将工作在井下几千米的深处,井下高温、强振动、高压和强腐蚀的恶劣环境对井下环空流道流量测量仪器的可靠性提出了很高的要求。虽然本研究实现的环空流量电磁测量地面样机,不会在钻井过程中的井下环境进行测试使用,但作为理论的研究,也应该考虑将来的实际应用。因此,针对井下的恶劣工作环境,为保证环空流量电磁测量的可靠性,在器件选取上应考虑成熟的产品,并进行合理的筛选;在硬件设计上应使其具备掉电保护、自动诊断等功能，同时考虑环境防护设计；在软件设计上必须采取容错设计、看门狗等抗干扰措施[121-123]。

（4）环空流量电磁测量系统的智能功能：要实现环空流量电磁测量的智能功能主要包括检测智能性和数据处理智能性，在开发本系统的时候应充分利用 MCU 的强大的数据运算分析和处理分析能力，测量系统应可以实现自动调零校正等功能，其软件应具备数字滤波、非线性修正等数据处理能力[124]，并能够具备在流体中出现气体时的含气量的定性检测（是少量气体还是大量气体）等判断能力。

基于此，设计的环空流量电磁测量系统的框架图如图 6.1 所示，主要包含环空电磁流量检测传感器部分和流量信号采集与处理部分。

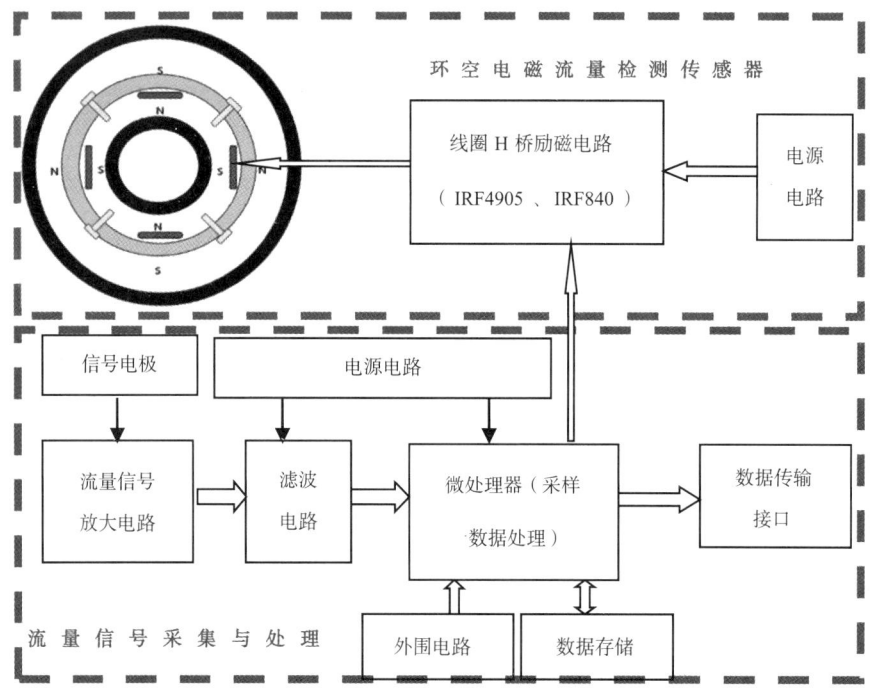

图 6.1　环空流量电磁测量系统框架

环空电磁流量检测传感器部分为环空流量电磁测量系统的核心，其示意结构如图 6.1 的上半部分所示，主要包含环空流道、两对（或一对）信号提取用测量电极、两对（或一对）为环空流道提供磁场的线圈及铁芯机构及传感器壳体。由于线圈产生的磁场，流体流过磁场会切割磁力线，会在信号电极间上产生感应电动势，通过电极提取流量的电压信号。电极上部安装密封圈防水及卡簧固定位置，电极下方使用绝缘电极座将其与金属隔离，避免信号逸散。感应电压信号通过导线送至下半部分的流量信号采集与处理部分。

在环空流量电磁测量系统中，除了环空电磁流量检测传感器部分之外，另一个非常重要的部分是与传感器输出信号相匹配的流量信号采集与处理部分。由于传感器的信号电极上拾取的信号非常微弱，并叠加了许多干扰信号成分，使得该传感器输出信号无法直接进行使用与传递。因此，必须结合环空流量电磁测量系统的结构特点来设计流量信号采集与处理部分，以满足环空流量电磁测量的需要。

如图 6.1 下半部分所示，流量信号采集与处理部分主要包含流量信号放大和滤波单元、线圈激励单元、微处理器单元、电源电路单元和数据传输接口单元五个单元：

（1）在流量信号放大和滤波单元中，主要是对环空电磁流量检测传感器所检测到的信号经过前级的仪用放大电路及后级滤波电路进行放大和滤波得到所需的差分有用信号。

（2）在线圈激励单元，主要包含励磁电路与附加激励电路两部分，前者在微处理器的控制作用下为环空电磁流量检测传感器提供指定的励磁电流和工作磁场，后者则为线圈激励的产生提供所需的硬件辅助。

（3）微处理器单元主要负责信号的采样、数据处理、存储和分析计算，根据数据得出当前环空流道流体的流速，并对井下的流体信息进行相应的智能分析（如是否含有气相，是否有溢流等）。

（4）电源电路单元主要负责将电池输出的电压转换成各种所需的稳定电压值，并对各路电源电压进行实时监测。

（5）数据传输接口单元指的是可与外界系统实时通信和信号输出的电路模块，如 RS485 标准信号，或者与随钻信息传输系统（MWD）进行连接通信等。

6.2　环空流量电磁检测传感器关键结构部件

环空电磁流量检测传感器是环空流量电磁测量系统的核心部分，主要包括电极、励磁线圈、铁芯、测量管和衬里几个部分，最终得到的环空流量电磁测量系统地面原理样机的 3D 图和侧视实物图如图 6.2 所示。

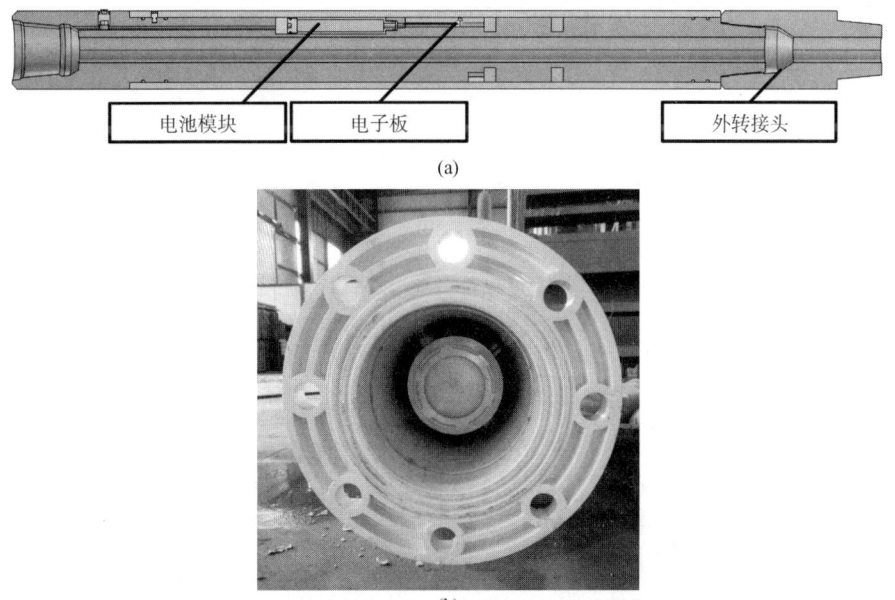

图 6.2　地面原理样机的 COMSOL 3D 图和侧视实物图

6.2.1 环空流量电磁检测传感器结构设计

经过第 4 章和第 5 章的仿真分析可知，基于 COMSOL 分析了单对和双对线圈的励磁结构的结构优化设计方案，并对环空流量电磁测量系统的励磁结构以及电极形状大小对权重函数的影响方面进行了讨论，可以得出以下结论：

(1) 当电极面积较小时环空流量电磁测量系统的权重函数的标准差较大，此时测量系统对环空流道中流速的分布较为敏感，测量非轴对称流时系统的测量误差较大，而当电极面积较大时权重函数分布较为均匀，此时测量系统对环空流道中流速的分布相对不敏感，因此在满足井下要求的情况下尽可能选择大面积的电极。

(2) 双对线圈的励磁结构更好：励磁结构中铁芯宽度和张角大小等对权重函数的标准差等优化评价指标都有影响。双对线圈的励磁结构优化结果在矢量权重函数的标准差、矢量权重函数变异系数、均匀范围比例及输出电压灵敏度等指标上都优于单对线圈的励磁结构优化结果。

经过一系列的仿真实验后，得到了环空流量电磁测量系统传感器的最佳结构参数，确定了环空流量电磁测量系统传感器的优化设计方案。图 6.3 为结构优化后环空流量电磁测量系统的结构示意图。其中图 6.3(a) 为环空流量电磁测量系统传感器轴向剖面示意图，图 6.3(b) 为传感器电极径向剖面示意图，图中半球电极半径为 0.7cm，铁芯宽度为 2cm，铁芯的张角宽度为 5.5cm。

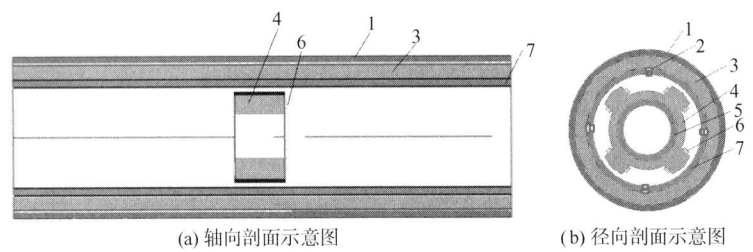

(a) 轴向剖面示意图   (b) 径向剖面示意图

图 6.3 环空流量电磁测量系统传感器的最佳结构示意图

1—井壁；2—检测电极；3—环空流道；4—铁芯；5—测量系统内壁；6—励磁线圈；7—测量系统外壁

6.2.2 机械结构设计和受力分析

井下环空流量电磁测量系统为井下近钻头测量，需要承受相当复杂的载荷条件，验证测量系统在有限空间下的力学性能是保证其正常工作的前提。针对该类特点，结合井下仪器研究经验[125]，对井下环空流量电磁测量仪机械结构进行了设计优化（该设计已经申请发明专利），并进行了受力仿真分析。

该井下环空流量电磁测量仪的机械结构如图 6.4 所示，主要包括外壳(1)、主轴(2)、励磁线圈(3)、线圈座(4)、电子板(5)、电池组(7)、开关(9)、电极(10)组成。其中主轴(2)的表面进行了一定量的切削，以产生容纳励磁线圈(3)、电极(10)及电池组(7)等元器件的内部腔体。测量系统整体长度为 1800mm（不含接头长度），电池组(7)由套筒(6)及密封压帽(8)包裹密封并固定，防止其受到外部挤压和振动。电池组(7)通过导线连接到励磁线圈(3)，励磁线圈(3)中通入励磁电流使环空流道中产生工作磁场。需注意的是，

6 井下环空流量电磁测量系统设计

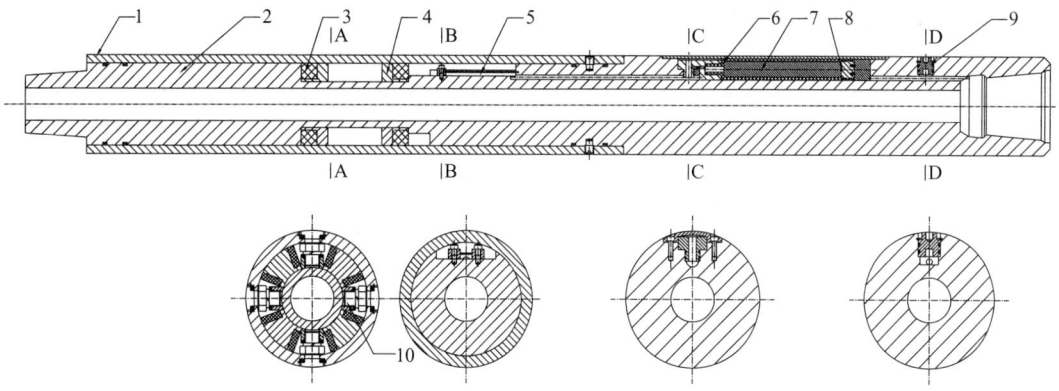

图6.4 井下环空流量电磁测量仪的机械结构设计图

测量系统的磁场要从钻柱内部穿过外壳,因此测量系统的外壳只能使用非导磁材料,而且励磁线圈的尺寸和匝数不同会影响磁场的强度,在确保不受挤压的情况下,尽量将线圈填满凹槽空间,可以增强系统的磁感应强度。

测量系统的主轴是体积最大的部件,也是承压的主要部件,主轴的承压能力将直接影响系统的整体安全性。测量系统的受力模型如图6.5(a)所示,在工作循环时,测量系统主要受到以下载荷的作用。

(1) 钻柱自重产生的轴向压(拉)应力 σ_c。
(2) 钻井液产生的液柱压力 p_i 和环空压力 p_e。
(3) 钻柱旋转产生的扭矩 T。
(4) 钻柱横向弯曲产生的弯矩 M_x 和 M_y。
(5) 钻柱与钻井液、井壁摩擦产生的摩擦力 f。
(6) 钻头切削及钻柱旋转产生的动载荷 σ_d。

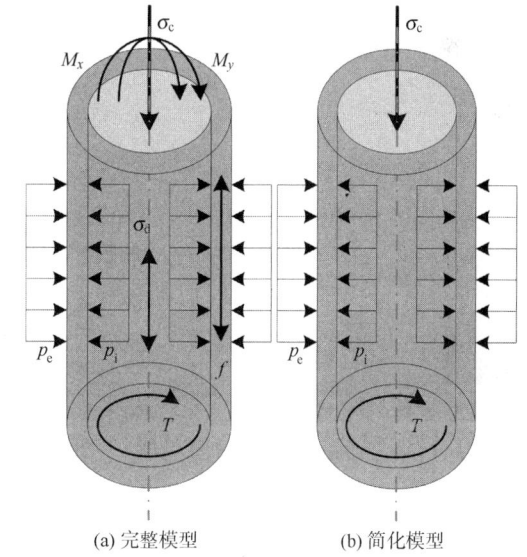

图6.5 测量系统力学模型

在井下钻进过程中,钻柱的各个部分受力情况有较大差异,本研究的测量系统设置在近钻头处,属于下部钻柱,其受力情况较为复杂,为了便于分析,对测量系统受力模型做如下假设。

(1) 近钻头处无弯曲,测量系统上不受弯矩影响。
(2) 测量系统表面光滑,忽略钻井液及井壁摩擦。
(3) 测量系统运行平稳,忽略测量系统产生的动载荷。
(4) 忽略温度带来的测量系统形变。

根据上述假设,简化后的测量系统力学模型如图6.5(b)所示,其主要受力有以下几种。

(1) 整体钻柱自重产生的轴向压(拉)应力 σ_c。
(2) 钻柱旋转产生的扭矩 T。
(3) 钻井液产生的液柱压力 p_i 和环空压力 p_e。

井下环空流量电磁测量系统的液柱及环空压力可以看作圆筒受到来自内外的均布载荷，由拉梅公式可得测量系统的各向应力[32]。

轴向应力：

$$\sigma_c = \frac{F}{A} \tag{6.1}$$

式中：A 为横截面积，mm^2。

则式(6.1)可写为式(6.2)：

$$\sigma_c = \frac{F}{\pi(R^2 - r^2)} \tag{6.2}$$

径向应力：

$$\sigma_\rho = -\frac{R^2/\rho^2 - 1}{R^2/r^2 - 1} p_i - \frac{1 - r^2/\rho^2}{1 - r^2/R^2} p_e \tag{6.3}$$

式(6.3)整理后得式(6.4)：

$$\sigma_\rho = \frac{p_i r^2 - p_e R^2}{R^2 - r^2} + \frac{(p_e - p_i) r^2 R^2}{(R^2 - r^2)\rho^2} \tag{6.4}$$

式(6.3)和式(6.4)中，r 为内流道半径，mm；R 为测量系统半径，mm；ρ 为受力点距圆心的径向距离，mm。

周向应力：

$$\sigma_\varphi = \frac{R^2/\rho^2 + 1}{R^2/r^2 - 1} p_i - \frac{1 + r^2/\rho^2}{1 - r^2/R^2} p_e \tag{6.5}$$

式(6.5)整理后可得式(6.6)：

$$\sigma_\varphi = \frac{p_i r^2 - p_e R^2}{R^2 - r^2} + \frac{(p_i - p_e) r^2 R^2}{(R^2 - r^2)\rho^2} \tag{6.6}$$

剪应力：

$$\tau_\rho = G\rho \frac{d\varphi}{dx} \tag{6.7}$$

式中：G 为剪切模量，GPa。

钻柱所受扭矩：

$$T = \int_A \rho \tau_\rho dA \tag{6.8}$$

将式(6.7)代入式(6.8)得式(6.9)：

$$T = \int_A G\rho^2 \frac{d\varphi}{dx} dA \tag{6.9}$$

由式(6.9)可知，当所求的横截面一定时，$\frac{d\varphi}{dx}$ 为常量。令截面二次极矩为式(6.10)：

$$I_p = \int_A \rho^2 dA \qquad (6.10)$$

则此时，式(6.9)可写为式(6.11)和式(6.12)：

$$T = \frac{I_p \tau_\rho}{\rho} \qquad (6.11)$$

$$\tau_\rho = \frac{T\rho}{I_p} \qquad (6.12)$$

在圆柱体的计算中，使用极坐标较为方便，将式(6.10)转换为极坐标表达式，如式(6.13)所示：

$$I_p = \int_r^R \rho^3 d\rho \int_0^{2\pi} d\alpha \qquad (6.13)$$

如图6.6所示，对测量系统危险截面做出一定简化(将测量系统主体边缘部分忽略)。则测量系统主体部分危险截面二次极矩为式(6.14)：

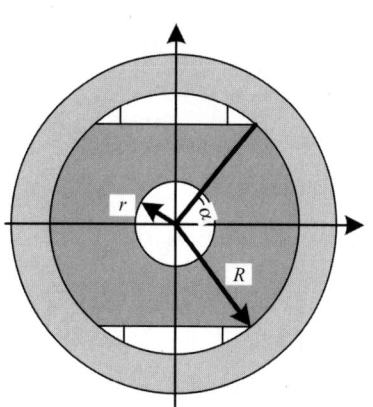

图6.6 测量系统危险截面

$$I_p = 2(\int_r^R \rho^3 d\rho \int_0^{7/25\pi} d\alpha + \int_r^{56/\sin\theta} \rho^3 d\rho \int_{7/25\pi}^{18/25\pi} d\alpha + \int_r^R \rho^3 d\rho \int_{18/25\pi}^{\pi} d\alpha) \qquad (6.14)$$

将式(6.14)所得的值代入式(6.12)即可求得剪应力的值。

井下环空流量电磁测量系统主要受到三向压应力的作用，则对测量系统采用第四强度理论较为合理，测量系统中某一点处的受力强度：

$$\sigma = \sqrt{\frac{1}{2}[(\sigma_1-\sigma_2)^2+(\sigma_2-\sigma_3)^2+(\sigma_3-\sigma_1)^2]} \qquad (6.15)$$

在本研究中，测量系统还要受到扭矩作用，故可将式(6.15)变换为：

$$\sigma = \sqrt{\frac{1}{2}[(\sigma_c-\sigma_\rho)^2+(\sigma_\rho-\sigma_\varphi)^2+(\sigma_\varphi-\sigma_c)^2+6\tau]} \qquad (6.16)$$

表6.1 测量系统内外表面受力情况

ρ(mm)	F(kN)	p_i(MPa)	p_e(MPa)	T(kN·m)	σ_c(MPa)
74.00	100.00	40.00	30.00	10.00	10.12
	200.00	60.00	40.00	20.00	20.23
29.00	100.00	40.00	30.00	10.00	10.12
	200.00	60.00	40.00	20.00	20.23

ρ(mm)	σ_ρ(MPa)	σ_φ(MPa)	τ(MPa)	σ_e(MPa)	安全系数
74.00	30.53	27.09	10.18	25.87	30.35
	41.06	34.19	20.35	39.76	19.74
29.00	40.00	17.62	10.18	32.18	24.39
	60.00	15.25	20.35	55.20	14.22

由于在计算中对测量系统的力学模型进行了适当的简化，为测量系统设置一定的安全系数，以保证测量系统具有足够的强度，本研究中安全系数设定为≥1.3。测量系统在受到不同的组合载荷作用下，其应力最大的区域均为测量系统边缘，测量系统危险截面内外边缘(ρ=29mm，ρ=74mm)处所受应力值分别见表6.1。

由表 6.1 可知，测量系统内流道截面平均应力大于外截面，在 2 种不同的工况下测量系统的安全系数均大于 10，符合井下环空流量电磁测量系统的强度要求。理论计算的结果可以保证井下环空流量测量系统整体的结构强度符合要求，但无法针对所有的薄弱部位进行详细的校核。在多种载荷复合作用的情况下，准确的判断危险截面的位置及受力情况相当困难，为了更真实地反映测量系统的载荷作用情况，本研究中将进一步采用有限元软件仿真的方式对测量系统主体进行分析。

6.2.3 机械结构仿真分析

在井下的恶劣工况中，为了保证测量系统的主轴结构强度，本节将通过仿真分析的方式对主轴的整体进行计算，以确保主轴的薄弱部分也能达到安全的强度要求。首先测量系统壳体需要能够抵抗一定的压力及扭矩不产生屈服效应，且磁力线若要穿越外壳，外壳厚度必须尽量薄。另仪器内部空间取决于对仪器主体的切削量，但切削量会直接削弱主体的强度。因此首先以壳体厚度和主体切削量作为变量进行仿真分析，壳体起始厚度为 10mm。三维仿真模型如图 6.7 所示。

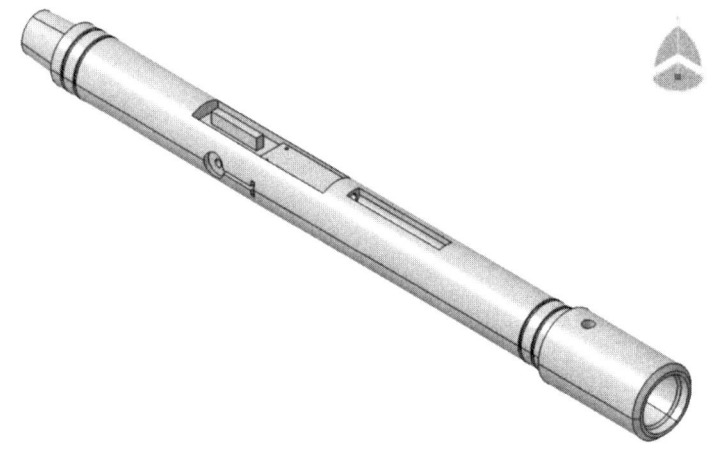

图 6.7 三维仿真模型

对仿真模型做如下约束。
（1）测量系统外螺纹端施加固定载荷。
（2）测量系统与外螺纹相邻的端面设定轴向的指定位移为 0。
（3）测量系统内流道施加 40MPa 载荷，测量系统外部施加 30MPa 载荷。
（4）测量系统内螺纹端面施加扭矩载荷 10kN·m。
（5）测量系统内螺纹端底部施加 100kN 轴向载荷。

测量系统的主要设计参数见表 6.2，测量系统主体材料为 40CrMnMo，弹性模量 207GPa，泊松比 0.254，屈服强度 785MPa；外壳材料为 N1310，屈服强度 981MPa。N1310 作为无磁材料，可以避免对励磁系统发出的磁力线产生干扰。但在固体力学分析中无须考虑磁场因素，可将测量系统设置为力学性能指标相对于 N1310 更低的 40CrMnMo 材料进行计算。

6 井下环空流量电磁测量系统设计

表 6.2 测量系统参数及设计工作条件

名称	参数
测量系统总长(mm)	1800
测量系统直径(mm)	178
测量系统接头扣型	NC46
测量系统最大钻压(kN)	200
测量系统最大扭矩(kN·m)	20
测量系统最高工作压力(MPa)	60
测量系统设计工作井深(m)	3000

经过计算可得不同厚度及切削量下的受力及变形情况。其中图 6.8、图 6.10、图 6.12 为主体在不同切削量下的受力情况;图 6.9、图 6.11、图 6.13 为仪器密封外壳在厚度为 10mm、12mm、15mm 时的受力情况;图 6.14、图 6.15 为仪器厚度 15mm 时的形变云图。

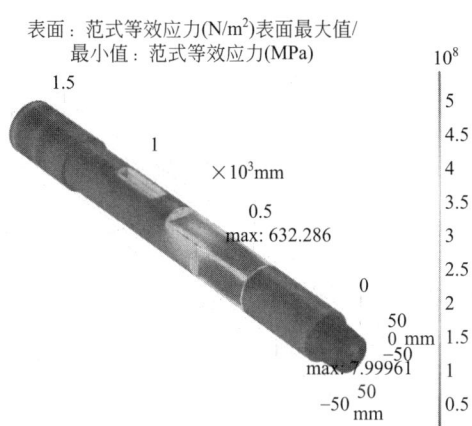

图 6.8 主体切削 4 个 22.5mm 深平面

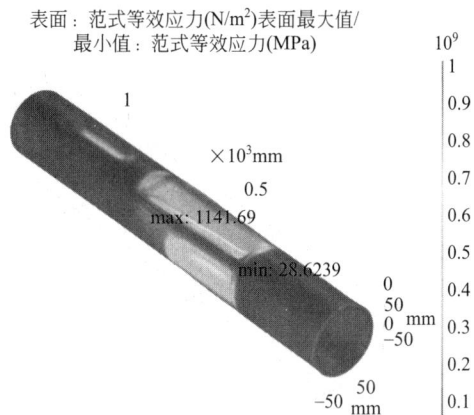

图 6.9 壳体厚度 10mm

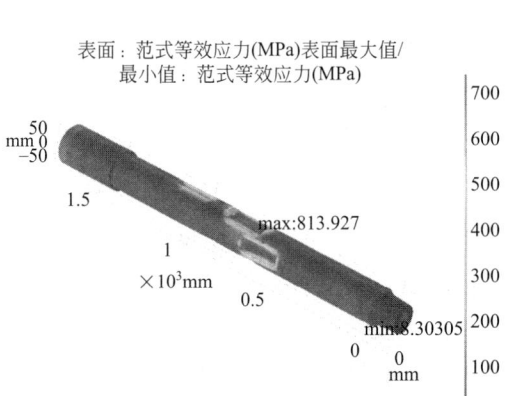

图 6.10 主体切削 4 个宽度不一致 22.5mm 深平面

图 6.11 壳体厚度 12mm

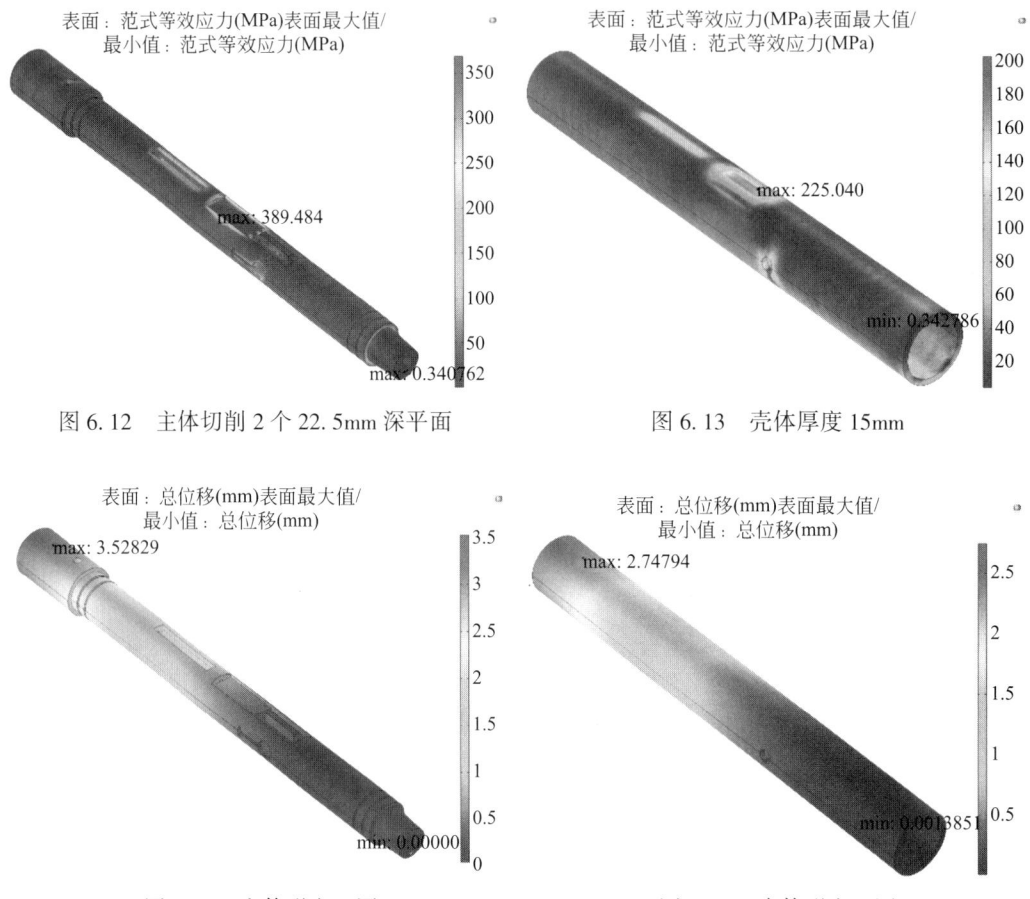

图 6.12　主体切削 2 个 22.5mm 深平面

图 6.13　壳体厚度 15mm

图 6.14　主体形变云图

图 6.15　壳体形变云图

由图 6.8 至图 6.15 中各项数据可以看到,在壳体厚度达到 15mm,主体切削 2 个 22.5mm 深平面时,环空流量电磁测量系统所受到的整体压力达到安全承压要求。且主体最大位移为 3.528mm,符合使用要求。使用该模型进一步进行更完整的仿真分析。

因为仿真模型具有轴对称性,为了一定程度的简化计算,后续研究将采用 1/2 仿真模型来进行计算。如图 6.16 所示为优化后的三维仿真模型。

对仿真模型中的边界条件以接近测量系统真实载荷作用情况为原则进行如下设置:

(1) 测量系统外螺纹端施加固定载荷。
(2) 测量系统与外螺纹相邻的端面设定轴向的指定位移为 0。
(3) 测量系统内流道施加 40/60MPa 载荷,测量系统外部施加 30/40MPa 载荷。
(4) 测量系统内螺纹端面施加扭矩载荷 10/20kN·m。
(5) 测量系统内螺纹端底部施加 100/200kN 轴向载荷。

将两种载荷施加情况分别称为工况 1、工况 2。经过仿真分析计算后,可得如图 6.17、图 6.18 所示的井下环空流量测量系统整体受力云图;图 6.17、图 6.18 分别为在工况 1 和工况 2 下测量系统内外表面的一条截线沿 y 轴方向的受力情况。

图 6.16　优化后的三维仿真模型

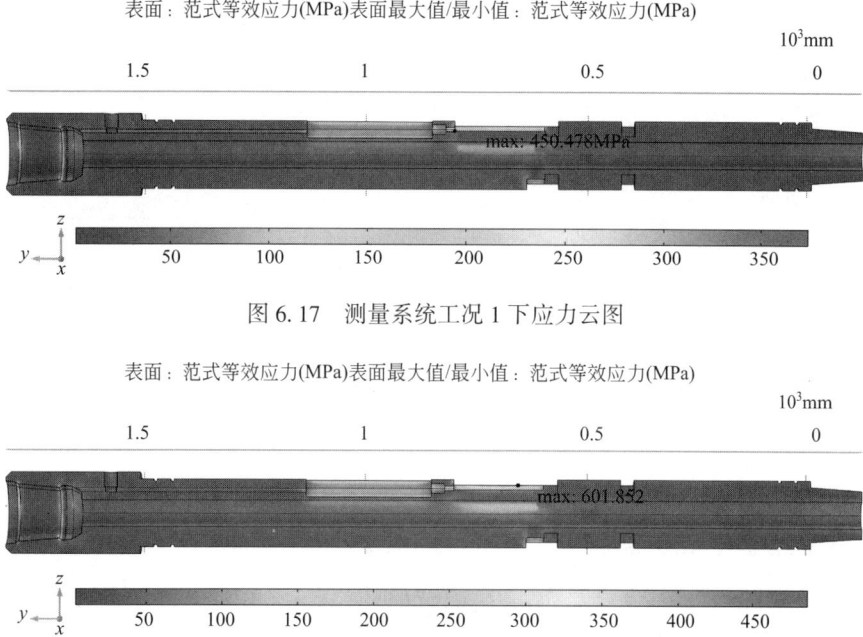

图 6.17　测量系统工况 1 下应力云图

图 6.18　测量系统工况 2 下应力云图

由图 6.17、图 6.18 可知，测量系统整体受力较小，应力相对更大的部分主要位于材料去除量较大区域的边缘，其中测量系统在工况 1 下的最大应力为 450.478MPa，安全系数 1.74，测量系统在工况 2 下的最大应力为 601.852MPa，安全系数 1.3。而且考虑到在仿真分析计算时，模型边缘处的网格划分总是趋于劣化，从而使计算结果较实际情况偏大，故该模型能够符合测量系统井下工作要求。

由图 6.19、图 6.20 可知，测量系统内外表面的应力大小与所在位置的材料去除量呈正相关，但其平均应力与理论计算值相差不大。以工况 2 为例，其内外表面平均受力分别

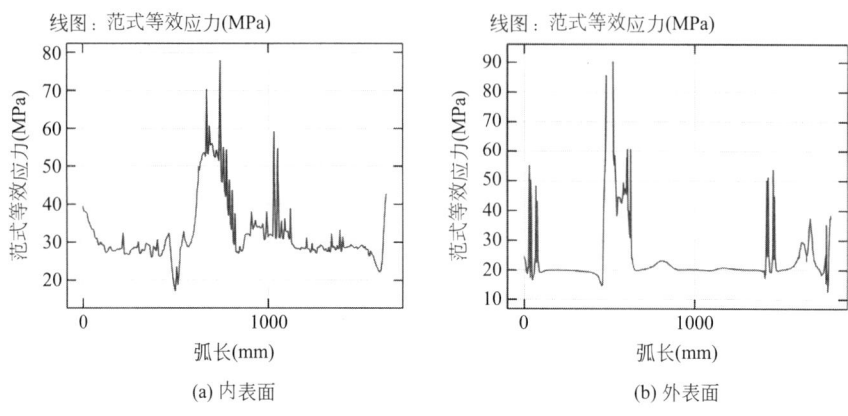

图 6.19 测量系统工况 1 下内外表面沿 y 轴应力

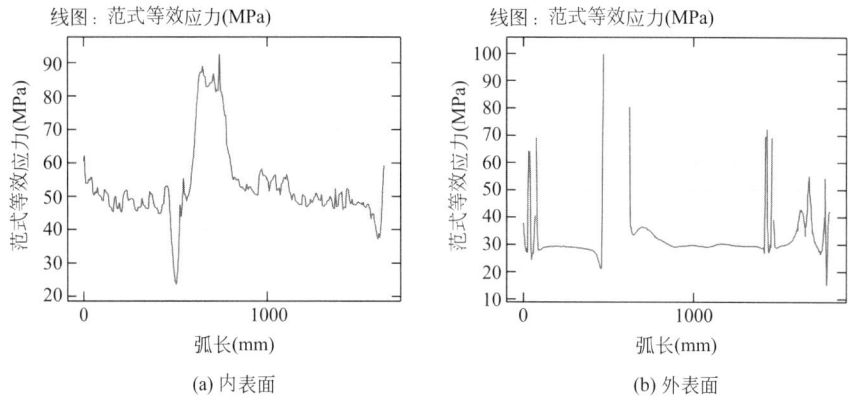

图 6.20 测量系统工况 2 下内外表面沿 y 轴应力

为 55.203MPa 和 32.184MPa，仿真分析值分别较理论计算值相差-2.421% 和-4.483%。通过仿真分析和理论计算的验证表明井下环空流量电磁测量系统的整体受力情况良好，其在井下组合载荷作用下能够正常工作。

6.2.4 环空流量电磁检测传感器外壁及衬里

对于环空流量电磁测量系统来说，传感器的外壁部分与井壁构成了被测流体经过传感器的通道，即环空流道部分。由于传感器的外壁部分处于磁场当中，为了不影响从其外部流过的流体的磁场，所以环空电磁流量检测传感器的外壁材料必须为非导磁材料。目前市面上，可选用的具有不导磁功能的常用材料主要有三大类[53]：

（1）非导磁、高电阻率的非金属材料：若采用 PVC 塑料和陶瓷等非导磁、高电阻率的非金属材料，虽然工作磁场的磁力线不会受到影响，但这类材料不能满足实际应用中的测试环境的要求（如高温、震动等特殊环境条件）。但是在本研究中，主要是对环空流量的测量机理进行实验室研究，可以不考虑井下高温和强震动等因素的影响，在实验室机理研究阶段采用 PVC 塑料作为环空电磁流量检测传感器的外壁，还可以不用单独在传感器的外壁专门增加衬里材料。

（2）非导磁但是高导电率的金属材料：使用铜、铝等非导磁但是高导电率的金属材料，虽然磁力线能够穿过传感器的外壁，但是线圈的励磁方式为低频矩形波激励，所以会产生交变磁场。由第 2 章的分析可知，此时传感器的外壁中会产生涡电流。而且这种感应涡电流会产生二次磁通，二次磁通会影响最终测量结果。因此，在本研究中，不考虑使用非导磁但是高导电率的金属材料。

（3）非导磁且高电阻率的金属材料：使用不锈钢等非导磁且高电阻率的金属材料，既不会影响磁力线穿过传感器的外壁，又不会产生大的涡电流。另外由于不锈钢等非导磁且高电阻率的金属材料的抗冲击性、韧性、热稳定性和塑性都比较好[126]，比较适合井下仪器的工作环境，且目前很多井下仪器采用的也是这类材料，因此建议在实际制作井下环空流量测量仪器的时候将不锈钢等非导磁且高电阻率的金属材料作为系统传感器的外壁材料。由于采用了不锈钢等非导磁、高电阻率的金属材料作为传感器的外壁材料，需要在其传感器的外壁表面增加衬里材料如聚四氟乙烯这类材料。目前耐酸钢测量管的黏结工艺已经突破，可以使得传感器的外壁与聚四氟乙烯这类材料的黏结成为可能。在将来的实际制作井下环空流量测量仪器的时候将采用非导磁且高电阻率的高合金钢材料作为传感器的外壁材料。

对于表层绝缘材料，目前最常用的有聚四氟乙烯、橡胶、聚氯乙烯、聚氨酯橡胶和工业陶瓷等材料。由于塑料高温耐受性较差，而工业陶瓷需要进行烧结，橡胶作为绝缘材料为较理想的选择。在进行地面原理样机的制作过程中，采用 PVC 管作为系统传感器的外壁材料，由于 PVC 管具有绝缘作用，可以不加衬里。

6.2.5 电极

电极是检测输出感应电压的重要元件，直接与导电流体接触，也是本研究中唯一与导电流体接触的电信号元件，位于传感器的外壁部分的两端。首先电极需要较大的电导率传导电信号；其次需要低磁导率防止磁力线集中。且电极磨损造成的电极间距变化会使电极上出现直流漂移电压，故电极也需要耐腐蚀性，考虑到井下密封的需要，采用的是半球形电极。

由于本实验所用导电流体为模拟钻井液（成分主要为自来水、盐水或者膨润土），且电极是与井下或者实验室实验中有一定压强的模拟钻井液相接触，并且模拟钻井液可能具有一定的腐蚀性，另外模拟钻井液中会含有沙粒，沙粒在一定压强下随着模拟钻井液流动会对电极产生磨损，因此本实验室机理研究所用电极材质为哈氏合金基底表面涂覆碳化钨。

针对哈氏合金电极在实验室测试中 PVC 传感器的外壁上电极安装的示意图如图 6.21 所示。该系统采用四电极结构来提取电磁感应信号，但是如果是针对井下测试中井下的特殊环境，电极的安装需要考虑绝缘、密封、安装方便和可靠性等问题，其传感器的外壁上电极安装的设计图如图 6.21 所示。

从 4 个电极引出来的 4 根信号线，必须安全可靠地引入到系统的流量信号采集与处理电路板上，从电极引出到信号线引出的过程中容易受到激励磁场及其他的干扰的影响，所以必须避免或者尽量减小电磁干扰等对有用信号的影响。为了实现这一目标，必须做到两

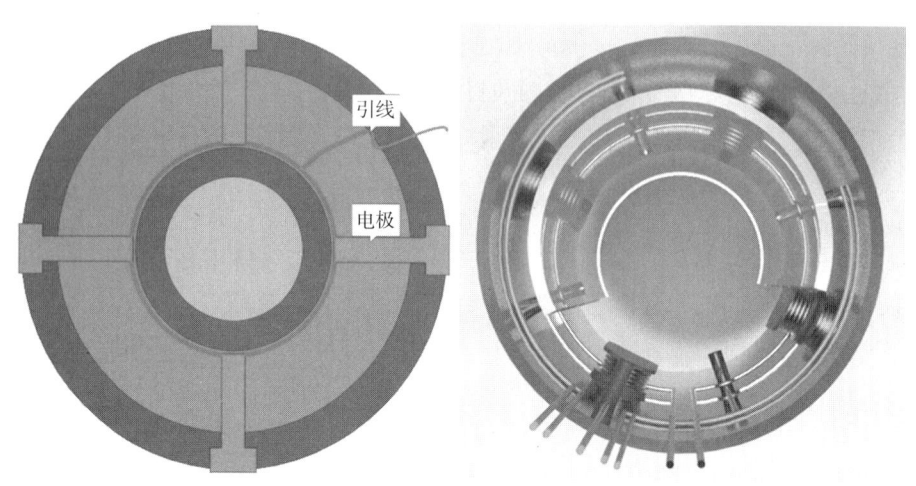

图 6.21 电极安装结构示意图

个方面的工作：第一方面的工作是在信号线的选用上，选用的信号引出线必须是带屏蔽功能的，在使用中必须将信号线中的屏蔽层接地；第二方面的工作是要合理地安排信号线的走向，当两根信号线在传感器的内壁处相遇后，采用将它们沿着测量管向上绞合引出的方式可以起到好的抗干扰效果。

6.2.6 线圈和铁芯

基于第 4 章的理论仿真研究可以知道，为了得到合理的线圈铁芯结构，需要满足 2 个关键性参数要求，即铁芯宽度为 2cm，铁芯的张角宽度为 5.5cm。基于此优化设计，进行了线圈和铁芯设计。

线圈和铁芯是环空流量电磁测量系统传感器中提供磁场的部件，励磁系统在环形流道产生磁场的大小和方向由线圈和铁芯参数共同确定。线圈和铁芯安装在测量系统内壁和外壁之间，线圈缠绕在铁芯上面。四个线圈连在一起，连接四线圈时，要注意同一时刻两线圈中通过的电流方向相同，不然四线圈产生的磁场会相互排斥，使磁场不进入环空流道中。本设计中铜线圈绕成矩形鞍状，线圈分别缠绕有 300 匝，线圈上面通过的电流为 0.1A，四线圈串联后接入系统中。

6.3 流量信号采集与处理关键电路设计

6.3.1 激励电路

在环空流量电磁测量系统中，环空流量电磁测量系统传感器在环形流道产生磁场的大小和方向由励磁系统决定。而励磁方式的选择，则决定了设计的电磁流量计的零点稳定性和抗干扰能力好坏[127]。基于第 2 章的分析中已知本研究采用的励磁方式是低频矩形波励磁，其电路图如图 6.22 所示。

在图 6.22 中，励磁系统由两侧的电平转换电路和中间的励磁电路组成。在励磁电路中，Q1、Q2、Q3、Q4 四个场效应管（Q1、Q2 为 P 沟道的 IRF4905；Q3、Q4 为 N 沟道的 IRF840）组成 H 桥开关电路，由单片机 P2.0 和 P2.1 口控制栅极（G 极）的通断（其中，P 沟道的场效应管，低电平导通；N 沟道的场效应管，高电平导通），用来为线圈提供交变的励磁电流，从而产生所需要的交变磁场。当 P2.0 为高电平，P2.1 为低电平时，Q1、Q3 截止，Q2、Q4 导通，电流方向由右边流向左边；当 P2.0 为低电平，P2.1 为高电平时，Q1、Q3 导通，Q2、Q4 截止，电流方向由左边流向右边。由于 MSP430F149 输出的电压为 3.3V，而场效应管的门槛电压为 4V，所以需要一个电压转换电路。在电压转换电路中，通过控制三极管 2N3904 的通断，来达到电平转换的效果。其中 R_1、R_2、R_3、R_4 的设置主要是限流作用，保护三极管不被烧坏。

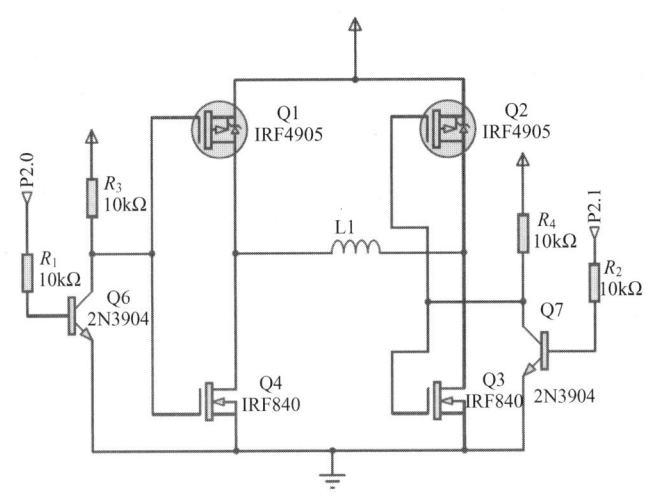

图 6.22　励磁电路

6.3.2　信号调理电路

由于信号电极输出感应电动势通常只有几微伏到几百微伏，为了满足数据采集的需要，需要把信号放大到 0~3.3V，通常需要放大 7000 倍左右，一般需要多级放大后才可以满足要求，考虑到电极输出信号非常微弱可先接入仪用放大器。考虑到被测流量信号通常叠加着各种各样的干扰信号，如共模干扰和串模干扰等，因此还要增加滤波环节。针对滤波，由第 2 章的信号特征分析可知，为了除去噪声必须使用带通滤波器。当环空流量测量系统地面原理样机在实验室环境下测试的时候，还需要考虑工频干扰的影响。在本信号调理电路主要由仪用前置放大电路、二级放大电路和滤波电路组成。

（1）前置放大电路。

对于从电极检出的流量信号，因为本文设计的磁场强度很小，所以感生电动势信号很小（一般为微伏级或毫伏级），而且其中还会夹杂有一定的干扰信号，如果在一开始就将流量信号进行很大倍数的放大，会导致较大的失真，所以需要将它进行前置放大一定的倍数，然后进行滤波，后面进行二次放大[128]。在前置放大部分，必须考虑高输入阻抗、高共模抑制比和低噪声问题，考虑到 AD620 的优点，本研究选用的是 AD620 这块芯片。

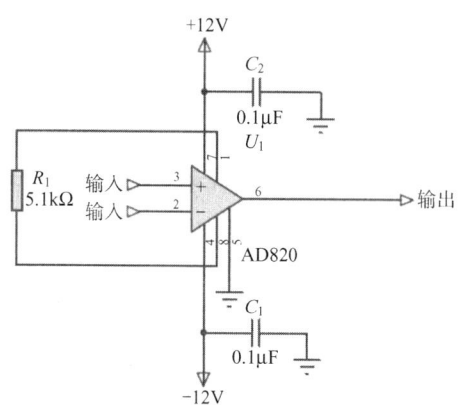

图 6.23 前置放大电路图

AD620 差分增益：

$$G = 1 + \frac{49.4}{R_g} \quad (6.17)$$

式中，49.4kΩ 为 R_1 和 R_2 的和。

本研究设计的前置放大电路图如图 6.23 所示。这里串入的电阻为 5.1kΩ，通过式(6.17)可以算出放大倍数约为 10 倍。

（2）带通滤波电路。

在前置放大中，把双端的流量信号转变成了单端信号，但是由于前置放大倍数较小，此时的幅值输出还是较低，不能直接进行采样。而测量电路本身以及元器件等都存在噪声和外界的各种干扰，信号的成分难免会混有其他频率的噪声。这些噪声有可能造成有用的信号失真，严重时，可能导致有用信号无法获取。这时，便需要给信号进行滤波处理[129]。

滤波器是由电容、电阻、电感组成的滤波电路。根据滤波成分不同，它主要分为低通滤波器、高通滤波器、带通滤波器、带阻滤波器。本文设计选择的是低频矩形波励磁，系统传感器输出的流量信号的有效频率较低，大小一般在几个赫兹，为了让波形效果较好，本文设计时采用了有源二阶带通滤波，其电路图如图 6.24 所示。在图 6.24 中，由低通滤波部分和高通滤波部分的串联形成了一个带通滤波器。在低通部分，电阻 R 取 50kΩ，电容 C 取 0.1μF，则截止频率为

$$f = \frac{1}{2\pi RC} 31.827 = 32\text{Hz} \quad (6.18)$$

在高通部分，电阻 R 取 2M，电容 C 取 0.1μF，则截止频率为

$$f = \frac{1}{2\pi RC} \approx 0.796 = 1\text{Hz} \quad (6.19)$$

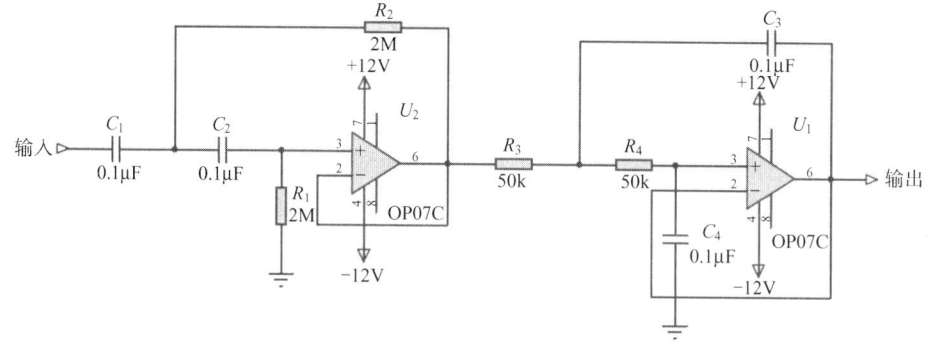

图 6.24 带通滤波电路图

（3）二级放大电路。

经前置放大、滤波处理后，流量信号还是非常微弱，需要进行二级放大。在本文设计中，二级放大电路选择了双极性运算放大器 OP07。OP07 具有非常低的输入失调电压(最

大 25μV），非常低的偏置电流（±2nA），具有高的开环增益。其具体电路图如图 6.25 所示。虽然 OP07 的最大放大倍数可以为 1000 倍，但放大超过 100 倍后，有比较明显的失真问题，在实际运用中，由于二级放大倍数在 30 倍左右还不能满足需要，需要再添一级放大电路，进行三级放大。

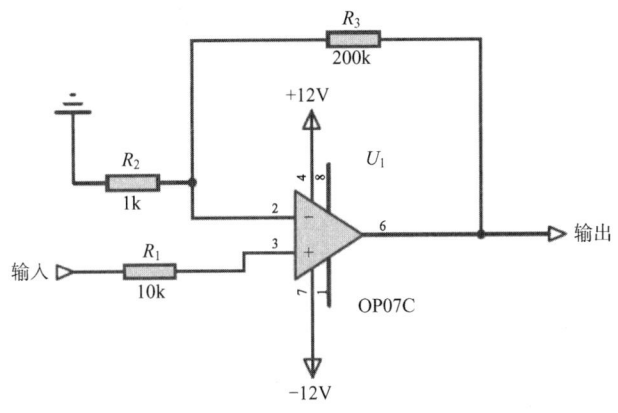

图 6.25　二级放大电路图

（4）50Hz 陷波器。

由于本研究的实验平台处于大量电器设备的实验室环境下，这些设备的周围空间中会产生出 50Hz 的工频干扰，这会对最后的流量信号产生干扰[129,130]。这时，在输出的最后一级加上一个 50Hz 的陷波器就很有必要，本研究设计的 50Hz 陷波器的电路图如图 6.26 所示。

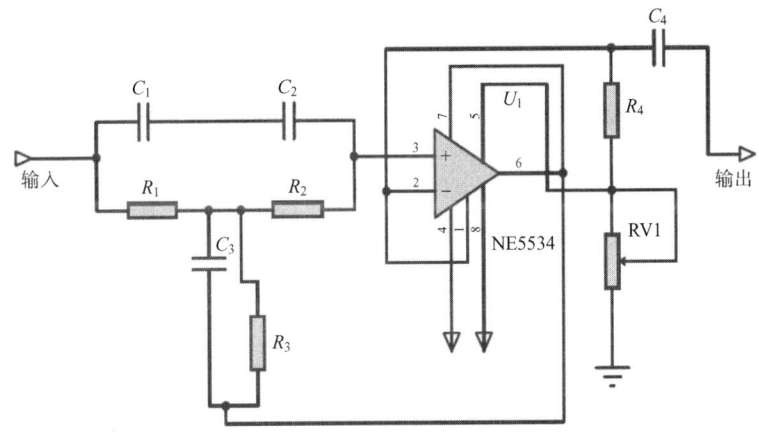

图 6.26　50Hz 陷波器

6.3.3　微处理器和信号采集

传统的电磁流量测量仪表对处理器速度要求不高，微处理器的任务主要是驱动励磁电路、电极信号采集、数据转换，储存并输出，其他的辅助功能相对简单。但是作为环空流量电磁测量系统的微处理器，上述的任务功能并不能满足实际信号采集和处理的需求，比如自诊断、报警、信号通信的需要，需要考虑使用高性能的微处理器。基于上面的考虑，本研究信号采集和处理系统采用的微处理器是 MSP430 单片机，该单片机为一款 16 位的单片机，用户可以根据自己不同的需要来选择不同的子系列。MSP430F149 最小系统电路图如图 6.27 所示。该单片机被称为混合信号处理器，它将许多个不同功能的模电及数电模块、微处理器等集成在一块芯片上，用来解决实际需要。该系列单片机多应用于需要电池供电的便携仪器仪表中。其主要特点有以下几个。

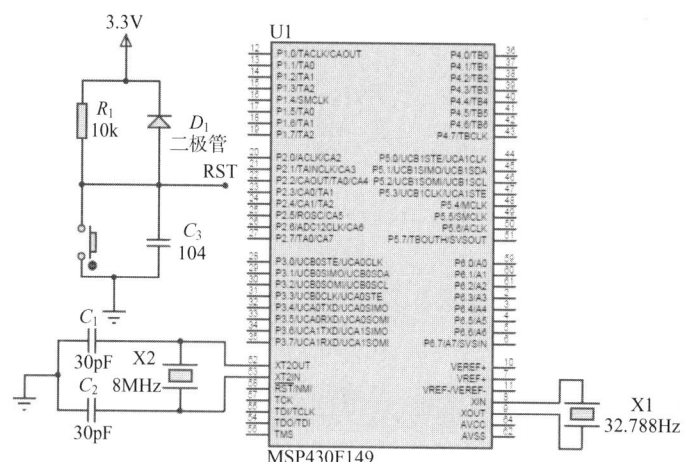

图 6.27　MSP430F149 最小系统电路图

（1）强大的处理能力。

MSP430 系列单片机为 16 位 RSIC 结构(速度是传统 51 单片机的 12 倍)，具有多种寻址方式、指令简洁、寄存器多以及片内的数据存储器都可以参加多种运算，还有有效的查表处理方法。在 8MHz 晶振时具有每秒钟运算 100 万条指令运算能力，这些特点可以使单片机在 C 语言的开发环境下效率大大提高。

（2）低电压、超低功耗。

MSP430 系列单片机的工作电压为 1.8~3.6V，在 1MHz 的时钟频率下运行，根据工作模式的不同，其工作耗电电流在 0.1~400μA 之间。该单片机有五种功耗模式，CPU 处于低功耗模式下使用中断请求将其唤醒的时间仅仅需要 6μs，使程序的实时性非常高。更重要的是其低功耗模式的设置可根据不同情况下的需要自主设定。

（3）系统稳定。

MSP430 系列单片机上电复位后由 DCLOCK 启动 CPU，使程序从正确的位置开始执行。在运行过程中，如果主时钟出错，则 DCO 会自动启动，保证系统正常运行；如果程序出错，通过看门狗复位，重启系统。

（4）丰富的外围设备。

MSP430 系列单片机主要的外围设备有看门狗、定时器、比较器、串口、硬件乘法器、ADC 模块和 6 个 I/O 端口。

（5）方便高效的调试功能。

MSP430 系列单片机基于可电擦写的 FLASH，而且还提供了 JTAG 口，对于程序的在线仿真调试非常容易。该系列单片机的开发工具比较好地支持了 C 语言，便于进行程序的移植，而且通过代码加密，对程序起到了很好的保护作用。

6.4 系统程序设计

本设计是按照模块化的设计思路来进行整个系统软件设计的。通过让各个模块之间相对独立,每个子模块程序都能完成一定的应用,在需要时由主程序进行调用,这样使得程序结构思路清晰,有利于日后系统功能的进一步扩展。系统中多数子程序都采用中断处理方法[132],使CPU从繁忙的查询中解脱出来,同时也降低了系统功耗。系统软件由看门狗模块程序、数据采集与处理程序、励磁驱动程序、人机接口程序和主程序构成。本文所设计的程序结构框架如图6.28所示,本节重点介绍主程序和数据采集与处理程序2个部分的程序。

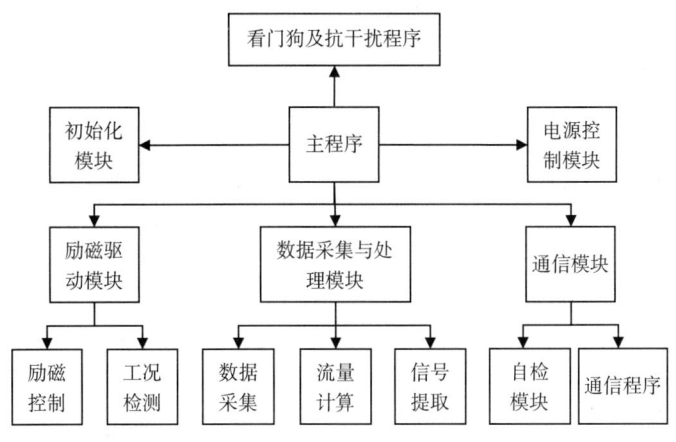

图6.28 系统程序结构框架

6.4.1 系统主程序设计

系统主程序流程图如图6.29所示。在主程序中,主要完成对系统时钟、变量定义、

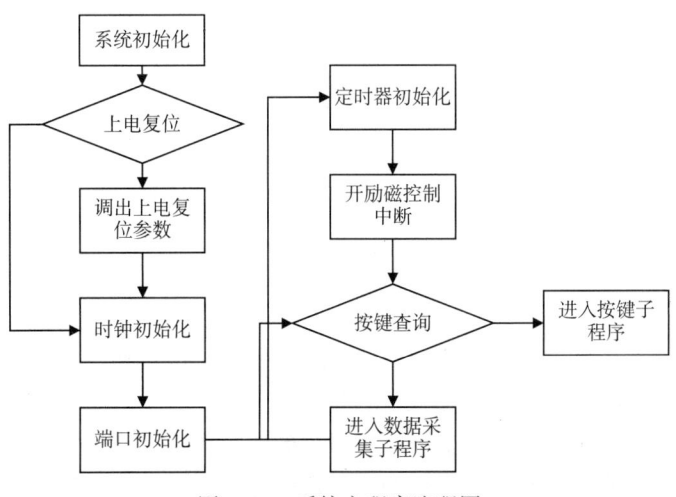

图6.29 系统主程序流程图

端口定义、定时器/计数器寄存器的初始化,在完成系统初始化之后,进入等待状态,等待定时中断的发生。

6.4.2 数据采集与处理程序设计

数据采集的主要目的是实现将经过模拟电路放大滤波的两路电极电压信号转变成数字量。数据处理程序主要涉及信号求平均、滤波和提取等,本研究中主要包括数字滤波、信号求平均和提取及有误信号消除运算。

目前常用的数字滤波方法包括一阶惯性滤波、算术平均值滤波、中值滤波和程序判断滤波等。在环空流量电磁测量系统的数据采集过程中,考虑到现场干扰因素较多,将产生尖状脉冲干扰,可采用将中值滤波算法和算术平均值滤波算法相结合。

针对两路电极输出的电压信号,进行模数转换后,并经过结合的中值滤波算法和算术平均值滤波算法以后,需要进行信号求平均处理,再基于第 2 章研究的信号提取方法进行信号的提取。

实际测量过程中环空中为零流速时,外界振动等干扰信号易作用于系统测量传感器,系统的传感器会出现有误输出信号,这种信号低于测量系统的计量下限。为了避免错误输出,在低于下限范围内设置信号下限。只有当引入信号高于该信号下限时,才被认为是正常的环空流量信号,否则认为瞬时流量为 0。

6.5 井下环空流量电磁测量系统高可靠性设计

虽然本书最终只是实现地面原理样机,但是考虑到本技术实际应用的需要,本书进行了高可靠性设计,为以后实现井下环空流量电磁测量打下基础。

6.5.1 系统元器件选择

元器件是井下环空流量电磁测量系统电路的基础,合理的元器件的选择和筛选,有利于提高井下环空流量电磁测量系统的可靠性。在进行井下环空流量电磁测量系统的设计时,元器件的选用应满足下面几个方面的问题[133]。

(1) 元件耐温问题。

由于以后实现的目标对象是井下仪器,随着井深的增加,井下仪器所处的环境温度会随之升高(地层温度梯度为 2.74℃/100m)。因此,对于井下仪器的设计,首先应该根据井下仪器工作的地层深度确定仪器的最高工作温度,以该温度为基础进行元器件的选择。

(2) 元件功耗问题。

由于井下环空流量电磁测量系统是采用电池供电,因此在满足性能和功能的条件下,为了延长井下环空流量电磁测量系统的工作时间,需要选用低功耗元件。

(3) 元件购买问题。

在满足设计要求的条件下,尽量选用容易买到的元件,降低成本并方便替换。

上面描述的三个问题,要想真正全部达到目标有难度。目前而言,绝大多数高端元器件国内无法生产,以美国、日本及欧洲为主的西方国家一直对中国实行禁运,很多耐高温抗震且低功耗芯片既难采购到且价格又非常昂贵,这些给井下环空流量电磁测量系统的开发产生了很大的障碍。

在不能购买到完全符合条件的元器件的情况下,需要进行元器件筛选。所谓元器件筛选是指在器件选型时,选择质量相对较好的元件,而且在元件使用前应该先进行高温老化处理后,再进行元件的测试筛选,去除质量不符合要求的元件。为确保井下环空流量电磁测量系统具有较高的可靠性和稳定性,设计中电阻、电容均选用国内军工企业产品,重要芯片均通过正规渠道购买国内外高端芯片,对所有使用的元件都进行温度老化筛选和性能测试筛选。

6.5.2 环空电磁流量检测系统抗干扰方法

环空电磁流量检测测得的有用信号通常只有几微伏至几百微伏,相比与其他的干扰信号而言幅值很小,有用信号很容易被强干扰信号所掩盖,而且电磁流量检测过程中很多干扰信号成分已经夹杂在所测得的流量信号中,十分复杂。要想准确测量瞬时流量,特别是实现井下的环空流量测量,基于第2章中的干扰成分分析,通过其他学者的经验及多年的系统设计经验[131,134-141],提出了以下抗干扰措施,其中包括硬件抗干扰和软件抗干扰。

(1) 硬件抗干扰。

① 正确的接地抗干扰:好的接地技术可以有效抑制噪声干扰,不仅可以有效抑制环空流量测量系统内部的噪声耦合,还能抑制外部干扰信号的影响。但是,如果接地工作没做好,不但起不到抑制噪声的目的,还会给环空流量测量系统引入更多的干扰和噪声。

② 系统电源抗干扰:设计中,可在每块逻辑电路板的电源和接地的引线处并接一个大电容和一个小电容;在各个主要的集成电路芯片的电源输入端与地之间,或电路板电源布线的一些关键点与地之间接入一个电解电容,同时为滤除高频干扰,可再并联一个小电容。

③ PCB 设计中的抗干扰:在检测系统中,板上器件空余管脚安排、印制板上电力线和信号线等线路的布局等都是需要考虑的问题。如在长线传输中,为防止窜扰,采用交叉走线法。长线传送时,应遵循功率线、载流线和信号线要分开,电位线和脉冲线分开的原则。

④ 信号传输线上抗干扰:环空流量电磁测量系统输出的信号在信号传输线上传输的过程中可能会受到线圈电磁场或者地磁场的影响而产生电磁干扰,因此环空流量电磁测量系统输出的信号线应使用双绞线,采用双绞线可以有效抵消双绞线上的每个小环路的电磁感应,从而达到抑制线圈电磁场或者地磁场干扰的目的。

(2) 软件抗干扰。

① 环空流量电磁测量微处理器抗干扰:当环空流量电磁测量系统的 CPU 受到外界强的干扰时,系统程序可能将操作数当作操作码来执行,这时候程序会无序的乱跳而失控,危害很大。为防止系统程序的失控,可以采用软件陷阱和指令冗余等方法在第一时间拦截乱飞的程序并使程序重新进入正常运行状态。

② 数字滤波抗干扰:数字滤波是一种采用软件通过计算或判断减少干扰在信号中的比例而提高信噪比的方法。

6.5.3 在线自诊断技术

为了保障环空流量电磁测量系统测量的准确性、可靠性,设计并实现了一种自诊断系统,以实现环空流量电磁测量系统的上电自测试以及工作时的稳定性检查。本书所研究的系统自诊断功能分成两部分:第一部分是环空流量电磁测量系统开机自检,此时若有某个模块(如系统电源,通信模块或者数据采集模块等)出现故障状态,可通过自诊断结果迅速定位到故障模块,方便对出现故障的模块进行修复;第二部分就是当环空流量电磁测量系统在工作过程中,对测试系统各个模块进行周期性间隔检测,确保系统工作正常。设计将环空流量电磁测量系统分为微处理器模块、存储模块、电源模块、数据传输模块、信号调理模块以及程序存储器模块。因此,在对环空流量电磁测量系统进行自诊断时,要对系统的各个模块分别控制其进行自诊断,其流程图如图6.30所示。

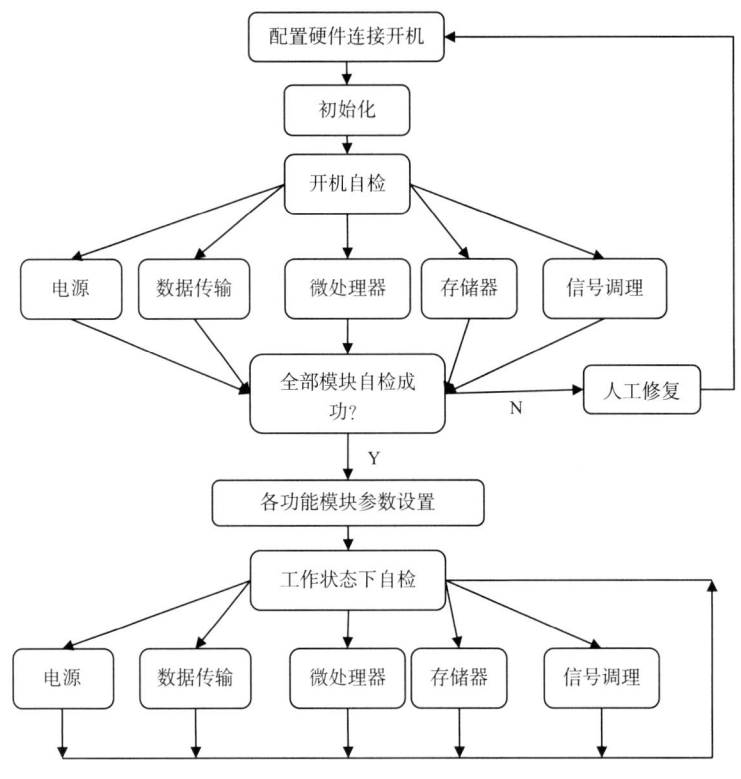

图 6.30 环空流量电磁测量系统自诊断流程图

6.6 小结

本章基于第4章确定的最优结构和前面的研究基础,重点从环空电磁流量检测传感器和流量信号采集与处理两个部分详细研究了环空流量电磁测量地面样机的实现过程。其中,环空流量电磁检测传感器是环空流量电磁测量系统的核心部分,主要分析了机械结构、电极、励磁线圈、铁芯、测量管和衬里等几个部分；流量信号采集与处理部分主要包含流量信号放大和滤波单元、线圈激励单元、微处理器单元、电源电路单元和数据传输接口单元，本书对这些关键模块进行了详细分析与阐述。考虑到井下工况的特殊性，为了提高系统的可靠性，对井下环空流量电磁测量系统的高可靠性设计和自诊断技术进行了研究。

7 地面试验平台搭建流程及样机测试内容

本书前面的章节对环空流量电磁测量系统的实现原理进行了分析和研究，并在此基础上设计了环空流量电磁测量系统。本章以环空流量电磁测量系统为基础，叙述了搭建地面样机试验平台的流程，并参照国家电磁流量计检定标准给出了电磁流量测量系统地面原理样机的测试内容，为进一步验证环空流量电磁测量系统的可行性提供正确的依据。

7.1 地面试验平台功能及技术指标

7.1.1 试验平台功能

要进行环空流量电磁测量系统的研究，就必须有可进行流体流动循环系统的试验研究。循环系统除了要求能够控制流动的流量大小，并同时提供各种测量的条件和改变多种影响测量的影响因素。对于本研究设计的环空流量电磁测量系统地面试验平台，需要具备以下功能。

（1）能方便接入环空流量电磁测量系统地面样机进行地面模拟循环实验，试验平台的管道尺寸可以满足钻井过程中井下环空的流量测量需要，且功能符合流量测试要求。

（2）方便改变影响电磁流量测量的关键影响参数，如流量大小、加入固体颗粒和气体等。

（3）可以进行环空流量电磁测量系统的标定：在本试验平台中，必须选择合适的、高精度的流量计作为环空流量电磁测量系统的标定依据。由于目前市面上没有环形流道流量测量的检定设备，因此本研究选用普通圆形管道的高精度电磁流量计，将其与环空流量电磁测量系统串接。由于同一管道内流量相等，因而通过普通圆形管道内的高精度电磁流量计的流量反映可靠的流体数据。

（4）方便进行实验测试过程中各个参数和实验数据的记录、处理、分析并完成相应控制功能。

7.1.2 试验平台技术指标

基于环空流量电磁测量系统的检定需要[142]，结合钻井过程中的环空流道的排量大小及测量机理研究需要，确定了如下试验平台技术指标。

（1）最大检定流量：$100 m^3/h$。
（2）标准表精度：0.5%FS。
（3）检定流体：自来水。

(4) 平台工作温度：0～50℃。

(5) 稳压形式：稳压罐稳压法。

(6) 检定环形流道尺寸：环形流道内环半径90mm，外环半径110mm。

(7) 平台控制方式：计算机自动控制与人工手动控制相结合。

(8) 可以支持进行简单影响因素实验：方便在循环流体中人为加入的膨润土或者注入的气体。

7.2 地面试验平台搭建流程

经过前面的分析，搭建了如图7.1所示的试验平台结构图。实验过程中，试验平台的工作流程如下：将地面环空流量电磁测量系统原理样机接入到测量管线中以后，打开阀门，启动变频器，设置变频器的工作频率，电动机在变频器的控制下按一定的速度转动，带动离心泵工作，将储液罐中的液体抽出，经过稳压罐后，较稳定的流体在压力的作用下依次流经标准流量计和地面环空流量电磁测量系统原理样机，然后流回储液罐，如此形成循环。在测试过程中，将多个仪表（如温度计、压力表、电导率计、标准流量计及液位计）测得的参量信息和地面环空流量电磁测量系统原理样机输出信号送入由计算机控制的PCIE-8735数据采集卡中，通过LabVIEW虚拟仪器开发软件实现这些参量处理、分析、存储和显示等功能；同时，可以通过LabVIEW界面中的流速控制部分和温度控制部分实现对变频器频率和储液罐液体温度的设定，实现管道中流体流量及温度的控制。

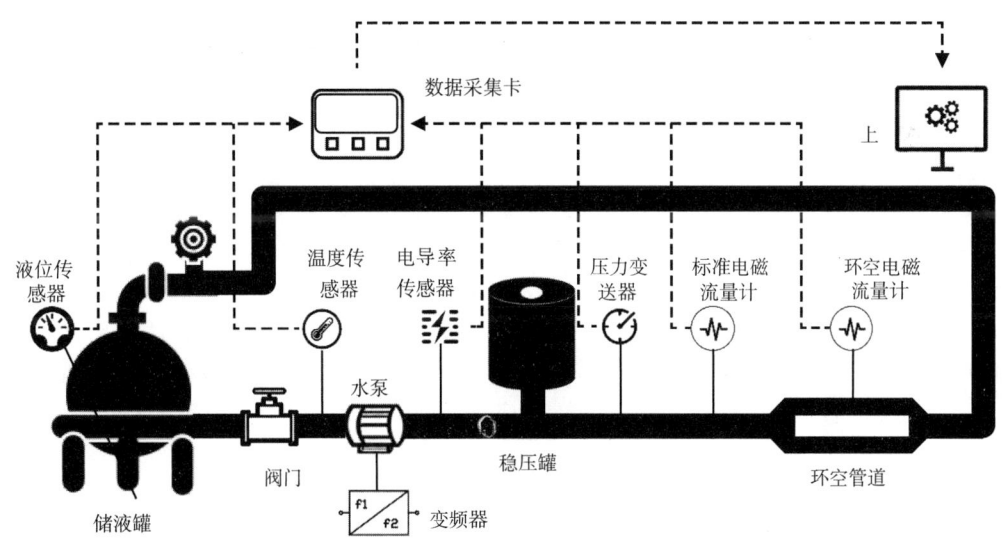

图7.1 试验平台系统结构图

本研究所要设计的试验平台可以分为试验平台硬件部分和试验平台软件部分。试验平台硬件部分是获得实验数据并对环空流量电磁测量系统进行分析研究的基础；试验平台软件部分是实验数据处理和分析的关键。该试验平台设计的合理性和精确度，直接决定着实验结果的准确程度。系统实验平台的实物图如图7.2所示。

图 7.2 试验平台系统实物图

7.2.1 试验平台硬件设计

试验平台硬件由储液罐、稳压罐、水泵和流速控制、加热和温度控制、标准流量计、地面环空流量电磁测量系统原理样机接入管线、各种参数检测仪表和数据采集模块等组成。试验平台的流体动力源的核心是基于变频器控制的离心式水泵组,流体流经过稳压罐稳压以后,在循环管线中形成稳定的流动。

(1) 储液罐模块。

储液罐是用来装放检定介质,而该套装置的检定介质是清洁自来水。在设计和选用储液罐时,要考虑以下四点:一是储液罐内装入液体的容量应超过储液罐总容积的50%以上,这样可以减少误差,保证检定的精度;二是储液罐内所装液体的量至少要保证足够一分钟以上的时间流入储液罐的检定量;三是储液罐要具有耐腐蚀性,不会产生影响电磁测量的流体成分;四是能够满足实验所需的温度,具有一定的保温能力。根据前面四点要求,本研究选择的1200L的不锈钢带有保温功能的储液罐。

(2) 稳压罐模块。

由于离心泵工作时会引起流体压力的波动,为了实现流体的稳压作用,确保测试中不受压力波动的影响,需要使用稳压罐。目前,稳压罐在流体装置上使用较为普遍的,其核心作用是吸收水流中的高、低脉动,保持水流压力稳定。总的来说,罐的容积越大,则吸收作用越强,稳压作用越好。对于本研究,选用的是隔膜气压罐,总容积为900L,有效水容积为300L,最大流量是100m^3/h。

(3) 离心泵和流速控制模块。

试验平台的流体动力源由变频器控制的离心式水泵组提供,普通单级离心泵具有高效、经济的特点,并考虑到不同离心泵的流量、扬程和功率等因素,选用KGR100-160型离心泵,该离心泵流量为100m³/h(即27.7L/s),扬程为32m,转速为2900r/min,其工作电压为380V,功率为15kW。该泵为立式结构,可以像阀门一样安装于管道中,水泵叶轮直接安装在电动机的加长轴上,轴向尺寸短,能很好地平衡泵运转产生的径向和轴向负荷,从而确保水泵能够平稳和低振动噪声运行。

考虑到变频调速控制方式能消除电网电压及电网频率的低频脉动影响,并且成本低、可降低系统能耗及输出流量稳定的优点,本研究通过手动或者计算机控制变频器频率实现流量的连续调节[143]。分析各种控制需要后,研究选用英威腾的CHE100-015G/018P-4变频器,该变频器可以方便地进行手动或者计算机控制,且变频器的频率设定方式包含输入模拟量设定和数字量设定2种,最常用的是模拟量设定方式。在模拟量设定下,手动模式是通过变频器的AI1端与电位器W1给定端相接,通过电位器调节输出电压作为变频器的频率给定信号;计算机控制模式是通过AI1端与计算机控制系统的PCIE-1816数据采集卡的模拟量输出相接,由计算机输出控制信号给变频器。

(4)流体加热和温度控制模块。

为了分析流体温度对环空流量电磁测量系统的影响,需要实现流体的加热和温度控制。在本研究中,通过大功率加热器作为热源加热整个循环系统中流体的温度,其原理和热水器的工作原理类似,通过事先设定一个温度值,通过PCIE-1816来调节和控制加热器的工作。当储液罐中的液体温度低于设定值时,加热器开始工作;当储液罐中的液体温度达到设定值以后,加热器停止工作。这样始终保证整个流体循环系统的温度环境维持在这个预先设定的温度状态中,方便地为流体循环系统提供不同的温度环境需要。由于短时间内循环所散失的热能和一个体积很大的储液罐中液体的热能相比很小,因此可以忽略循环中散热所带来的温度影响,可以认为实验过程是一个恒温过程。

(5)标准流量计。

考虑到本研究的对象是环空流量电磁测量系统,且电磁流量计有很多优点,考虑到信号对比的需要,采用电磁流量计作为标准流量计。综合考虑被地面环空流量电磁测量系统原理样机尺寸、被检流量的范围及被检环空流量电磁测量系统的测量精度要求,确定选用DN100的精度为0.5%的电磁流量计,量程为0~120m³/h。在安装该标准流量计中,要保证前面有5倍管道直径,后面有2倍管道直径。

(6)地面环空流量电磁测量系统原理样机外环接入管线。

由于环空流量电磁测量系统测量的是类似于钻井过程中钻具与井壁之间构成的环空型流道,因此需要实现将设计的地面环空流量电磁测量系统原理样机放入外环接入管线,使得设计的地面环空流量电磁测量系统原理样机与外环接入管线之间构成类似于钻具与井壁之间构成的环空型流道。在设计地面环空流量电磁测量系统原理样机外环接入管线的时候,需要重点考虑地面环空流量电磁测量系统原理样机在外环接入管线内的固定、方便实现环空流道截面积的可变性和地面环空流量电磁测量系统原理样机供电及信号的输出三个方面的问题。

① 针对地面环空流量电磁测量系统原理样机在接入管线内的固定问题,采用在地面环空流量电磁测量系统原理样机的侧面上下两端位置安装2个固定的带有圆形卡槽的卡

座，并在接入管道的相应位置开孔，通过在接入管道的孔与卡槽之间插入插销来实现原理样机在接入管线内的固定。为了减少插销对环形流道流速的影响，尽量选择结实而又体积小的圆形插销；同时插销安装位置应满足电磁流量计的安装需求，即尽可能地远离测量管道。

② 为方便实现环空流道截面积的可变性，需要外环接入管线的直径要实现可变性，可以通过在试验平台中配备不同的变径接头实现。通过更换在外环接入管线两端的变径接头，可以方便地与之对于尺寸的外环接入管线。在本实验平台中，外环接入管线与变径接头为法兰连接，以方便更换。

③ 针对地面环空流量电磁测量系统原理样机供电及信号的输出问题，可以在卡槽内开小孔，利用圆形插销进行走线，解决供电及信号的输出。但是，需要在所有开孔及与地面环空流量电磁测量系统原理样机可能会产生泄露的位置做好密封工作。

为了保证环空流量电磁测量系统的测量精度，要尽量使环空流量电磁测量系统前后都有一定长度的直管段，考虑到地面环空流量电磁测量系统原理样机接入管线的结构特点，需要保证前面有 7 倍环形管道外环直径，后面有 4 倍环形管道外环直径。无论环空流量电磁测量系统是在直管道上还是水平或垂直管道上安装，都必须要保证流体满管流动，防止不满管流动可能造成信号电极开路。

(7) 各种参数检测仪表。

为了分析试验平台的稳定性及分析影响环空流量电磁测量系统的影响因素，需要安装温度计、压力表、电导率计、标准流量计及液位计等仪表。这些仪表的选型和安装，需要考虑试验平台的实际情况及本研究对参数结果的要求。

(8) 数据采集模块。

考虑到多个仪表参量信息、地面环空流量电磁测量系统原理样机输出信号及流速控制的需要，选用 PCIE-1816 数据采集卡。该数据采集卡是一款多功能 PCI Express 卡，支持数字量 I/O、模拟量 I/O 和计数器功能。该数据采集卡的主要特性如下。

① 16 路单端或 8 路查分或模拟量输入的结合。

② 16-bit A/D 转换器，采样率高达 1MHz。

③ 可编程增益。

④ 自动通道/增益扫描。

⑤ 用于模拟量输入和输出的板载环形缓冲区。

⑥ 2 个 16-bit 模拟量输出通道，支持连续波形输出功能。

⑦ 24 路数字输入和 24 路数字量输出。

⑧ 2 个 32-bit 可编程 10MHz 多功能计数器/定时器(10MHz)。

⑨ 自动校准(AI/AO)；灵活的触发和计时性能。

7.2.2　试验平台软件设计

考虑到试验平台数据采集、处理和分析及控制的方便性，试验系统软件采用 LabVIEW 作为开发工具。LabVIEW 是一种利用图形来实现编写程序的编程环境，这种图形化的语言编写通常称为 G 语言，它作为一种强大的、应用灵活的数据采集和仪器控制平台，被应用到了多个领域之中。LabVIEW来源于传统设计语言顺序特性，却与传统的程序开发环境不同，它以简单的图形化设计环境为特色，包括数据采集、数据分析、结果显示等必需的工具。试验平台采用LabVIEW为开发工具，主要完成以下几个方面的任务[144]。

(1) 数据采集：主要控制数据采集卡完成多个仪表(如温度计、压力表、电导率计、标准流量计及液位计)测得的参量信息和地面环空流量电磁测量系统原理样机输出信号的采集。

(2) 数据处理分析：主要是对采集得到的2路电极信号数据进行数据处理和分析，特别是实现地面环空流量电磁测量系统原理样机输出信号的提取。

(3) 显示数据及波形：显示结果，并将数据以图形的方式直观地显示。

(4) 数据存储读取：将数据以文件格式进行存储和读取。

(5) 控制功能：根据试验平台的需要，实现温度和流量的控制。

经过设计，得到的基于LabVIEW的试验系统的数据采集界面、数据处理与分析界面及系统监控界面如图7.3所示。

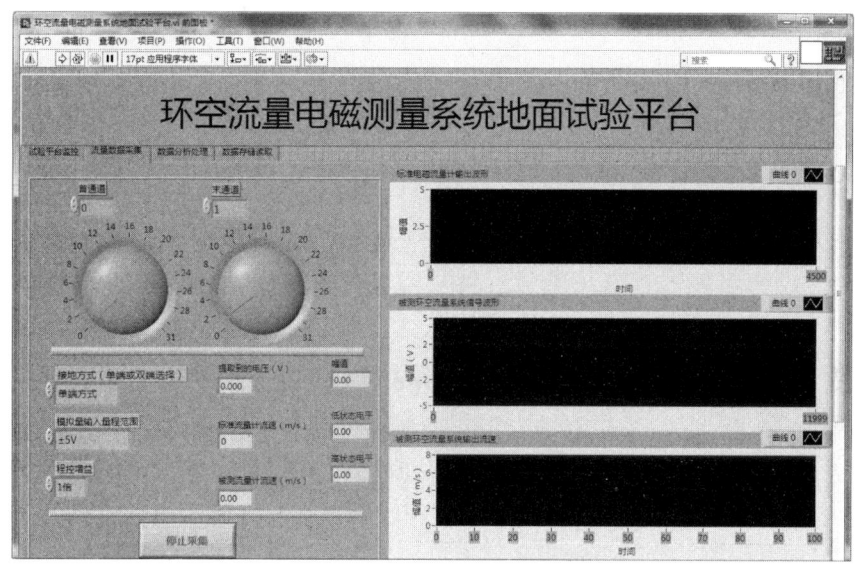

图 7.3　试验平台 LabVIEW 监控界面

7.3　地面试验平台样机测试内容

7.3.1　基本功能测试

本次测试是在硬件系统搭建完成后，进行了基本功能测试实验，主要目的是为了测试变频器频率、流体流速、循环系统内压强三者之间的关系。测试是在常温20℃下完成的，测试了一个完整的频率升和降的完整过程，变频器频率与循环系统内压强、流体流速关系分别如图7.4和图7.5所示。

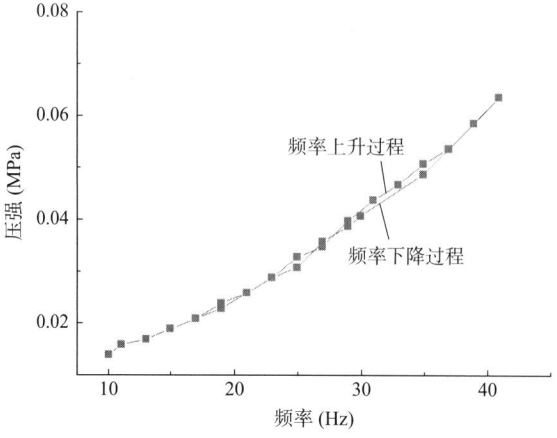

图 7.4 频率—循环系统内压强关系图

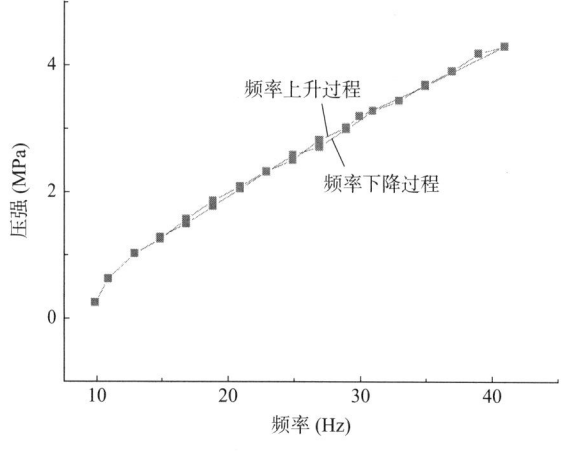

图 7.5 频率—流体流速关系图

通过图 7.4 和图 7.5 测试得出的数据，可以看出变频器输出频率增加，流速和压强也会随其增加，而且不管频率是增加还是减少，流速和压强都是随其相应的变化，而且从图中可以看出流速、压强与变频器输出频率大致上呈线性关系。同时还可以得出结论，变频器是可以平稳地调节系统流速的。

7.3.2 稳定度测试

流量的稳定性是评价流量检定装置的另一个重要指标，在 JJG 1033—2007《电磁流量计检定规程》中对流量的稳定性也有明确的标准和要求[142]。良好的稳定性是检定装置精确的基本要求，也是准确反映被检流量计性能的前提条件。由于本研究针对的是瞬时流量的测量，因此对影响试验平台的稳定度的参数进行分析和测试十分必要。在设计和搭建好的流量检定实验系统后，需要进行以下实验测试：一是实验平台基本功能测试，包括实验装置的安全性、可靠性，是否出现漏水情况等测试；二是离心泵工作频率与管道内流体流量大小对应关系；三是储液罐不同液位高度下，离心泵不同工作频率与流体流量的波动强度关系[145-149]。

7.3.2.1 试验平台基本功能测试

本次测试在试验装置搭建完成后，进行试验平台的基本功能测试，主要测试变频器工作频率与流体流速、流体流量之间对应关系。测试是在环境温度为8℃下完成的，测试是通过变频器完整的频率上升过程(0~35Hz)和频率下降(35~0Hz)，频率间隔1Hz，变频器工作频率与流体流速、流体流量之间的关系曲线如图7.6和图7.7所示。

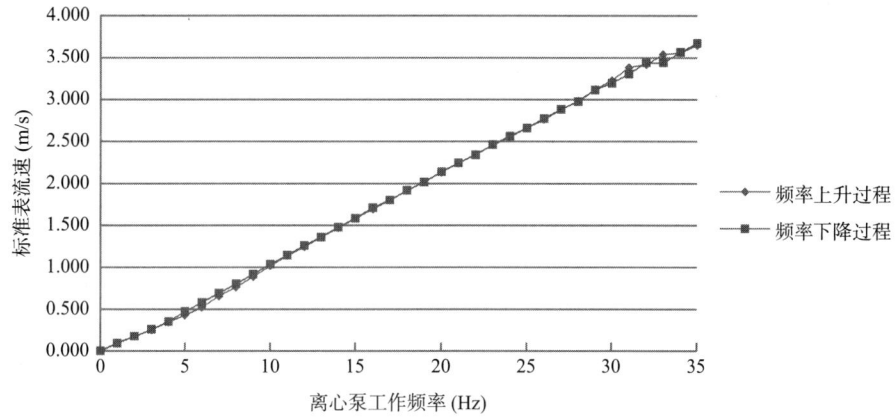

图7.6　频率—流体流速关系曲线图

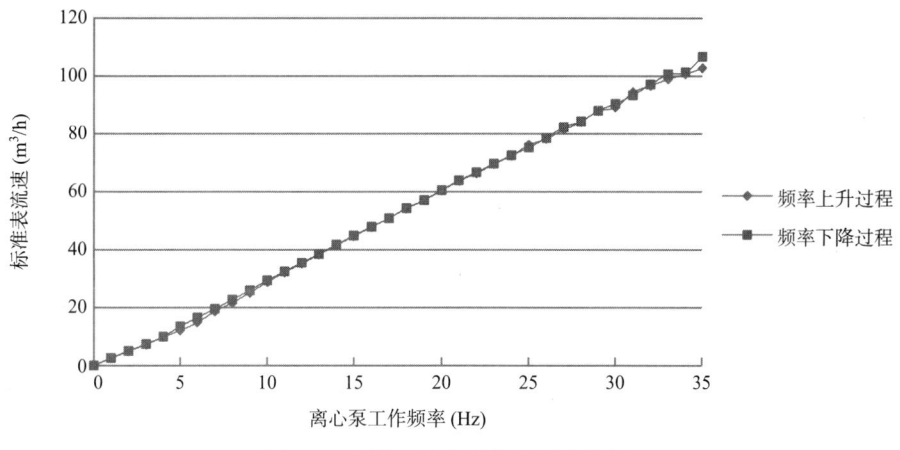

图7.7　频率—流体流量关系曲线图

通过图7.6和图7.7的实测曲线可知，随着变频器频率的增加，管道内流体的流速、流量均增大，且变频器工作频率与流体流速、流量的大小基本呈线性关系。同时可以得到，变频器可以稳定地对流体流量进行平稳调节。

7.3.2.2 离心泵工作频率对流量稳定性的影响

变频器工作频率的改变，直接改变离心泵电动机转速，由于离心泵输出的流量波动性较大，对流量的稳定性有一定的影响，因此在实验装置中设计了稳压罐装置。为了得到实验平台流量波动性状况，所以需要测试变频器工作频率对流量稳定性的影响。

储液罐液位高度变化意味着离心泵入口压力发生变化，由于离心泵的工作点与管路特性有关，储液罐液位高度的变化将直接影响泵出口的压力变化，因此需要测试储液罐不同液位高度对流量稳定性造成的影响。选取液位高度为185cm、155cm和125cm为测试点,同时选取5个离心泵工作频率点(15Hz、20Hz、25Hz、30Hz及35Hz)利用标准电磁流量计测试流体流量的波动状况,每组频率值测试时间为2min。

当储液罐液位高度为185cm时,可以得到图7.8的流体流量波动曲线。通过曲线图分析可得,随着管道离心泵工作频率的不断增大,管道内流体流量的波动强度也随着增大,在工作频率较低的情况下,流体的波动强度较小。

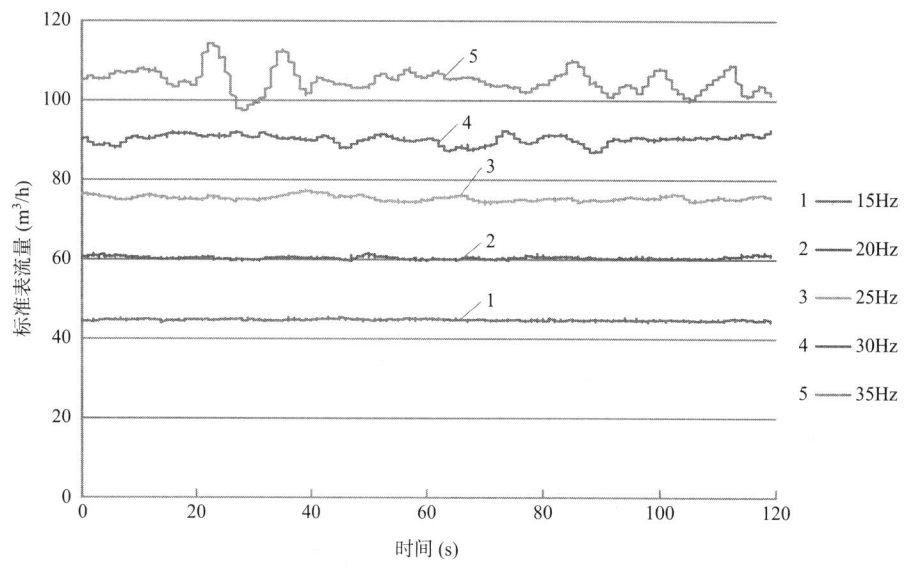

图7.8 储液罐液位高度为185cm时流体流量波动曲线图

通过实验数据,可以求出实验周期内的流量平均值$\bar{L}$及流量波动幅值($\Delta L = L_{max} - L_{min}$),流量波动强度($I_L = \dfrac{L_{max} - L_{min}}{2\bar{L}} \times 100\%$)。

储液罐液位高度为185cm时,从表7.1可以得到,当离心泵工作频率小于30Hz时,流量的波动率基本小于3.11%。

表7.1 储液罐液位高度为185cm时流量波动数据

频率点(Hz)	15	20	25	30	35
$\bar{L}$(m³/h)	44.735	60.411	75.380	90.255	105.048
ΔL(m³/h)	1.465	2.075	3.662	5.615	16.846
I_L(%)	1.637	1.717	2.429	3.111	8.018

储液罐液位高度为155cm时,从图7.9和表7.2可以得到,离心泵工作频率越高,管道内流体流量的波动强度越大,在30Hz以上波动强度大于4.07%。

7 地面试验平台搭建流程及样机测试内容

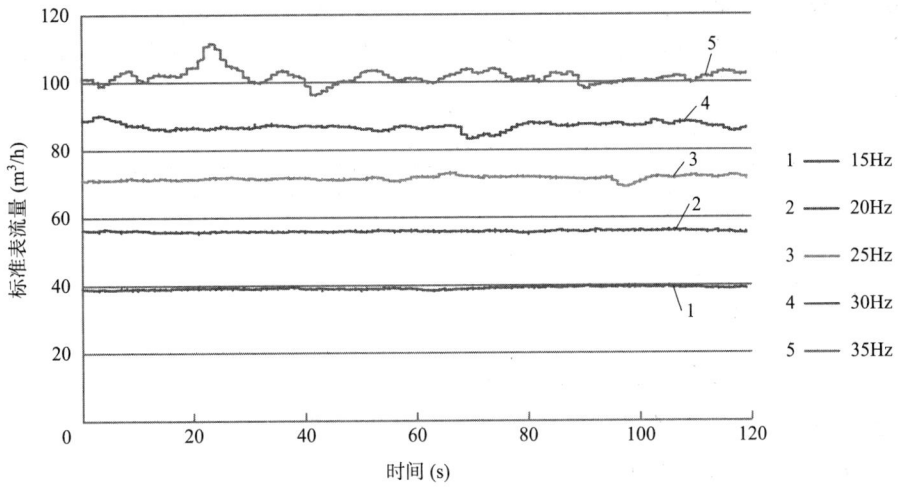

图7.9 储液罐液位高度为155cm时流体流量波动曲线图

表7.2 储液罐液位高度为155cm时流速波动数据

频率点(Hz)	15	20	25	30	35
$\bar{L}(m^3/h)$	39.132	55.949	71.533	86.942	101.631
$\Delta L(m^3/h)$	1.709	1.709	4.272	7.080	15.381
$I_L(\%)$	2.184	1.527	2.986	4.072	7.567

储液罐液位高度为125cm时，从图7.10和表7.3可以得到，离心泵工作频率越高，管道内流体流量的波动强度越大，在30Hz以上波动强度大于10%。

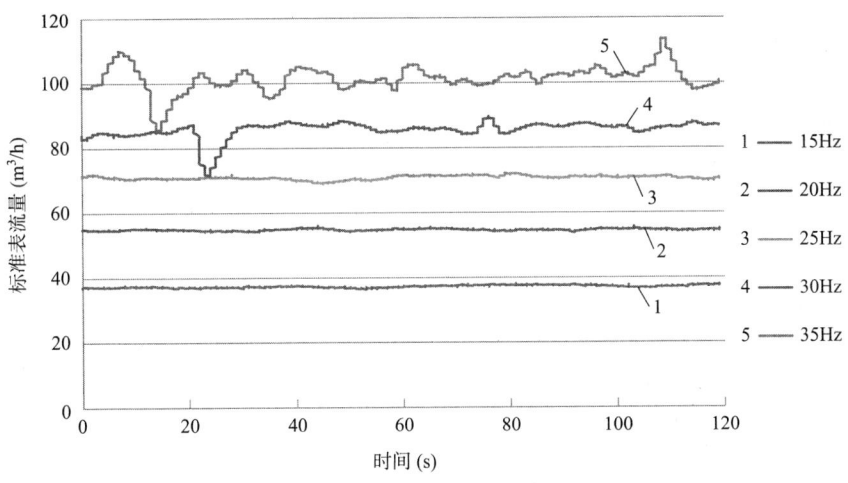

图7.10 储液罐液位高度为125cm时流体流量波动曲线图

表7.3 储液罐液位高度为125cm时流量波动数据

频率点(Hz)	15	20	25	30	35
$\bar{L}(m^3/h)$	37.281	54.706	70.760	85.670	101.369
$\Delta L(m^3/h)$	1.709	2.319	3.174	18.006	28.076
$I_L(\%)$	2.229	2.120	2.243	10.543	13.848

通过对储液罐不同液位、离心泵在不同工作频率下测试管道流量的流量波动状况分析，不同液位下，对管道离心泵在不同工作频率下，统计了其对应的平均流量，得到表7.4的实验数据。

表7.4 不同液位和工作频率下平均流量统计表　　　　单位：m³/h

液位(cm)	工作频率为15Hz下的平均流量	工作频率为20Hz下的平均流量	工作频率为25Hz下的平均流量	工作频率为30Hz下的平均流量	工作频率为35Hz下的平均流量
185	44.735	60.411	75.380	90.255	105.048
155	39.132	55.949	71.533	86.942	101.631
125	37.281	54.706	70.760	85.670	101.369

从表7.4可以得出，随着储液罐液位的增加，管道离心泵在相同的工作频率下，其排量也随着增加，说明储液罐液位高低会对管道离心泵的工作产生影响。通过表7.1至表7.3的比较可知，只有当储液罐液位为185cm时，管道离心泵工作频率低于30Hz时波动强度低于3.11%，基本可以满足流量检定的实验要求。

为了不影响实验测试结果，所以本论文清洁水流量检定实验以及后期特殊工况下的实验都是在离心泵工作频率30Hz以下以及储液罐液位在185cm条件下进行的。通过实验测试，只有当流量检定系统的流体返回储液罐的管道末端淹没在储液罐液位以下，整个装置系统循环管道内才不会出现气泡(由于返回流体的冲击力较大，罐体的高度在2m左右，如果流体返回管道末端悬空，即不与储液罐液面接触，冲击的流体会引入气泡到储液罐罐底，离心泵工作时会吸入气泡，导致管道中有气泡产生，影响实验测试)。所以测试过程中储液罐流体液位都是将管道末端淹没，使得流体回路处于一个封闭状态。

7.4　流量测试系统基本功能模块测试

基于前面的工作，已经完成了地面环空流量电磁测量系统原理样机和相应的试验平台的设计搭建，在正式进行系统整体测试和检定之前，需要先进行地面环空流量电磁测量系统原理样机的系统基本模块及整体输出功能测试[150-152]。

7.4.1　激励系统测试

在环空流量电磁测量系统地面原理样机的励磁电路设计中，研究直接利用MSP430F149单片机的P2.0、P2.1口控制2组场效应管的栅极的通断来实现感应线圈产生交变的励磁电流，从而产生所需要的交变的磁场，最后形成65mA左右的恒流源对传感器线圈进行激磁。在单片机的P2.0、P2.1口的输出控制信号的作用下，低频矩形波励磁信号(3.68Hz)的输出波形如图7.11所示。

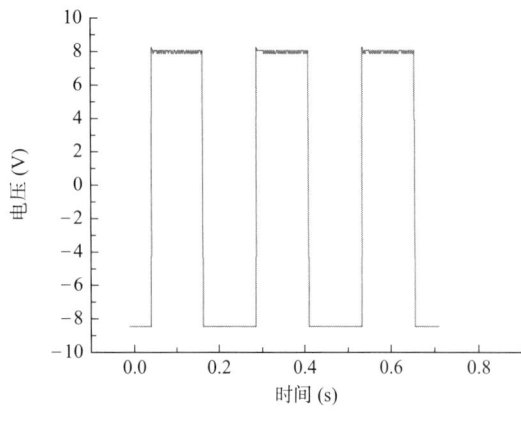

图7.11　低频矩形波励磁信号的输出

通过信号波形图 7.11 可以看出，在单片机的 P2.0、P2.1 口的输出控制信号的作用下，会在线圈上施加一个低频矩形波励磁信号。通过观察励磁信号波形可以发现，波形效果良好，满足励磁要求。

7.4.2 流量信号采样和处理电路测试

环空电磁流量传感器输出微弱的感应电动势需要将经过信号放大和滤波处理后送入单片机或者试验平台的数据采集卡进行采样和处理。当一切准备就绪后，启动试验平台并开启励磁系统对流量信号采样和处理电路进行测试。当系统为励磁频率为 1.84Hz，图 7.12 到图 7.16 分别为 25.1m³/h 到 78.1m³/h 时采集得到的信号波形。

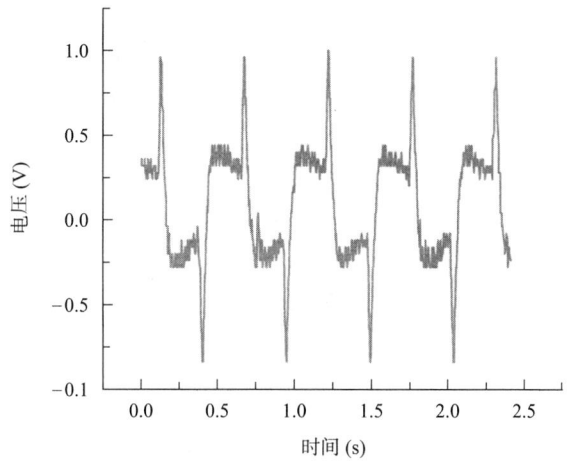

图 7.12 测量系统输出信号波形（$Q = 25.1\text{m}^3/\text{h}$）

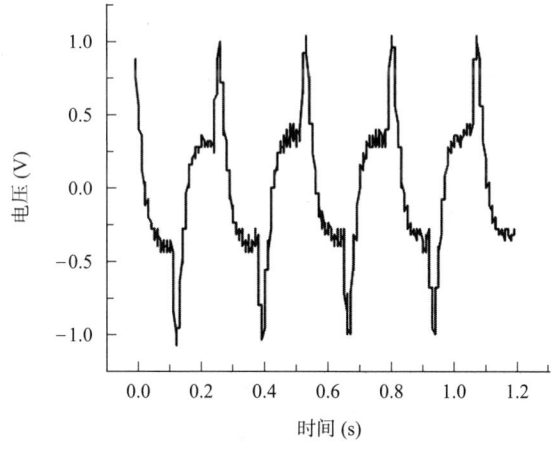

图 7.13 测量系统输出信号波形（$Q = 38.2\text{m}^3/\text{h}$）

分析图 7.12 到图 7.16 可知，通过变频改变流量的大小，基于第 2 章中介绍的信号提取方法进行有效信号幅值提取后发现，波形信号的有效幅值大小会随流量变化而变化。通过波形图可以发现，得到的信号波形和前面的理论研究结论类似，流量信号采样和处理电

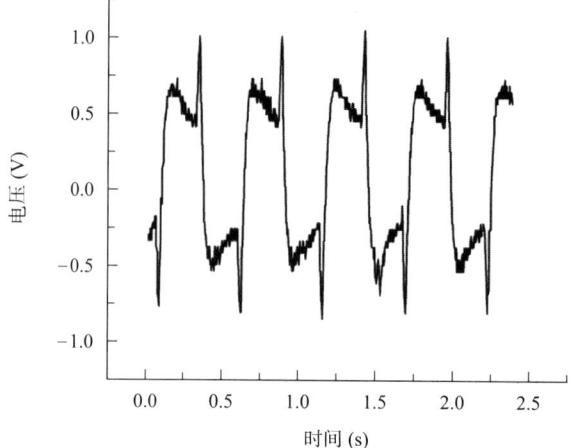

图 7.14 测量系统输出信号波形($Q=56.0\text{m}^3/\text{h}$)

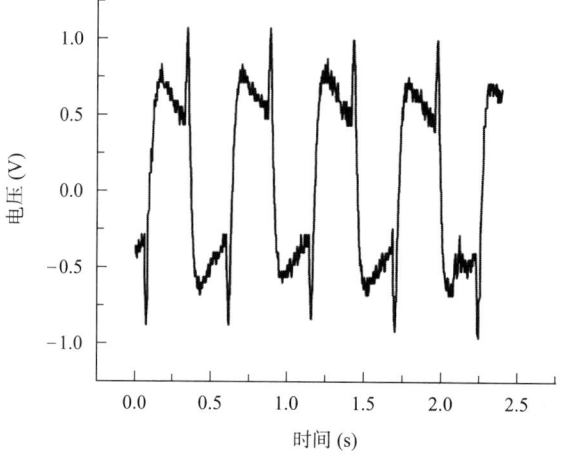

图 7.15 测量系统输出信号波形($Q=67.0\text{m}^3/\text{h}$)

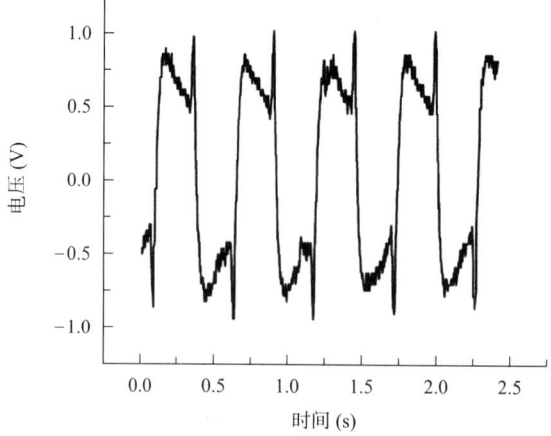

图 7.16 测量系统输出信号波形($Q=78.1\text{m}^3/\text{h}$)

路工作正常。其中,信号虽然在循环系统流速中相对稳定,但是由于受励磁线圈存在的电感的影响,低频矩形波励磁电流流过励磁线圈产生的感应电压不能立刻由一个稳态变到另一个稳态,而是需要一段时间的积分变化过程。此外,外界环境的干扰对测量系统的信号输出有一定的影响。所以在进行数据提取的时候应该先滤波处理,且应避免在有微分干扰的信号上进行信号提取。

7.4.3 特殊工况下功能测试

在实际的环空流量电磁测量系统地面原理样机测量过程中,以普通的自来水为被测量流体,当对环空流量电磁测量系统环空流道没有充满流体时的系统输出信号进行测量,可以得到如图 7.17 所示的输出信号波形。从如图 7.17 所示测量波形数据可知,这些信号与流量无关,是一种干扰信号,但这些信号是由于电极回路参数的变化引起。根据波形特征及与测量过程的关系可以判断,在环空流道处于空管或者非满管状态时,信号中出现的波形来源于励磁电流切换及工频电源的空间干扰电场激励,是由于技术原因存在于系统且是不可避免的,因此属于被动附加激励,可以基于该信号进行系统空管或者非满管的检测。

为了得到流速为零但环空内充满流体时矩形波交替中的零流速段的感应电动势 U_{01} 和 U_{02} (信号的零点参考),以方便对正或负电压励磁下的信号进行补偿,进行了零点参考电压的测试,其信号波形如图 7.18 所示。基于波形数据和第 2 章中介绍的信号提取方法,可以得到环空流量电磁测量系统地面原理样机的零点参考电压,其中 $U_{01}=0.08V$,$U_{02}=-0.12V$。

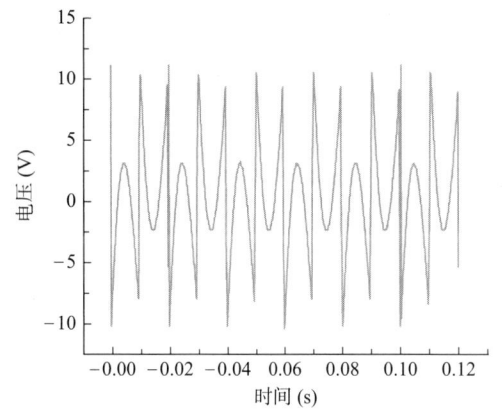

图 7.17 空管或流体没有充满环空流道时的系统输出信号波形

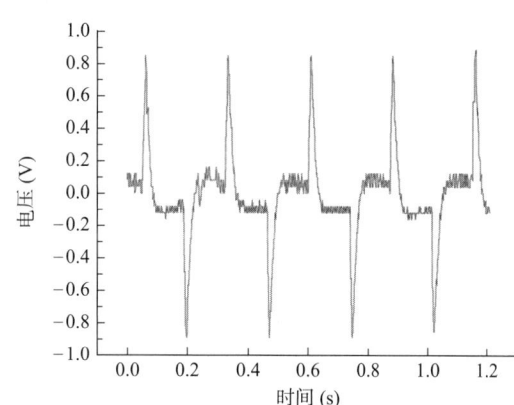

图 7.18 流速为 0 时的系统输出信号波形

7.5 地面原理样机的标定和测试分析

为了分析和判断地面原理样机的基本性能,采用标准表比较法对样机进行了标定和测试。本研究通过将较高精确度等级的标准流量计与被校验的环空流量电磁测量系统原理样机串联,流体同时通过二者,通过读取两个装置的示值,从而确定被检测量样机的仪表系数和测量精度等。考虑到环空流量电磁测量系统样机的设计针对的是后期井下溢流的监测，因此测试中只对瞬时流量数据同标准表进行比较，不考虑累计流量数据。

7.5.1 原理样机的标定

本文设计的环空流量电磁测量系统原理样机在检测之前，需要进行流体的标定。在环空流量电磁测量系统原理样机进行标定时，测量原理样机正确安装和接线后，应按照 JJG 1033—2007《电磁流量计检定规程》的要求通电预热 30min 左右。在正式实验前，应按检定规程要求，将检定介质在管路系统中循环一定时间，以检查一下管路中各密封部位有无泄漏现象。循环系统采用的液体为自来水，经过测试液体电导率为 0.274mS/cm，液体温度为 20℃，满足规程的环境参数要求。参照检定规程，在此范围内尽量比较均匀地选取流量点作为测试点，并按照先逐渐增加流量然后逐渐减小流量的顺序进行流量设定，但由于是依靠变频控制器来控制流量，在流量点的设定上还只能做到大致均匀。其检定过程如图 7.19 所示。

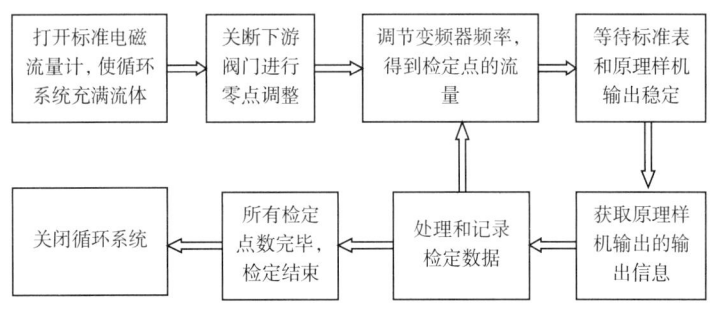

图 7.19 原理样机的检定流程图

等待循环系统的流量和压力稳定后，使用变频控制器将流量调至预设点附近，然后停止调节，待标准表上显示的瞬时流量值稳定，说明管道中水的流量已经稳定，同时读出标准表的瞬时流量值和环空流量电磁测量系统原理样机的输出电压值，依次进行检定，待检定点全部检定完毕后，可以得到实验结果见表 7.5。

通过上面的原理样机检定数据表，利用 MATLAB 二次曲线数据拟合得到的如图 7.20 所示的直线，原理样机输出电压和标准流量之间的一次线性方程为

$$y = 64.7825x + 3.4182 \tag{7.1}$$

式中：系数 $a = 64.7825$，$b = 3.4182$，即为被检测量原理样机的仪表系数。通过分析可以发现，被检测量样机的信号输出电压能线性地表示流量的变化，两者有良好的线性关系。

表 7.5 原理样机检定数据

检定点	1	2	3	4	5	6
流量(m³/h)(标准表)	28.13	33.94	39.17	44.90	51.07	56.85
电压(V)(原理样机)	0.377	0.456	0.557	0.636	0.743	0.845
检定点	7	8	9	10	11	12
流量(m³/h)(标准表)	62.32	67.32	73.39	78.63	83.99	89.67
电压(V)(原理样机)	0.927	0.987	1.061	1.160	1.249	1.319

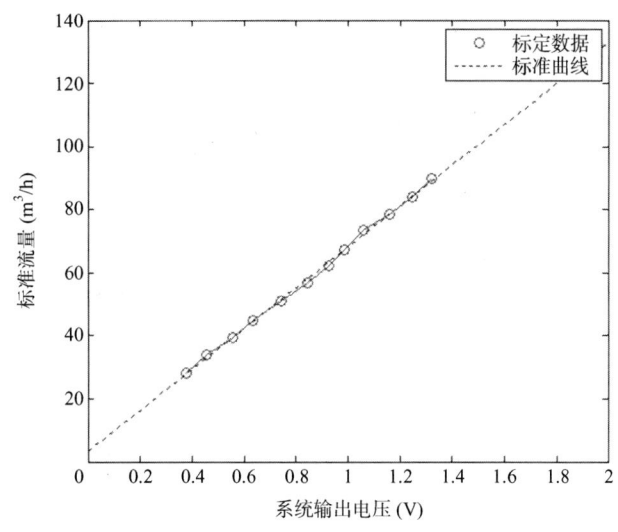

图 7.20 MATLAB 流量数据拟合曲线

7.5.2 测量样机瞬时流量测试和分析

被检测量样机标定完成后,将仪表系数写入被检测量样机的数据处理程序当中,使得被检测量样机的输出为瞬时流量值,做完这些以后就可以进行被检测量样机的测试实验。测试开始之前首先确定了流量测试点,本研究确定了 6 个变频器频率值作为测试点,同时每个流量测试点的测试次数为 4 次,测量样机的瞬时流量测试数据表见表 7.6。

从表 7.6 的测试数据结果可以看出,在流量较小的时候,单次测量的误差相对较大,但是随着流量的增加测量误差会降低。本原理样机在各点的相对测量误差都不超过±2%,并且大部分都在±1%以内,说明原理样机具有一定的测量精度,在地面基本达到了设计要求。但由于环空流量电磁测量系统地面原理样机只是完成了传感器和信号采集转换电路的研制,虽然设计在很多方面都模拟了井下测量的需求,但是离实际的井下环空流量测量仪器还有一段距离。比如,井下流量传输到地面、井下的高温高压环境条件的满足等都还没有考虑。在实验测试过程中采用的是测量瞬时流量的方法,在测试过程中也可能会引入较大的偶然误差。因此,实验得到的本系统的测量精度是比较粗略的,还有较大的提升空间。在进一步完善信号转换电路的设计及通过多周期流量数据的处理以后,地面原理样机会有更高的测量精度。

表 7.6 测量样机的瞬时流量测试数据

测试流量点变频器频率(Hz)	标准表瞬时流量(m^3/h)	样机瞬时流量(m^3/h)	流量差值(m^3/h)	相对示值误差(%)	单个频率点多次测量误差均值(%)	重复性(%)
14	25.18	25.44	0.26	1.03	0.22	1.38
	24.97	25.18	0.21	0.84		
	24.72	24.93	0.21	0.85		
	24.67	24.21	-0.46	-1.85		

续表

测试流量点变频器频率（Hz）	标准表瞬时流量（m³/h）	样机瞬时流量（m³/h）	流量差值（m³/h）	相对示值误差（%）	单个频率点多次测量误差均值（%）	重复性（%）
18	38.15	38.46	0.31	0.81	0.54	0.78
	38.62	38.40	-0.22	-0.57		
	37.50	37.75	0.25	0.67		
	38.18	38.66	0.48	1.26		
24	56.02	56.41	0.39	0.70	0.32	0.52
	55.84	55.89	0.05	0.09		
	55.01	54.85	-0.16	-0.29		
	56.02	56.47	0.45	0.80		
28	65.29	64.89	-0.40	-0.61	-0.31	0.62
	67.01	67.34	0.33	0.49		
	66.69	66.06	-0.63	-0.94		
	66.96	66.84	-0.12	-0.18		
32	77.95	77.72	-0.23	-0.30	0.12	0.81
	78.16	79.15	0.99	1.27		
	77.87	77.92	0.05	0.06		
	78.03	77.59	-0.44	-0.56		
36	87.48	86.34	-1.14	-1.30	-0.27	0.92
	87.55	87.05	-0.50	-0.57		
	88.99	89.78	0.79	0.89		
	88.88	88.80	-0.08	-0.09		

根据我国 JJG 1033—2007《电磁流量计检定规程》的要求，本研究完成的环空流量电磁测量系统地面原理样机瞬时流量的相对误差计算方法如下。

（1）环空流量电磁测量系统地面原理样机各流量点单次检定的相对示值误差为式（7.2）：

$$E_{ij} = \frac{q_{ij} - (q_s)_{ij}}{(q_s)_{ij}} \times 100\% \tag{7.2}$$

式中，E_{ij} 为第 i 个流量检定点第 j 次检定时被检地面原理样机的相对示值误差，%；q_{ij} 为第 i 个流量检定点第 j 次检定时被检地面原理样机显示的瞬时流量，m³/h；$(q_s)_{ij}$ 为第 i 个流量检定点第 j 次检定时标准表的瞬时流量值，m³/h。

（2）环空流量电磁测量系统地面原理样机各检定点的相对示值误差为式（7.3）：

$$E_i = \frac{1}{n} \sum_{j=1}^{n} E_{ij} \tag{7.3}$$

式中：E_i 为第 i 个流量检定点被检地面原理样机的相对示值误差，%；n 为第 i 个流量检定点的检定次数。

(3) 环空流量电磁测量系统地面原理样机的相对示值误差为式(7.4)：

$$E = \pm |E_i|_{\max} \tag{7.4}$$

式(7.4)为流量计在各个检定点的相对示值误差的最大值。

(4) 环空流量电磁测量系统地面原理样机的瞬时流量的重复性计算。仪表的重复性是指在不同测量条件下不同的观测者，在不同的检测环境下对同一被检测的量进行检测时，其测量结果一致的程度，它是评价仪表的非常重要性能指标。本文设计的环空流量电磁测量系统地面原理样机的重复性计算方法参考 JJG 1033—2007《电磁流量计检定规程》，当每个流量点重复测量 4 次，则该流量点的重复性计算公式为式(7.5)：

$$(E_r)_i = \sqrt{\frac{1}{n-1} \sum_{j=1}^{n} (E_{ij} - E_i)^2} \tag{7.5}$$

式中：$(E_r)_i$ 为第 i 个流量检定点的重复性。

(5) 环空流量电磁测量系统地面原理样机的重复性可以表示为式(7.6)：

$$E_r = [(E_r)_i]_{\max} \tag{7.6}$$

本章设计的环空流量电磁测量系统地面原理样机各流量点瞬时流量的相对示值误差和重复性计算结果见表 7.6。各流量点的相对示值误差分布图如图 7.21 所示，由图可知最大的单点相对示值误差为 -1.85%，最小的单点相对示值误差为 0.06%，各流量单点的相对示值误差在 0% 的上下波动。当流量小于 25m³/h，也就是环空中的流速小于 0.25m/s 的时候，单点相对示值误差相对较大，该问题和当前电磁流量计不能测量低速流体的难题类似。各流量点的重复性分布曲线如图 7.22 所示，环空流量电磁测量系统地面原理样机的重复性在 1% 范围内波动，在流量大小适中的时候重复性相对较好，瞬时流量过小或者过大重复性都会有所降低。

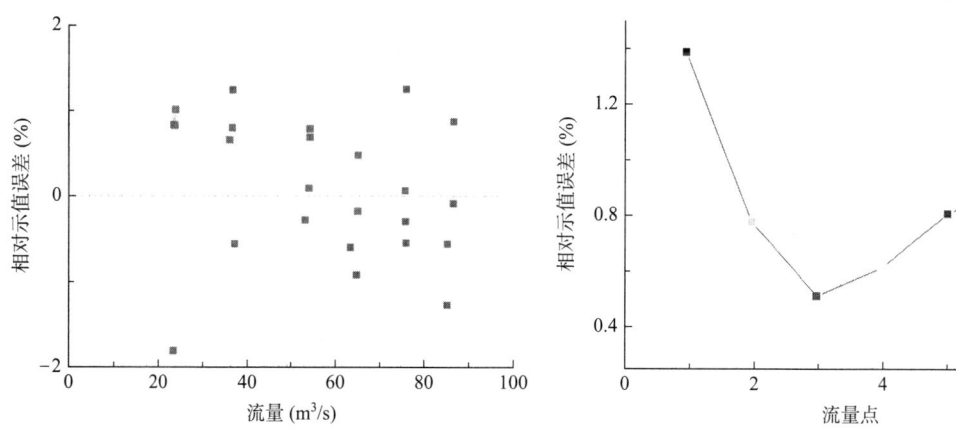

图 7.21 各流量点的相对示值误差分布图　　图 7.22 各流量点的重复性分布图

基于前面的数据和分析可知，研究设计的环空流量电磁测量系统地面原理样机的相对示值误差为 0.54%，瞬时流量测量精度为 1 级，完成的原理样机可以实现环空流量的测量。同时，可以通过多次测量取平均值来提高测量精度。

7.5.3 原理样机传感器与仿真模型输出电压信号对比分析

针对表 7.5 中原理样机的输出电压信号，考虑到原理样机的信号调理电路的放大倍数为 7700 倍左右，通过计算得到不同流量下的原理样机传感器输出信号大小；同时，基于第 4 章中建立的双对线圈环空电磁流量测量系统模型得到不同流量下的仿真模型输出电压信号，结果见表 7.7。实验测试和仿真分析的结果对比如图 7.23 所示。

表 7.7　原理样机传感器与仿真模型输出电压信号数据表

流速(m/s)	样机传感器输出电压(V)	仿真模型输出电压(V)	差值(V)
1.030	2.44805×10^{-5}	2.35417×10^{-5}	-9.38839×10^{-7}
1.303	2.96104×10^{-5}	2.97814×10^{-5}	1.70978×10^{-7}
1.504	3.61688×10^{-5}	3.43754×10^{-5}	-1.79341×10^{-6}
1.724	4.12987×10^{-5}	3.94037×10^{-5}	-1.89496×10^{-6}
1.961	4.82468×10^{-5}	4.48206×10^{-5}	-3.42614×10^{-6}
2.183	5.48701×10^{-5}	4.98946×10^{-5}	-4.97548×10^{-6}
2.393	6.01948×10^{-5}	5.46944×10^{-5}	-5.5004×10^{-6}
2.585	6.40909×10^{-5}	5.90828×10^{-5}	-5.00815×10^{-6}
2.818	6.88961×10^{-5}	6.44082×10^{-5}	-4.4879×10^{-6}
3.019	7.53247×10^{-5}	6.90023×10^{-5}	-6.32241×10^{-6}
3.225	8.11039×10^{-5}	7.37106×10^{-5}	-7.3933×10^{-6}
3.443	8.56494×10^{-5}	7.86932×10^{-5}	-6.95614×10^{-6}

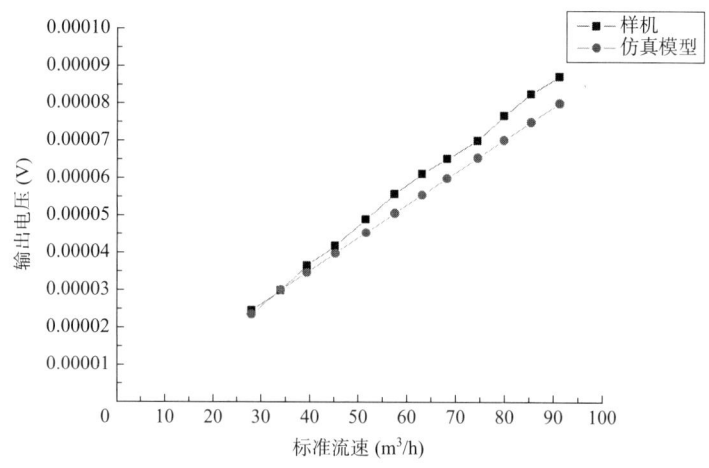

图 7.23　实验测试和仿真分析的结果对比曲线

由图 7.23 分析可知，原理样机传感器输出信号与仿真模型输出电压信号在数值大小上和变化趋势上都较接近。但是由于实验测试时无法完全提供仿真模型时的条件，例如会受到流速分布的不理想和系统信号调理电路的输入失调电压等电路因素的影响，导致两者的输出结果始终有一定的差异。

7.6 影响因素测试

基于第 5 章,已经对影响环空流量电磁测量系统测量的一些影响因素进行了仿真分析,基于实验条件有限,本节针对气泡和固体颗粒对测量的影响进行简单的实验测试分析。

7.6.1 气体对地面原理样机的影响

为了分析气体对环空流量电磁测量系统地面原理样机的影响,进行了实验测试。为了便于分析,使用注气机在注气口进行注气,由于无法像仿真一样进行直观定量的分析,本研究通过控制注气机的压强,分别以最小的注气量、少量注气量和较多气体 3 种测试。

采用如图 7.24 所示为变频器频率为 24Hz(对应的环空内流量为 67.3m^3/h 时),最小的注气量可以采样得到信号波形。图 7.25 为注入较多气体后的样机输出电压波形图,考虑到注入较多气体肯定无法测试,因此通过注气口注入少量气体,图 7.26 为刚刚注气时样机输出电压波形图,图 7.27 为注气几秒以后的样机输出电压波形图。

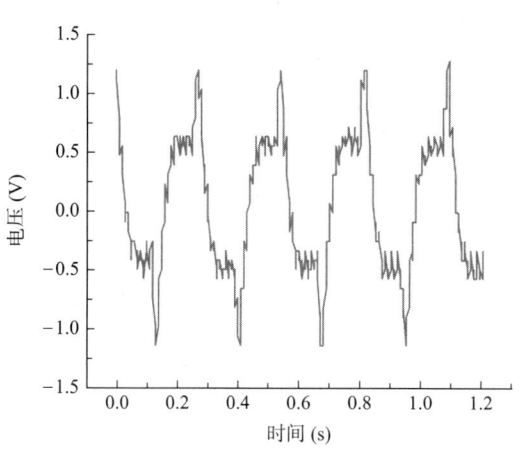

图 7.24　没有气泡影响时的输出信号波形

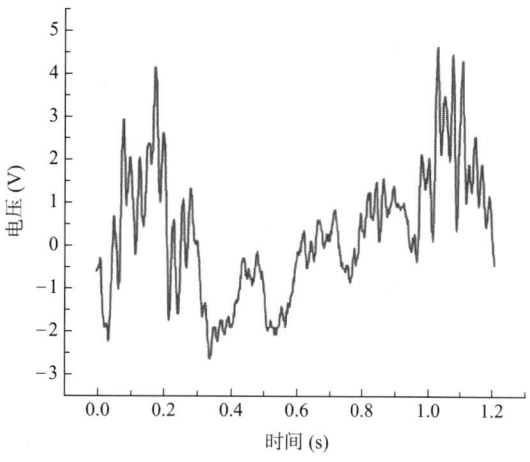

图 7.25　注入较多气体后的样机输出电压波形图

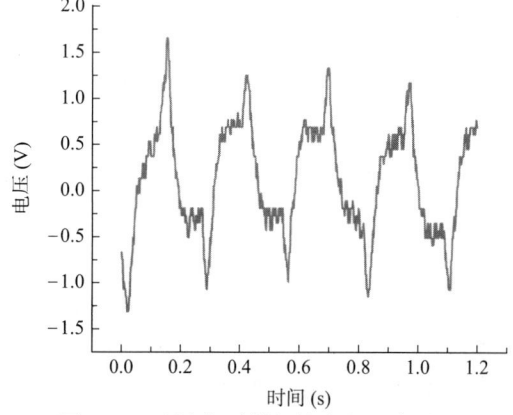

图 7.26　刚注气时样机输出电压波形图

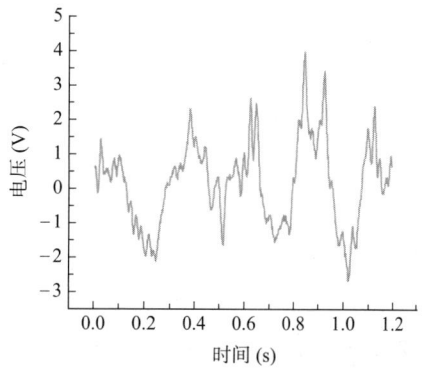

图 7.27　少量注气几秒以后样机输出电压波形图

由图7.22到图7.25的实验数据可知,当环空流道中含有极少的气泡通常不会影响环空流量电磁测量系统的工作。但随着气泡的增多,系统的输出信号将开始出现波动,若气泡大到足够覆盖整个电极表面的时候,气泡经过电极的瞬间会使电极的回路瞬间断开而使系统的输出信号出现较大的波动,实验测试与仿真结论基本一致。

7.6.2 固体颗粒对地面原理样机的影响

为了分析固体颗粒对环空流量电磁测量系统地面原理样机的影响,进行了实验测试。为了防止液固两相介质在流速较低时产生两相分布的不均匀或相分离,同时使环空流量电磁测量系统原理样机外壁磨损比较均匀,在进行固体颗粒测试中使得原理样机垂直安装。

当变频器频率为32Hz时(环空内流量为83.99m³/h时),测试中固体颗粒采用极小粉末颗粒,加入膨润土50kg,搅拌均匀加入流体循环系统中,循环一段时间以后得到样机的输出信号波形图如图7.28所示。通过对比观察加入膨润土前后测量数据发现,极小颗粒对环空流量电磁测量系统原理样机影响极小,实验结果与第5章仿真研究一致。

为了研究较大的固体颗粒对环空流量电磁测量系统原理样机的影响,测试中固体颗粒采用重晶石颗粒(颗粒半径约0.2cm),加入重晶石颗粒5kg,搅拌均匀加入流体循环系统中,循环一段时间以后得到样机的输出信号波形图如图7.29所示。

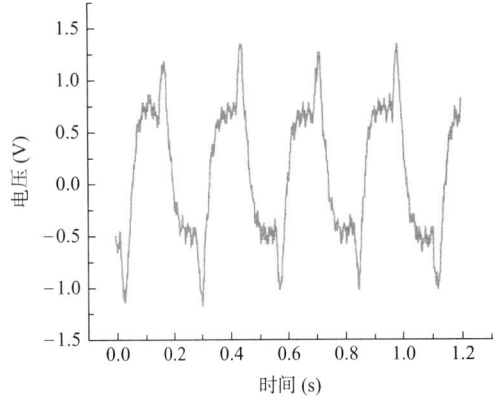
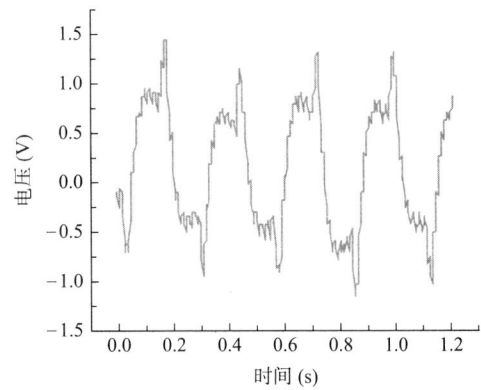

图7.28 加入膨润土后样机输出电压波形图　　图7.29 加入重晶石后样机输出电压波形图

由图7.29实验曲线可知,当液体中有固体较大颗粒时,电极间的电位将出现波动,实验结果与第5章仿真研究一致。经过仔细分析发现,当液体中含有过多的固体颗粒的时候,将会在电极上产生电极表面效应的浆液噪声,使得系统的输出信号出现波动。针对这个问题,在以后的研究中可以通过使用双频激励技术或者高频激励技术,配合多周期测量和平滑滤波数据处理技术,可以得到很好的解决。

7.7 小结

为了考察前面研究的环空流量电磁测量系统模型及最优化设计方法的可行性和准确性,本章搭建环空流量电磁测量系统地面样机试验平台,对建立的电磁流量测量系统模型进行验证。为了验证环空流量电磁测量系统地面试验平台的可行性，进行了基本功能关系、离心泵输入频率对流量稳定性的影响和储液罐液位变化对流量稳定性的影响等测试，试验数据表明该环空流量电磁测量系统地面试验平台的流量稳定性较好。在试验平台满足要求的前提下，利用实验平台进行了地面原理样机的标定和测试，并对气体和固体颗粒2个重要外界影响因素进行了实验测试与分析，验证了本书所研究的环空电磁流量测量理论和原理样机。

参 考 文 献

[1] 陈平，等．钻井与完井工程[M]．北京：石油工业出版社，2011．

[2] 将兴迅，王友华．深水随钻压力监测原理及应用[M]．北京：石油工业出版社，2007：920-931．

[3] Neil F, Tom B, Don H. Subsea Equipment for Deep Water Drilling Using Dual Gradient Mud System[C]. SPE 67707MS, 2001.

[4] H. Santos, Leuchtenberg C., Shayegi S. Micro-Flux Control：The Next Generation in Drilling Process For Ultra-deepwater[C]. QTC15062, 2003.

[5] Fontana P, Sjoberg G. Reeled Pipe Technology for Deepwater Drilling Utilizing a Dual Gradient Mud System[J]. SPE 59160-MS, 2000.

[6] H. Santos, P. Reid, A. Large. Opening New Exploration Frontiers with The Micro-Flux Control Method for Well Design[J]. Journal of Petroleum Technology, 2004.

[7] H. Santos, P. Reid, C. Leuchtenberg, et al. Micro-Flux Control Method Combined With Surface BOP Creates Enabling Opportunity For Deepwater And Offshore Drilling[C]. OTC 17451, 2005.

[8] Santos H, Reid P, Jones J, et al. Developing The Micro-Flux Control Method-Part1：System Development, Field Test Preparation, and Result[C]//SPE/IAOC Middle East Drilling Technology Conference and Exhibition, 2005.

[9] Santos H M, McCaskill J W, Kinder J I, et al. Deepwater Drilling Made More Efficient And Cost-Effective：Using The Microflux Control Method And An Ultralow Invasion Fluid To Open The Mud-Weight Window[C]. Spe Drilling & Completion, 2007, 22(3)：189-196.

[10] H. Santos, Erdem Catak, Joe Kinder, et al. Kick Detection And Control In Oil-Based Mud：Real Well-Test Results Using Microflux Control Equipment[C], SPE/IADC 105454, 2007.

[11] H Santos, Catak E, Kinder J, et al. First Field Applications of Microflux Control Show Very Positive Surprise[C], SPE108333, 2007.

[12] H. Santos, Ken Muir, Paul Sonnemann, et al. Optimizing And Automating Pressurized Mud Cap Drilling With The Micro-Flux Control Method, SPE 116492, 2008.

[13] A Calderoni, G Girola, M Maestrami, et al. Microflux Control And E-CD Continuous Circulation Valves Allow Operator To Reach HPHT Reservoirs For The First Time[C]. SPE 122270, 2009.

[14] Ayesha Arjumand Nayeem, Ramachandran Venkatesan, Faisal Khan. Monitoring of Down-Hole Parameters for Early Kick Detection[J]. Journal of Loss Prevention in the Process Industries, 2016, 40：43-54.

[15] 姜建胜，李奔，林立，等．国外钻井液微流量控制系统的开发与应用[J]．石油机械，2008，36(2)：71-74．

[16] 柳贡慧，胡志坤，李军，等．压力控制钻井井底压力控制方法[J]．石油钻采工艺，2009，31(2)：15-18．

[17] 周英操，杨雄文，方世良，等．国产精细控压钻井系统在蓬莱9井试验与效果分析[J]．石油钻采工艺．2011, 33(6)：19-22．

[18] 石林，杨雄文，周英操，等．国产精细控压钻井装备在塔里木盆地的应用[J]．天然气工业．2012, 32(8)：6-10．

[19] Liang Ge, Ze Hu, Chen Ping, et al. Research on Overflow Monitoring Mechanism Based on Downhole Microflow Detection[J]. Mathematical Problems in Engineering, 2014：1-6.

[20] 何龙. 微流量控制钻井气液两相流量调控试验研究[J]. 石油机械, 2016, 44(7): 16-19.

[21] Wei Han, Jean M. Beique. Acoustic Doppler Downhole Fluid Flow Measurement[P]. U.S. Patent 6938458, 2005-9-6.

[22] Alberty M W. Annulus Mud Flow Rate Measurement While Drilling and Use Thereof to Detect Well Dysfunction[P]. U.S. Patent7950451B2, 2011-5-31.

[23] 曹金亮, 李斌. 电磁流量计空管检测方法研究[J]. 仪器仪表学报, 2006, 27(6): 643-647.

[24] Omeragic D, Li Q, Chou L, et al. Deep Directional Electromagnetic Measurements for Optimal Well Placement[M]. SPE Western Regional AAPG Pacific Section/GSA Cordilleran Section Joint Meeting, 2005.

[25] Cha J E, Ahn Y C, Seo K W. An Experimental Study on the Characteristics of Electromagnetic Flowmeters in the Liquid Metal Two-Phase Flow[J]. Flow Measurement and Instrumentation, 2003, 14(4): 201-209.

[26] 蔡武昌. 电磁流量计应用近况和技术发展[J]. 石油化工自动化, 1997, (4): 59-63.

[27] 饶蕾. 非满管电磁流量计的研究[D]. 杭州: 浙江大学, 2010.

[28] Bates C J. Upstream Installation and Misalignment Effects on the Performance of a Modified Electromagnetic Flowmeter[J]. Flow Measurement and Instrumentation, 1999, 10(2): 79-89.

[29] Chanson H, Carosi G. Turbulent Time and Length Scale Measurements in High-Velocity Open Channel Flows[J]. Experiments in Fluids, 2007, 42(3): 385-401.

[30] 金文兵. 非满管管道流量的测量[J]. 机电工程, 2005, 22(1): 31-33.

[31] 周小锌. 不满管管道中的电磁流量测量[J]. 传感器世界, 2000, 6(2): 20-22.

[32] Blake Doney. EMF Flow Measurement in Partially Filled Pipes[J]. Sensors Magazine, 1999, 16(10): 65-68.

[33] John Flood. Single-Sensor Measurement of Flow in Filled or Partially Filled Process Pipes[M]. Sensors Magazine online, 1997.

[34] 胡艳艳. 电容式非满管电磁流量计设计及其磁场优化[D]. 哈尔滨: 哈尔滨理工大学, 2013.

[35] 卫开夏, 李斌. 非满管电磁流量计权重函数有限元数值分析[J]. 自动化仪表, 2012, 33(9): 69-75.

[36] Yu Z Z, Peyon A T, Imaging System Based on Electromagnetic Tomography (EMT)[J]. Electromagnetic Letter, 1993, 29(7): 625-626

[37] VCushing. Electromagnetic Flowmeter for Insulating Liquids[C]. Proc, 19th IEEE IMTC, Anchorage, 2002: 103-108.

[38] Zhang xiaozhang. Reconstruction of Flow Patterns by Means of Electromagnetic Induction[C]. FLOMEKO, 1996: 82-84.

[39] Zhang xiaozhang. 2D Analysis for the Virtal Curren Distribution in an Electromagnetic Flow Meter with Bubble at Various Axis Positions[J]. Meas, Sei, Technol, 1998, 9(9): 1501-1505.

[40] 张宏建, 管军, 胡赤鹰, 等. 基于电磁感应原理的多电极流量测量方法[J]. 计量学报, 2004, 25(1): 43-46.

[41] 徐立军, 王亚, 乔旭彤, 等. 多对电极电磁流量计传感器电极阵列设计[J]. 仪器仪表学报, 2003, 24(4): 335-339.

[42] 管军. 基于相关检测原理的电磁流量计的研究[D]. 杭州: 浙江大学, 2003.

[43] 黄皎, 姚春, 葛仕俊, 等. 基于新型励磁方式的电磁流量计设计[J]. 传感技术学报, 2010, 23

(2): 215-219.

[44] Omeragic D, Li Q, Chou L, et al. Deep Directional Electromagnetic Measurements for Optimal Well Placement[C]. SPE Western Regional AAPG Pacific Section/GSA Cordilleran Section Joint Meeting, 2005, 10: 9-12.

[45] Michalski A, Starzyriski J. Optimol design of the Coils of an Electromagnetic Flow Meter[J]. IEEE Transactions on Magnetics, 1998, 34(5): 54-58.

[46] Michalski A, Starzyriski J, Winceneiak S. 3-D Approach to Designing the Excitation Coil of an Electromagnetic Flow meter[J]. IEEE Transactions on Instrumentation & Measurenient, 2002, 51(4): 833-839.

[47] Vieira D A G, Lisboa A C, Saldanha R R. An Enhanced Ellipsoid Method for Electromagnetic Devices Optimization and Design[C]. IEEE Trans. Magn., 2010, 46(8): 2843-2851.

[48] Mirahki H, Moallem M, Rahimi S. Design Optimization of IPMSM for 42V Integrated Starter-Alternator Using Lumped Parameter Model and Genetic Algorithms[J], IEEE Transactions on Magnetics, 2014, 50(3): 114-119.

[49] 金宁德, 宗艳波, 郑桂波, 等. 注聚井中电磁流量计测量特性分析[J]. 石油学报, 2009, 30(2): 308-311.

[50] 赵琛, 李斌, 陈文建, 等. 电磁流量传感器鞍状励磁线圈磁场分布的计算方法[J]. 上海大学学报: 自然科学版, 2008, 14(1): 31-35.

[51] 王经卓. 电磁流量计权函数的数值仿真与验证[J]. 仪器仪表学报, 2009, 30(1): 132-137.

[52] Zhang J, Hu H, Dong J, et al. Concentration Measurement of Biomass/Coal/Air Three-Phase Flow by Integrating Electrostatic and Capacitive Sensors[J]. Flow Measurement and Instrumentation, 2012, 24(2): 43-49.

[53] 蔡武昌, 马中元, 畏国芳, 等. 电磁流量计[M]. 北京: 中国石化出版社, 2004: 27-269.

[54] Shercliff J A. Electromagnetic Flow-Measurement[M], Cambridge UniversityPress, 1962.

[55] Bevir M K. The Theory of Induced Voltage Electromagnetic Flowmeters[J], Journal of Fluid Mechanics, 2006, 43(3), 577-590.

[56] Luntta E, Halttunen J. The Effect of Velocity Profile on Electromagnetic Flow Measurements[J]. Sensors & Actuators, 1989, 16(4): 335-344.

[57] 李相方, 管丛笑, 隋秀香, 等. 环形井眼气液两相流流动规律研究[J]. 水动力学研究与进展, 1998, 13(4): 422-428.

[58] 卢志红, 高兴坤, 曹锡玲, 等. 气侵期间环空气液两相流模拟研究[J]. 石油钻采工艺, 2008, 30(1): 25-28.

[59] 龙芝辉, 汪志明, 范军, 等. 欠平衡钻井多相流动理论与计算分析[J]. 石油勘探与开发, 2006, 33(6): 749-753.

[60] 韩洪升, 魏兆胜, 崔海青, 等. 石油工程非牛顿流体力学[M]. 哈尔滨: 哈尔滨工业大学出版社, 1993, 55-67.

[61] 吴望一. 流体力学(下册)[M]. 北京: 北京大学出版社, 2003, 240-252.

[62] 林建忠, 阮晓东, 陈邦国, 等. 流体力学[M]. 北京: 清华大学出版社, 2005.

[63] 张国强, 吴家鸣. 流体力学[M]. 北京: 机械工业出版社, 2005.

[64] 谢处方, 饶克谨. 电磁场与电磁波[M]. 北京: 高等教育出版社, 2002.

[65] 张小章. 流动的电磁感应测量理论和方法[M]. 北京: 清华大学出版社, 2010.

[66] 王建国. 电磁场有限元方法[M]. 西安：西安电子科技大学出版社，2001.

[67] 唐兴伦. ANSYS 工程应用教程-热与电磁学篇[M]. 北京：中国铁道出版社，2003.

[68] Liang Ge, Guohui Wei, Qing Wang, et al. Novel Annular Flow Electromagnetic Measurement System for Drilling Engineering [J], IEEE Sensors Journal, 2017, 17(18), 5831-5839.

[69] 博弈创作室. APDL 参数化有限元分析技术及其应用实例[M]. 北京：中国水利出版社，2004.

[70] 博嘉科技. 有限元分析软件——ANSYS 融会与贯通[M]. 北京：中国水利出版社，2002.

[71] Liang G, Hailong L, Qing W, et al. Design and Optimization of Annular Flow Electromagnetic Measurement System for Drilling Engineering[J]. Sensors，2018：1-12.

[72] 王世山, 王德林, 李彦明, 等. 大型有限元软件在电磁领域的使用[J]. 高压电器, 2002, 38 (3)：27-33.

[73] 王国强. 实用工程数值模拟技术及其在 ANSYS 上的实现[M]. 西安：西北工业大学出版社，2004.

[74] 王月明, 孔令富. 基于 ANSYS 集流型电磁流量计磁场仿真研究[J]. 内蒙古大学学报，2012(1)：78-80.

[75] 倪光正, 杨仕友, 钱秀英, 等. 工程电磁场数值计算[M]. 北京：机械工业出版社，2010.

[76] 王秉中. 计算电磁学[M]. 北京：科学出版社，2002.

[77] 杨法. 三维金属—介质复合结构电磁散射的有限元—边界积分方法[D]. 成都：电子科技大学，2007.

[78] 陈丁华. 静电场边值问题的解法探析[D]. 重庆：重庆师范大学，2009.

[79] 廖海峰. 带电粒子在电场和磁场中的运动及电磁力的求解[D]. 重庆：重庆师范大学，2009.

[80] 李静, 胡先权. 微小电流环与磁偶极子[J]. 重庆师范大学学报(自然科学版), 2010(4).

[81] 廖日东. 有限元法原理简明教程[M]. 北京理工大学出版社，2009.

[82] 廖醒培, 王辉. 应用有限元分析[M]. 北京：清华大学出版社，2010.

[83] 周希朗. 电磁场理论中的应用数学基础[M]. 南京：东南大学出版社，2006.

[84] 余恬, 雷虹. 电磁场分析中的应用数学[M]. 北京：北京邮电大学出版社，2009.

[85] 周丽, 牛滨, 梁原华, 等. 电磁流量计信号调理与激磁方法研究[J]. 自动化技术与应用, 2007, 26 (7)：131-132.

[86] 胡婷, 梁原华. 电磁流量计几种激磁方式的分析[J]. 哈尔滨理工大学学报, 2001, 6(2)：104-106.

[87] 王俭. 电磁流量计低频正弦波励磁方法的研究[D]. 杭州：浙江大学. 2006：16-17.

[88] Xu K J, Wang X F. Identification and Application of the Signal Model for Theelectromagnetic Flowmeter Under Sinusoidal Excitation[J]. Measurement Science and Technology，2007，18(7)：1973.

[89] 赵忻, 赵辉. 电磁流量计前置放大电路的设计与分析[J]. 仪器仪表装置, 2008, 1：11-13.

[90] 李小京. 电磁流量计放大滤波电路的设计[J]. 化工自动化及仪表, 2000, 27(2)：50-52.

[91] 远坂俊昭. 测量电子电路设计—滤波器篇[M]. 北京：科学出版社，2009(4)：38-51.

[92] Ge L, He Y, Tian G, et al. Measurement of Annular Flow for Drilling Engineering by Electromagnetic Flowmeter Based on Double-Frequency Excitation[J]. Sens，2019(6)：1-14.

[93] Michalski, Andrzej. A New Approach to Estimating the Main Error of a Primary Transducer for an Electromagnetic Flowmeter[J]. IEEE Transactions on Instrumentation and Measurement，2001，50(3)：764-767.

[94] 高小朋, 杜鸿雁. 电磁流量计的干扰产生及其抑制和消除[J]. 计量技术, 2007, (3), 72-74.

[95] 李飞, 王保良, 黄志尧, 等. 对电磁流量计中干扰问题的讨论[J]. 仪器仪表学报, 2005, 26(8)：

727-729.

[96] 张艳, 陈仁文. 电磁流量计中的抗干扰技术[J]. 计算机技术与发展, 2010, 20(5): 242-24.

[97] 吴小培, 周荷琴. 采用独立分量分析方法消除信号中的工频干扰[J]. 中国科学技术大学学报, 2000, 30(6): 671-676.

[98] 何伟, 陈廷云, 贺昌蓉, 等. 智能电磁流量计抗干扰技术的研究[J]. 中国测试技术, 2004, 30(3): 33-35.

[99] Xu K J, Wang X F. Signal Modeling of Electromagnetic Flowmeter under Sine Wave Excitation Using Two-Stage Fitting Method[J]. Sensors and Actuators A, 2007, 136(1): 137-143.

[100] Deng X, Li G, Wei Z. Theoretical Study of Vertical Slug Flow Measurement by Data Fusion from Electromagnetic Flowmeter and Electrical Resistance Tomography[J]. Flow Measurement and Instrumentation, 2011, 22(4): 272-278.

[101] 蒋永清, 梁原华, 刘正梅, 等. 电磁流量计基波平均值信号处理方法的研究[J]. 哈尔滨理工大学学报, 2002, 7(4): 36-38.

[102] 李斌. 电磁流量计的信号处理方法探讨[J]. 上海理工大学学报, 1998, 20(2): 147-151.

[103] 蔡武昌. 液体粘度液体温度环境温度对电磁流量计的影响[J], 石油化工自动化, 1999(2): 57-60.

[104] 朱德祥. 流量仪表原理和应用[M]. 上海: 华东化工学院出版社, 1992.

[105] 黄显元. 多电极电磁感应式流量测量方法的研究[D]. 杭州: 浙江大学, 2000.

[106] 刘利兵. 电磁流量计虚电流分布特性研究与油气水三相流数值模拟[D]. 河北: 燕山大学, 2011: 7-47.

[107] Qiao T, Li W. Uniqueness Existence of Generalized Solution to High Dimensional Elliptic PDE with Resonance[J]. Nanjing University Mathematical quarterly, 2007, 24(1): 29-34.

[108] 时宝, 张德存, 盖明久, 等. 微分方程理论及其应用[M]. 北京: 国防工业出版社. 2005.

[109] 徐立军, 王亚, 乔旭彤, 等. 多对电极电磁流量计传感器电极阵列设计[J]. 仪器仪表学报, 2003, 24(4): 335-339.

[110] 王乐, 刘兴斌, 张玉辉, 等. 井下集流式电磁流量计铁芯结构优化设计[J]. 石油仪器. 2011, 25(1): 18-23.

[111] 陈廷相, 邰亚传, 薛迪熙, 等. 几种非均匀磁场型电磁流量计励磁线圈尺寸的确定[J]. 上海交通大学学报, 1982, 1: 83-94.

[112] 乔旭彤, 徐立军, 董峰, 等. 多电极电磁流量计励磁线圈的优化与设计[J]. 仪器仪表学报, 2002, 23(2): 867-869.

[113] Michalski A, Starzynski J, Wincenciak S. 3-D Approach to Designing the Excitation Coil of an Electromagnetic Flowmeter[J]. IEEE Transactions on Instrumentation and Measurement. 2002, 51(4): 833-839.

[114] 杨硕. 电磁流量计开发及其磁场优化[D]. 武汉: 武汉理工大学, 2011.

[115] Vijay S, Vijaya K G, Dash S K, et al. Modeling of Permanent Magnet Flowmeter for Voltage Signal Estimation and Its Experimental Verification[J]. Flow Measurement and Instrumentation, 2012(28): 22-27.

[116] LIU J F, Choi H, Michael W, et al. Design of Permanent Magnet Systems Using Finite Element Analysis[J]. Journal of Iron and Steel Research International, 2006, 13(1): 383-387.

[117] 王刚, 安琳. COMSOL Multiphysics 工程实践与理论仿真——多物理场数值分析技术[M], 北京: 电子工业出版社, 2013.

[118] Zhang X Z, Yantao Li. Calculation of the Virtual Current in an Electromagnetic Flow Meter with One Bubble Using 3D Model[J]. ISA Transactions, 2004, 43(2): 189-194.

[119] Zhang X Z. On Finding the Virtual Current in an Electromagnetic Flow Meter Containing a Number of Bubbles by Two-dimensional Analysis[J]. Meas. Sci. Technol, 1999(10): 1087-1091.

[120] Cazarez O, Montoya D, Vital A G, Bannwart A C. Modeling of Three-phase Heavy Oil-water-gas Bubbly Flow in upward Vertical Pipes[J]. International Journal of Multiphase Flow, 2010, 36(6): 439-448.

[121] 唐森. 智能电磁流量计系统的设计与优化[D]. 西安：西安电子科技大学, 2007: 7-10.

[122] 何伟, 陈廷云, 贺昌蓉, 等. 智能电磁流量计抗干扰技术的研究[J]. 中国测试技术, 2004, 30(3): 33-35.

[123] 王国强, 吕波, 张小章, 等. 非对称流动对电磁流量计输出的影响[J]. 计量技术, 2003, (10): 3-5.

[124] 张涛, 李斌. 电磁流量计中的抗工频干扰问题[J]. 测控技术, 2003, 22(2): 65-67.

[125] Hu Ze, Xie Xiaohui, Ge Liang, et al. Research on the System of Down-hole Engineering Parameters Measure While Drilling [J]. Open Petroleum Engineering Journal. 2014, 7(1), 149-153.

[126] 梁仲海. 电磁流量计导管衬里的发展概况[J]. 中国仪器仪表, 1996, (3): 5-7.

[127] 刘铁军, 宫通胜. 一种时分双频励磁电磁流量计设计[J]. 传感技术学报, 2013, 26(8): 1064-1067.

[128] 赵忻, 赵辉. 电磁流量计前置放大电路的设计与分析[J]. 仪器仪表装置, 2008, 23(1): 11-13.

[129] 李小京. 电磁流量计放大滤波电路的设计[J]. 化工自动化及仪表, 2000, 27(2): 50-52.

[130] 远坂俊昭. 测量电子电路设计—滤波器篇[M]. 北京：科学出版社, 2009(4): 38-51.

[131] 周志敏, 周纪海, 纪爱华, 等. 便携式电子设备电源设计与应用[M]. 北京：人民邮电出版社, 2007(6): 15-36.

[132] 严华峰. Visual C++精彩编程百例[M]. 北京：中国水利水电出版社, 2002: 2-15.

[133] 三宅和司著, 张秀琴译. 电子元器件的选择与应用[M]. 科学出版社, 2006.

[134] 谢仕宏, 朱晓聪, 姜丽波, 等. 电磁流量计的使用及电磁兼容性分析[J]. 工业仪表与自动化装置, 2008, 1: 63-66.

[135] 吴瑞基. 电磁流量计干扰的分析及对策[J]. 电工技术, 2008, (3): 62-64.

[136] 蔡云枝. 印制电路板的可靠性设计[J]. 电子产品可靠性与环境试验, 2003, 4: 19-23.

[137] 康华光. 电子技术基础模拟部分(第四版)[M]. 北京：高等教育出版社, 2003.

[138] 孙传友, 潘正良. 地震勘探仪器原理[M]. 北京：中国石油大学出版社, 2006.

[139] Bhag Singh Guru, Huseyin R. Hiziroglu, Guru, 等. 电磁场与电磁波[M]. 北京：机械工业出版社, 2006.

[140] Ge L, Chen J, Tian G, et al. Study on a New Electromagnetic Flow Measurement Technology Based on Differential Correlation Detection[J]. Sensors, 2020, 20: 2489.

[141] 滕旭, 胡志昂. 电子系统抗干扰实用技术[M]. 北京：国防工业出版社, 2004.

[142] JJG 1033—2007. 电磁流量计检定规程[S]. 北京：全国流量容量计量技术委员会, 2007.

[143] 王华忠. 监控与数据采集(SCADA)系统及其应用[M]. 北京：电子工业出版社, 2010.

[144] 陈锡辉. LabVIEW 8.20程序设计[M]. 北京：清华大学出版社, 2008.

[145] 黎万富. 变频调速技术在流量标准装置中的应用[J]. 炼油与化工, 2004, 15(2): 39-41.

[146] 赵瑞刚, 景治, 范建中, 等. 变频调速技术的原理、应用及节能分析[J]. 内蒙古科技与经济,

2009(5)，97-98．

[147] 曾强．基于双频励磁的电磁流量测量技术研究[D]．成都：西南石油大学，2018．

[148] 张莉，蒋旭平．压力可调水流量标准装置的稳定性研究[J]．计量与测试技术，2009，6(8)：69-72．

[149] 李宝．水流量标准装置变频稳压系统研究[D]．天津：天津大学，2009．

[150] 苏彦勋，梁国伟，盛健，等．流量计量与测试[M]．北京：中国计量出版社，2007．

[151] 蔡武昌，马中元．流量计应用指南—电磁流量计[M]．北京：中国石化出版社，2004．

[152] 石磊．井下微流量控制钻井关键技术研究[D]．成都：西南石油大学，2011．

[153] 葛亮，黄凯强，田贵云，等．基于电磁检测机理的井下环空流量测量方法研究[J]．仪器仪表学报，2019，40(12)：161-174．

[154] 葛亮，李丹，廖俊必，等．单对电极的井下环空电磁流量测量系统的优化方法[J]．四川大学学报（工程科学版），2018，50(4)：237-245．